计算机网络技术

谢怀年　王继武　庞远彬　主编

北方联合出版传媒（集团）股份有限公司
辽宁科学技术出版社

图书在版编目（CIP）数据

计算机网络技术 / 谢怀年，王继武，庞远彬主编. 沈阳 ：辽宁科学技术出版社，2024.7. -- ISBN 978-7-5591-3669-5

Ⅰ. TP393

中国国家版本馆CIP数据核字第2024KL5633号

出版发行：辽宁科学技术出版社

（地址：沈阳市和平区十一纬路 25 号　邮编：110003）

印 刷 者：辽宁鼎籍数码科技有限公司

经 销 者：各地新华书店

幅面尺寸：184mm×260mm

印　　张：17.5

字　　数：430 千字

出版时间：2024 年 7 月第 1 版

印刷时间：2024 年 7 月第 1 次印刷

责任编辑：高　鹏　张　永

封面设计：宋　伟

责任校对：黄跃成

书　　号：ISBN 978-7-5591-3669-5

定　　价：88.00 元

联系电话：024-23284373

http://www.lnkj.com.cn

编委会

主　编　谢怀年　王继武　庞远彬

副主编　董新颐

编　委　李佳星　程敏亮　季荣军　方　旭

管友佳　王　勃　曹静洁　张春苗

蒋　慧　王　亮

前　言

"计算机网络技术"是计算机及相关专业学生需要学习和掌握的一门专业基础课，该课程的理论性和实践性都较强，涉及的知识面较广，对学生来说应注重其应用和实践技能的培养。因此，本书根据计算机专业岗位能力标准，分析和归纳课程核心能力所对应的知识与技能要求，然后对知识技能进行归属性分析，按项目进行教学单元构建，以实际工作任务驱动，将知识融合到项目、任务中，通过项目、任务的训练加深学生对知识的理解、记忆和掌握运用，在项目、任务的训练中提升学生的职业技能。通过本课程的学习，学生应具有简单的计算机网络的安装、调试、使用、管理和维护的能力，因此本书力求做到理论和实践密切结合。本书有以下几个特点：

（1）在保持必要的知识体系的前提下按项目、任务的驱动模式组织教材编写体系，每个项目对应一项学生应掌握的核心能力。

（2）以实际工作任务驱动，通过项目、任务的讲解加深对知识的理解并提升技能。

（3）注意将能力和技能培养贯穿始终。

（4）力求使学生学完本课程后即可组建和维护网络系统，遇到故障可查询解决方法。

（5）使教科书和技术资料融为一体。

本书可作为计算机专业的教材，也可作为其他计算机相关专业和工程技术人员的参考书，同时，对从事计算机网络相关工作的人员，本书也有一定的参考价值。

目 录

第一章　计算机网络概述

计算机网络技术的发展与普及正在不断改变着人们的工作方式，并成为人们生活、学习中不可或缺的一部分，计算机网络技术还促进了现代科学技术的实际应用。随着网络技术不断更新换代，网络的终端早已不限于计算机，现代社会已经进入了一个万物互联的时代，计算机网络正在成为促进人类社会进步的重要引擎。

第一节　计算机网络的基本概念

一、计算机网络的定义

计算机网络是利用通信线路和通信设备，把地理上分散并且具有独立功能的多个计算机或其他通信设备互相连接，共同遵循相同的网络协议，并在相关网络管理软件的控制下进行数据通信，从而实现相互之间资源共享和数据通信的计算机系统集合。

在计算机网络发展早期，作为网络终端的只能是计算机及其外部设备，但是随着硬件的发展，新的网络终端不断出现，如平板电脑（PAD）、手机等。另外，物联网的发展让许多家用电器都可以作为网络终端，这些终端在网络中发送与接收数据的作用是一样的。本书将以计算机为默认的网络终端进行网络理论的分析讲解，其他终端的配置方法及在网络中的作用与计算机基本一样。

现代计算机网络所具有的基本特征：

（1）参与联网的计算机及其他通信设备都是一个自治系统，可以不依赖网络而独立运行。

（2）网络通信需要在相关网络管理软件的控制下进行。

（3）建立计算机网络的主要目的是实现计算机之间资源的共享。

（4）网络通信设备必须遵守相同的协议。

二、计算机网络的发展史

计算机在诞生的初期，只是用于科学计算，功能单一且不能互相传输数据。随着计算机技术的发展，计算机功能也越来越多，用户希望将它们连接在一起实现彼此之间的数据通信。

计算机网络从简单到复杂，联网的计算机从单机到多机，经历了几十年的发展。为了区分不同发展时期的特点，一般将计算机网络的发展历程划分为 4 个阶段。

1. 第一阶段：面向终端的计算机通信网

从 20 世纪 50 年代到 60 年代中期，计算机技术与通信技术初步结合，形成了计算机网络的雏形。这个时期的网络其实是以某台计算机为中心的远程联机系统，利用分时多用户系统支持多个用户通过多台终端共享单台计算机的资源，使一台主机可以让几十个甚至上百个用户同时使用。美国在 20 世纪 60 年代初投入使用的飞机订票系统 SABRE-1 就是这类系统的典型代表之一。

随着联机的终端数增多，这种系统存在两个明显的缺点：一是在每个终端和主机之间的通信线路都是专用的，线路的利用率比较低；二是主机负担较重。为了减轻主机负担，人们又专门研制了通信控制处理机，专门负责通信任务。这类简单的“终端—通信线路—中心计算机”的系统除了一台中心计算机外，其余的终端设备都没有数据处理功能，因此这种计算机的联机系统还不是真正的计算机网络。

这个时期网络的主要特征是通信系统由一台主机连接多个终端形成。

2. 第二阶段：主机和主机互联的计算机网络

20 世纪 60 年代中后期至 70 年代初，通信技术有了较大的发展，另外，随着计算机技术水平的提高，拥有多个终端的主机系统也越来越多。为了让主机系统之间能够传递数据，于是就建立了主机间的通信网络，这个通信网络将主机系统连接在一起。通过通信网络连接的主机系统构成一个有机整体，平均分布运算负荷，共享彼此的数据资源，响应速度加快，某个主机如果故障也不会影响其他主机的工作，从而使得整个系统性能大大提高。

这个阶段典型的应用代表就是 ARPANET。ARPANET 的最早建造计划可追溯至 20 世纪 50 年代，美国国防部为了让军队之间的主机系统能够相互传递数据，在此后的十几年时间内由美国国防部高级研究计划署（Advanced Research Project Agency，ARPA）持续从事相关方面的研究和建设工作，到 1969 年建成了世界上公认的第一个现代计算机网络 ARPANET。ARPANET 建成初期是只有 4 个节点的试验网络，到 1971 年 2 月建成具有 15 个节点、23 台主机的网络并真正开始使用。建成后在 ARPANET 中可以实现终端用户共享不同主机上的资源，真正实现了资源共享。从功能上看，一般认为 ARPANET 是真正的现代计算机网络的起源，也是 Internet 的雏形。

这个阶段的主要特征是主机和主机通过一个专门的通信网络互联，形成以共享为目标的计算机网络。

3. 第三阶段：网络与网络互联阶段

20 世纪 70 年代中后期到 80 年代，在主机互联的网络通信过程中，人们发现主机之间通信需遵守统一的通信规则，互相协调工作十分重要，对网络技术要求较高。为了降低网络设计的复杂性，相关研究认为分层设计思想可以把较为复杂的大问题转化为若干较小的且易于解决的小问题。于是，许多公司都推出了自己的网络体系结构，如 IBM 公司的 SNA、DEC 公司的 DNA 等，每个网络产品通信标准都不一样，并且彼此之间不能相互兼容，不能相互通信，这给网络之间的通信造成极大的障碍，因此，统一网络标准成为十分迫切的任务。

1977年，为了使不同体系结构的计算机网络能够互联，国际标准化组织（ISO）提出了不基于任何具体机型、操作系统或公司的网络体系结构，即著名的开放系统互联参考模型（Open System Interconnection Reference Model，OSI/RM，OSI参考模型）。它规定了网络层次结构及每个层次的任务和功能，并对各层协议做了说明。OSI参考模型对网络理论体系的形成与网络协议的标准化起到了重要的推动作用。

这个阶段的主要特征是网络体系结构的开放化和标准化，出现了OSI参考模型。

4. 第四阶段：互联网与信息高速公路阶段

20世纪90年代以后，全世界的计算机网络逐渐互相连接，形成了全球性互联网络Internet。1993年，美国政府公布了国家信息基础设施（NII）行动计划，即信息高速公路计划；同年，我国也提出了自己的中国高速信息网计划。于是，计算机网络技术和网络应用在全球得到了迅猛发展，各种类型的网络全面互联，并且逐步实现了网络传输的高宽带、网络应用的智能化。

21世纪以来，丰富的资源和便捷多样的连接终端使得计算机网络应用向各行各业、各个领域扩展。目前，计算机网络已经成为人们工作、生活中不可或缺的工具。

这个阶段的主要特征是计算机网络逐步实现了综合化、智能化、高速化、全球化，典型代表是Internet在全球的普及应用。

近30年来，我国网络技术和应用的发展几乎是从零起步，通过不懈努力，成功实现弯道超车。截至2022年底，我国网民规模达10.67亿，互联网普及率达75.6%，并且还在不断发展。现在，中国不论网络技术还是网络应用都步入了世界领先水平。

第二节　计算机网络的组成

从不同的分析角度来看，计算机网络的组成元素是不一样的。主流的观点认为应从网络传输数据的功能系统构成分析，把计算机网络分成通信子网和资源子网两个部分；也可以从计算机网络中的信息系统构成角度分析，将计算机网络分成网络硬件和网络软件两个部分。

一、网络传输系统的结构组成

网络本质上的作用就是在终端之间实现准确的数据传输，计算机网络应该能够实现数据处理与数据通信两大基本功能，所以，可将网络的应用与通信功能在逻辑上分离成两个部分，这两个部分就是通信子网与资源子网。

1. 通信子网

通信子网是网络中数据通信部分的资源集合，承担着全网的数据传输、加工和变换等通信处理工作，主要由各种网络设备、通信介质及各种通信软件组成。需要注意的是，多数终端的网卡（含有线和无线两种）一般安装在网络终端内部，但它也属于通信子网，终端中其余的设备属于资源子网。电信服务商的网络（如X.25网、DDN网、中继网等）一般属于通信子网。简言之，通信子网中的组成元素与具体的应用无关。

2. 资源子网

资源子网是网络中数据处理和数据存储的资源集合，负责数据处理和为用户提供网络资源。它由拥有资源的用户主机、终端、外设和各种软件资源组成。

二、网络信息处理系统的结构组成

网络信息处理系统包括网络硬件和网络软件两大部分。网络中的各种物理设备属于网络硬件，各类网络管理软件、网络协议及由各类协议组成的网络体系均属于网络软件。组成计算机网络的四大要素为计算机系统、通信线路与通信设备、网络协议和网络软件。

1. 计算机系统

它是网络连接的对象，负责数据信息的收集、处理、存储以及提供共享资源。计算机系统可分为网络服务器与网络终端两大类。网络服务器一般是一台高性能的计算机，为网络中各种网络终端提供网络资源和管理网络的功能。网络终端主要有普通计算机、平板电脑、手机及各种物联网终端等，是用户获取网络资源的工具。

2. 通信线路与通信设备

用于连接各类终端的通信线路和设备，也就是在通信终端之间建立的一条物理通路。

3. 网络协议

任何网络参与方必须遵守的约定和通信规则。

4. 网络软件

网络软件是用于控制、管理和使用网络的计算机软件，依据不同的功能可分为：

（1）网络操作系统，是负责管理和调度网络上所有硬件和软件资源的程序。

（2）网络管理和配置软件，对网络中的各个设备进行配置和通信管理，保证通信数据的正常传输，如交换机、路由器的配置等。

（3）网络协议软件，是实现各种网络协议的软件。

（4）网络应用软件，是基于计算机网络应用而开发并为网络用户解决实际问题的软件，如远程教学系统、销售管理系统、Internet 信息服务软件等。

第三节　计算机网络的分类

计算机网络的分类标准有很多，根据不同的分类标准得到的结果不一样，下面详细分析其中最常用的几种分类方法。

一、按网络的覆盖范围分类

计算机网络按照其覆盖的地理范围进行分类，可以很好地反映不同类型网络的技术特征，这是计算机网络分类中最常见的一种方法，使用这种方法划分，计算机网络可以分为三类。

1. 局域网

局域网（Local Area Network，LAN）通常是指距离不超过 1 km 的计算机组成的网络，最大覆盖范围为 5 km。一般由一个单位或几个单位的计算机连成的网络都属于局域网。由于覆盖范围小，中间节点（也称结点）少，因此数据传输速率快。现在局域网的数据传输速率一般大于 10 Mbit/s，如果设备与介质条件允许，很容易建成百兆、千兆局域网。由于局域网一般是单位的内部通信，受到的环境干扰较小，因此出现传输错误的概率较小（误码率低）。局域网还具有组建方便、使用灵活等优点。

2. 城域网

城域网（Metropolitan Area Network，MAN）通常是指地理上覆盖范围在 5～10 km 的计算机组成的网络。一般而言，在一个城市内建立的计算机通信网都属于城域网。城域网由于范围还不算太大，在建设方面大多数采用了局域网的技术，因此也有较快的数据传输速率。为了规范城域网的建设，电气和电子工程师协会（Institute of Electrical and Electronics Engineers，IEEE）还针对城域网制定了一个技术规范 IEEE 802.6。城域网的干路上采用光纤作为传输介质，干路传输速率在 100 Mbit/s 以上。IEEE 802.6 技术规范没有明确定义城域网的地理覆盖范围，多数观点认为在 50 km 的范围内，只要符合 IEEE 802.6 技术规范的都是城域网。

城域网是一个城市内的企业、机关等不同单位局域网的高速互联，并能实现大量用户同时进行多媒体数据的传输。

3. 广域网

传输范围在几十千米以上的网络均称为广域网（Wide Area Network，WAN），它是几个城市或国家间计算机连成的网络。广域网覆盖范围广，通信的距离远，在两个终端间通信时通过的中间节点较多，因此，通信速率要比局域网低得多，传输误码率相对较高。

加入广域网的终端和网络设备比较多，它们通过各种不同的通信线连接，相互交织成一个网状结构。要保证通信的正常、准确运行，广域网需投入的基础建设成本高，运营管理费用也比较大。

二、按网络的传输技术分类

计算机网络本质上就是实现终端之间的数据传输，依据一个终端向网络中其他终端发送数据的方式划分，可以分为以下两种类别。

1. 广播式网络

在广播式网络中，所有联网的计算机都共享一个公共传输信道。某一台计算机利用公共信道发送数据时，会将需发送的数据与目的终端的地址打包一起发送至这个公共信道，这时在公共信道的所有计算机都会收到这个数据。由于发送的数据中带有目的地址，计算机收到数据后会判断其中的目的地址，如果是自己的数据则接收，如果不是则直接丢弃该数据。

2. 点对点式网络

在点对点式网络中，两个网络终端之间会建立一条两者专用的物理线路或逻辑链路，专门用于两者的数据通信。两台计算机之间不一定是用传输介质直接相连的，可能会经过一些中间节点，但在某一个工作时段内该条链路是供这两个终端专用的，这种传输方式的数据传输速率高、适时性强，但是路线使用效率低，不利于线路的统筹使用。

三、按网络中计算机所处的地位分类

虽然计算机网络可以实现多终端之间的数据通信，但是以通信过程来看实际就是从一个终端向另一个终端传输数据。按照通信双方所处的不同地位，或者说不同的网络工作模式划分，计算机网络又可以分为以下两种类别。

1. 对等网络

对等网络（Peer to Peer Network）是指在计算机网络中，倘若每台计算机的地位平等，都可以平等地使用其他计算机内部的资源，每台计算机磁盘上的空间和文件都成为公共资源。由于对等网络中计算机平等拥有资源发送与接收的权利，产生网络传输线路的互相争用的问题，这种方式将会导致网络传输速度变慢。但对等网络对总体网络系统的要求非常小，因此适合小型的、任务轻的局域网，例如在普通办公室、家庭等场所使用。

2. 客户机/服务器模式

网络所连接的计算机很多且共享资源也较多时，用对等网络就会造成网络拥堵，这时就要用一台高性能的计算机来存储和管理需要共享的资源，这台计算机称为文件服务器，其他的计算机称为客户机。用户需要资源时一般不会向客户机请求共享，共享资源通常存放在文件服务器上，用户通过连接服务器访问这些资源。网络中有一台或多台服务器，用户则操作客户机，在需要使用相应资源时，通过网络访问服务器来获取，这种网络工作模式称为客户机/服务器模式（Client/Server）。

通常情况下，在城域网、广域网中采用客户机/服务器网络，局域网则采用客户机/服务器网络与对等网络相结合的工作模式。

四、其他分类方式

除了上述 3 种常见的网络分类方式之外，还有 6 种分类方式。

1. 按使用的传输介质分类

传输介质是指数据传输系统中发送装置和接收装置间的物理媒介，按其物理形态可以划分为有线和无线两大类。

2. 按网络的拓扑结构分类

计算机网络的物理连接形式称为网络的物理拓扑结构。计算机网络中常用的拓扑结构有总线型拓扑结构、星形拓扑结构、环形拓扑结构、树状拓扑结构、网状拓扑结构等。

3. 按网络操作系统分类

根据网络所使用的操作系统，可以分为 Net Ware 网、UNIX 网、Windows 网等。

4. 按通信协议分类

按通信协议分类，可以分为采用 CSMA/CD 协议的共享介质以太网、交换式以太网，采用令牌环协议的令牌环网，采用 X. 25 协议的分组交换网等。

5. 按网络的使用对象分类

按网络的使用对象分类，可以分为公用网（由政府电信部门组建，如公共电话交换网 PSTN、数字数据网 DDN、综合业务数字网 ISDN、帧中继 FR 等）和专用网（由单位组建，不允许其他单位使用）。

6. 按计算机网络的交换方式分类

根据计算机网络的交换方式，可以将计算机网络分为电路交换网、报文交换网和分组交换网3种类型。

这些分类方式的相关理论知识将在本书其他章节讲解。

第四节　计算机网络的功能

计算机网络的应用很广，网络功能也很强大，其主要功能可以总结为如下几项。

一、资源共享

计算机网络中的资源是指网络中所用的软件、硬件和数据资源。共享是用户可以利用通信线路共同使用网络中部分或全部的资源。可以共享的资源包括网络中的软件、硬件和数据。资源共享是计算机网络最主要和最有吸引力的功能。

（1）硬件资源：主要是网络中计算机的硬件系统如CPU、硬盘、打印机等。例如，可以利用网络实现多台计算机中央处理器来共同处理同一个任务，网络中的用户共享打印机、硬盘空间等。

（2）软件资源：主要指可用于网络共享使用的软件，从远程计算机中调入本地执行各类软件。例如，本地计算机从安装在云服务器上的操作系统远程启动本地计算机，或者在网络中共享使用一些应用软件。

（3）数据资源：用户使用的网络中数据库服务器的数据。远程数据查询与远程数据获取是网络被广泛使用的一个功能。

需要注意的是，在计算机的组成中，数据与程序都属于软件，人们习惯将网络资源共享中程序（含手机App）的共享称为软件资源共享，而将数据资源共享单独列为一种共享资源。

二、数据通信

数据通信是计算机网络最基本的功能，也是实现其他功能的基础。它用于实现不同地理位置的计算机与终端、计算机与计算机之间的数据传输。从本质上说网络应用都是通过网络的数据通信功能实现的。

三、分布式处理

当计算机遇到需要大量运算的复杂问题时，用一台计算机处理可能速度慢且效率不高，这时就可以采用合适的算法，将计算任务分散到网络内不同的计算机上进行分布式处理，从而减少解决问题的时间，提高处理能力。这种利用网络技术将计算机连成高性能分布式系统，以此来扩展计算机的处理能力，提高计算机解决复杂问题的方式，成为计算机网络的一项重要功能。

四、提高系统的可靠性和可用性

在计算机网络中，当网络内的某一部分（通信线路或计算机等）发生故障时，可利用其他的路径来完成数据传输，或者将数据转至其他系统内代为处理，从而保证用户的正常操作。例如，银行系统利用网络可以实现数据库服务器的异地备份，当一个地方发生自然灾害等状况造成数据库服务器破坏时，仍然可调用另一地方的备份数据库服务器中的数据继续工作，不会因此造成数据丢失，从而提高计算机系统的可靠性和可用性。

五、集中管理

对于那些地理上分散而事务需要集中管理的组织、企业，可通过计算机网络来实现集中管理，例如银行业务处理系统、证券交易系统等。

六、综合信息服务

现代网络的发展使其功能趋于多样化、多维化，即网络将用户的信息集成后为其提供综合服务。这些服务包括来自政治、经济、生活等各方面的资源，网络同时还将这些信息加工成用户容易接受的多媒体方式提供给他们。

上文列举了计算机网络常见功能，其中最主要的网络功能是资源共享和数据通信。当然，随着计算机技术的不断发展，将会出现更多的计算机网络的功能。

第五节　计算机网络的应用

现代社会中许多信息的处理、存储、传输都需要借助计算机网络来完成，计算机网络的主要应用包括以下几项。

一、办公自动化

计算机实现了办公的电子化，网络的发展实现了办公的自动化。人们把一个或几个单位的计算机及外部设备连成网络，实现单位内部各部门之间可靠、高效的公文处理、会议管理、信息发布、车辆调度等各种信息传输业务。现在许多单位都已经利用 OA（Office Automation）系统实现网上无纸化办公。

二、管理信息系统

企业为了管理的方便通常会建立一个个独立的信息子系统，如计划统计、劳动人事、仓库设备、生产管理、财务管理及厂长经理查询子系统等。在未联网之前它们是一个个独立的系统，计算机网络可以将它们连接在一起，形成一个综合的管理信息系统，从而实现各个子系统数据信息的共享和数据信息的传输，提高了企业的管理水平和工作效率。

三、过程控制

在现代化的工厂里，各生产车间的生产过程调度系统和自动化控制系统可以由计算机网络将它们连接起来，实现系统间的相互通信、交换数据，这样更有利于整个企业生产过程的协调，优化生产设备的分配。利用网络可以提高企业的生产效率，提高产品质量，从而有效地增加效益。

四、Internet 应用

Internet 的出现和发展使网络应用的范围不断扩大，深入人们生产、生活的方方面面，Internet 的应用（Internet 提供的服务）相关内容在本书的其他章节将有详细叙述。

五、云计算、云桌面

云计算（Cloud Computing）是一种通过网络提供计算资源、软件和数据存储的信息处理技术。云计算的计算能力通常由多个分布式数据中心和计算设备组成，它们协同工作以满足用户的需求。云计算的主要优势在于其可扩展性、灵活性、低成本、高效益和高可用性。

云计算系统包括以下几个组成部分：

（1）基础设施：提供虚拟化的计算资源，如服务器、存储和网络设备。

（2）服务平台：提供开发、测试、部署和运行应用程序的平台。

（3）客户端软件：连接服务平台并使用相关服务。

云计算的主要应用有数据存储和备份、弹性计算（快速调整计算资源以满足业务变化的需求）、大数据分析和人工智能、远程协作和移动办公。

云桌面又称桌面虚拟化，是一种基于云计算技术的虚拟桌面解决方案，它允许用户通过互联网访问远程服务器上的虚拟桌面，从而实现在任何设备上都能使用各种应用程序和数据。有了云桌面，用户只要用一台仅有输入、输出功能的“瘦客户机”（主要设备为显示器和键盘、鼠标），在安装客户端后通过特有的通信协议访问后端服务器上的虚拟机主机来实现交互式操作，就可以达到与普通电脑一致的体验效果。这种做法不仅节约了硬件成本，还能增加用户数据的安全性。

云技术可分为以下几种类型：

（1）公共云：借助互联网完成云计算。

（2）私有云：部署在企业内部或托管在第三方数据中心。私有云提供了更高的安全性和控制能力，但成本较高。

（3）混合云：结合上述两者的优势完成云计算。

六、物联网

物联网（Internet of Things，IoT）是指通过信息传感器、射频识别技术、全球定位系统、红外感应器、激光扫描器等各种装置与技术，实现人们日常使用物品的网络接入，在物与物、物与人的网络连接基础上，进一步实现人们对物品智能化感知、识别和控制管理。物联网是一个基于互联网、传统电信网等的信息承载体，它让所有能够被独立寻址的普通物理对象都加入网络，成为网络的应用终端。

物联网概念最早出现于比尔·盖茨1995年所著的《未来之路》一书，当时受限于网络技术水平较低，未引起人们的重视。近年来，Internet及其他物联网相关技术的发展极大地推动了物联网应用的普及。

第六节　计算机网络的拓扑结构

网络拓扑结构是指网络中的网络设备和网络终端通过网络线连接所呈现的几何结构，网络的拓扑结构影响着整个网络的性能、可靠性和成本等重要指标。在设计和选择网络拓扑结构时，应考虑以下因素：功能强、技术成熟、费用低、灵活性好、可靠性高。

局域网的常用网络拓扑结构有星形拓扑结构、总线型拓扑结构、树状拓扑结构和环形拓扑结构，广域网大多采用不规则的网状拓扑结构。

一、星形拓扑结构

星形拓扑结构（Star Topology），这种结构的特点是，有一个中心节点，每个网络终端都通过一条点对点的链路直接与中心节点连接，网络终端需要通信，必须经过中心节点进行转发。

星形拓扑结构的优点如下：

（1）结构简单，容易实现，在网络中增加新的节点也很方便，易于维护、管理。

（2）网络故障容易诊断、排除。由于任何终端节点发生故障都不影响其他终端节点的通信，因此如果网络发生故障，可以通过逐一断开终端节点的方法进行故障检测和定位，找到后对该终端节点网络进行维修或保持该节点断开，就不影响其他节点的通信了。

星形拓扑结构的缺点如下：

（1）中心节点的负担过重，容易成为网络“瓶颈”，一旦发生故障就会造成整个网络瘫痪，中心节点的性能直接决定了网络的可靠性。

（2）通信线路专用，每个终端节点与中心节点之间都要有一条专用的物理线路，增加了布线的工程量和费用。

二、总线型拓扑结构

总线型拓扑结构（Bus Topology），是指所有网络终端共用一条物理传输线路，所有主机都通过相应的硬件接口直接连到传输线路上，这条传输线路被称为总线。在总线型拓扑结构中，网络中所有主机都可以发送数据到总线上，并能够由连接在线路上的所有节点接收，但由于所有节点共用同一条公共通道，所以在同一时刻只能准许一个节点发送数据。公用总线上的信号多以基带形式串行传递，其传递方向总是从发送信息的节点开始向两端扩散，这就是广播网的特点，也就是说总线型拓扑结构的网络采用的是广播式的数据传输方式。

总线型拓扑结构的网络会在总线的两端安装终端电阻，主要作用是避免电信号的反射，减少噪声。

总线型拓扑结构的主要优点如下：

(1) 网络结构简单灵活，可扩充性好。需要增加用户节点时，只需要在总线上增加一个分支接口即可与分支节点相连，增加总线节点时使用的电缆较少。

(2) 有较高的可靠性，局部节点的故障不会造成全网的瘫痪。

(3) 造价低，容易安装。

总线型拓扑结构的缺点如下：

(1) 故障诊断和定位比较麻烦，遇到故障需要对线路上的每个连接点进行检测。

(2) 一次仅能由一个终端用户发送数据，其他端用户必须等待至获得发送权，实时性差，容易产生冲突。

(3) 总线的长度有限，信号随传输距离的增加而衰减。

三、环形拓扑结构

环形拓扑结构（Ring Topology）由网络中若干节点通过环接口连接在一条首尾相连的闭合环形通信链路上。这种结构使用公共传输电缆呈环形连接，数据在环路中沿着一个方向在各个节点间传输，信息从一个节点传到另一个节点，直到目标节点为止。环形拓扑网络既可以是单向的，也可以是双向的。双向环形拓扑网络中的数据能在两个方向上传输，因此设备可以和两个邻近节点直接通信。如果一个方向的环中断了，数据还可以在相反的方向从另一个环传输，最终到达目标节点。

环形拓扑结构的优点如下：

(1) 结构简单，容易实现，各节点之间无主从关系。

(2) 当网络确定时，数据沿环单向传送，其延时固定，实时性较强，由于是一个闭环，信号不会反射。

环形拓扑结构的缺点如下：

(1) 可靠性低，只要有一个节点或线路发生故障，则会造成整个网络的瘫痪。

(2) 节点的增加与减少都很复杂，不便于扩充。

(3) 网络维护困难，对分支节点故障也要逐个定位排查。

四、树状拓扑结构

树状拓扑结构（Tree Topology）其实是星形拓扑结构的扩展，是一种层次化的星形结构。树状拓扑结构网络的中间分为根节点、分支节点、叶节点。除了叶节点之外，根节点和分支节点都具有转发功能。其结构比星形拓扑结构复杂，数据在传输的过程中需要经过多条链路，时延较大，任何一个节点送出的信息都可以传遍整个传输介质，也是广播式传输。它适用于分级管理和控制系统。

树状拓扑结构的优点如下：

（1）与星形拓扑结构相比，树状拓扑结构的通信线总长度较短，成本较低，节点易于扩充。

（2）有利于分层排除故障。

（3）树状拓扑结构同时具有星形拓扑结构相应的优点。

树状拓扑结构的缺点如下：

（1）结构较复杂，数据在传输的过程中需要经过多条链路，时延较大。

（2）各节点对根节点的依赖性大，如果根节点发生故障，则全网不能工作。

五、网状拓扑结构

网状拓扑结构（Net Topology）是一种不规则的结构。该结构由分布在不同地点，各自独立的节点经链路连接而成，每一个节点至少有一条链路与其他节点相连，两个节点间的通信链路可能不止一条，需进行路由选择。网状拓扑结构是广域网特别是 Internet 中常用的拓扑结构。

网状拓扑结构的优点是可靠性高、灵活性好，节点的独立处理能力强，信息传输容量大。

网状拓扑结构的缺点是结构复杂、管理难度大、投资费用高。

上述介绍了几种常用的拓扑结构，在实际组网中，拓扑结构不一定是单一的，通常是几种结构的混用。不管局域网还是广域网，其拓扑结构的选择需要考虑诸多因素：网络既要容易安装，又要易于扩展；网络的可靠性也是需要考虑的重要因素，要易于进行故障诊断和隔离，以使网络始终能保持正常运行；网络拓扑结构的选择还会受到介质访问控制方法等其他因素的影响。总之，选择网络拓扑结构，需要对网络性能进行综合考量。目前在局域网中主要使用星形拓扑结构，而在广域网中采用的是网状拓扑结构。

第二章　数据通信基础

第一节　数据通信系统

数据通信是一种以信息处理技术和计算机技术为基础的通信方式，它通过数据通信系统将数据以某种信号方式从一处传送到另一处。数据通信为计算机网络的应用和发展提供了技术支持和可靠的通信环境，是人们获取、传递和交换信息的重要手段。

一、数据通信的基本概念

1. 信息

信息是对客观事物的运动状态和存在形式的反映，可以是对客观事物的形态、大小、结构、性能等的描述，也可以是客观事物与外部之间的联系。信息的载体可以是数字、文字、语音、图形和图像等。计算机及其外围设备产生和交换的信息都是由二进制代码表示的字母、数字或控制符号的组合。

2. 数据

数据是传递信息的实体，是信息的一种表现形式。在计算机网络中，数据分为模拟数据和数字数据两种。其中，用于描述连续变化量的数据称为模拟数据，如声音、温度等；用于描述不连续变化量的数据称为数字数据，如文本信息、整数等。

3. 信号

信号是携带信息的介质，是数据的一种电磁编码。信号一般以时间为自变量，以表示信息（或数据）的某个参量（振幅、频率或相位）为因变量。信号按其因变量的取值是否连续可分为模拟信号和数字信号。

模拟信号是指信号的因变量完全随连续信息的变化而变化的信号，其因变量一定是连续的。例如，电视图像信号、语音信号、温度传感器的输出信号及许多遥感遥测信号等都是模拟信号。

数字信号是指表示信息的因变量是离散的，其自变量时间的取值也是离散的信号。数字信号的因变量的状态是有限的，如计算机数据信号、数字电话信号和数字电视信号等。

虽然模拟信号与数字信号有着明显的差别，但它们在一定条件下是可以相互转化的。模拟信号可以通过采样、量化、编码等步骤变成数字信号，而数字信号也可以通过解码、平滑等步骤变成模拟信号。

信息、数据和信号三者的关系是：信息一般用数据来表示，而数据通常需要转变为信号进行传输。

二、数据通信系统模型

1. 数据通信系统的组成

信息的传递是通过数据通信系统来实现的，一个完整的数据通信系统一般由信源、信号变换器、通信信道、信宿等构成。

（1）信源和信宿。

信源就是信息的产生和发送端，是发出待传送信息的人或设备。信宿就是信息的接收端，是接收所传送信息的人或设备。大部分信源和信宿设备都是计算机或其他数据终端设备（Data Terminal Equipment，DTE）。

（2）通信信道。

通信信道是传送信号的一条通路，由传输线路和传输设备组成。同一个传输介质上可以同时存在多条信号通路，即一条传输线路上可以有多个通信信道。信道类型是由所传输的信号决定的，用来传输模拟信号的信道称为模拟信道，用来传输数字信号的信道称为数字信道。

（3）信号变换器。

信号变换器的作用是将信源发出的数据变换成适合在信道上传输的信号，或将信道上传来的信号变换成可供信宿接收的数据。发送端的信号变换器可以是编码器或调制器，接收端的信号变换器相对应的就是译码器或解调器。

（4）噪声。

信号在传输过程中受到的干扰称为噪声。噪声可能来自外部，也可能由信号传输过程本身产生。噪声虽然不算严格意义上的数据通信系统组成部分，但噪声过大将影响被传送的信号的真实性或正确性。

2. 数据通信系统的主要技术指标

描述数据通信系统数据传输速率的大小和传输质量的好坏，往往需要运用信道带宽、波特率、比特率、信道容量和误码率等技术指标。

（1）信道带宽。

信道带宽是指信道中传输的信号在不失真的情况下所占用的频率范围，即传输信号的最高频率与最低频率之差。例如，某通信线路可以不失真地传送2~10 MHz的信号，则该通信线路的信道带宽为8 MHz。

（2）波特率。

波特率又称波形速率或调制速率。它是指数据传输过程中，在线路上每秒钟传送的波形个数。其单位是波特，记作baud。

设一个波形的持续周期为T，则波特率B可按下式计算：

$$B=1/T\ (\text{baud})$$

（3）比特率。

比特率又称数据传输速率，是指数字信号的传输速率，用每秒钟所传输的二进制代码的有效位数表示，单位为比特/秒（记作bit/s）。比特率S可按下式计算：

$$S = B\log_2 N \text{ (bit/s)}$$

式中 B 是波特率，N 是一个波形代表的有效状态数。

（4）信道容量。

信道容量一般是指物理信道能够传输信息的最大能力，它的大小由信道带宽、可使用时间、传输速率及信道质量（即信号功率与噪声功率之比）等因素决定。

（5）误码率。

误码率，也称出错率，是衡量数据通信系统在正常工作情况下传输可靠性的重要指标。误码率等于传输出错的码元数占传输总码元数的比例。

（6）信道的传播延迟。

信号在信道中的传输，从信源到信宿需要一定的时间，这个时间叫作传播延迟（也叫时延）。传播延迟与信源和信宿间的距离有关，也与具体的通信信道中的信号传播速度有关。

（7）信噪比。

在信道中，信号功率与噪声功率的比值称为信噪比（Signal-to-Noise Ratio）。如果用 S 表示信号功率，用 N 表示噪声功率，则信噪比应表示为 S/N。

在实际传输中，更多地使用 $10\log_{10}(S/N)$ 来表示信噪比，单位是分贝（dB）。对于 S/N 等于 10 的信道，则称其信噪比为 10 dB；同样的道理，如果信道的 S/N 等于 100，则称其信噪比为 20 dB；以此类推。一般来说，信噪比越大，说明混在信号里的噪声越小，因此信噪比越高越好。

第二节　数据传输方式

数据传输是指利用信号把数据从发送端传送到接收端的过程，通常可从多个不同的角度对数据传输方式进行描述。

一、串行传输和并行传输

数据在信道上传输时，按照使用信道的多少可以分为串行传输和并行传输两种方式。

1. 串行传输

在计算机中，通常使用 8 个数据位来表示一个字符。串行传输指的是数据的若干位按顺序一位一位地传送，从发送端到接收端只要一条传输信道即可。

2. 并行传输

在进行近距离传输时，为获得较高的传输速率，使数据的传输时延尽量小，常采用并行传输方式，即字符的每一个数据位各占一条传输信道，通过多条并行的信道同时传输。例如，计算机内的数据总线就是采用并行传输的，根据信道数量不同可分为 8 位、16 位、32 位和 64 位等。

串行传输可以节省传输线路和设备，利于远程传输，所以广泛用于远程数据传输。例如，通信网和计算机网络中数据传输都是以串行传输方式进行的。并行传输的速率高，但传输线路和设备都需要增加若干倍，一般用于短距离并要求快速传输的情况。

二、单工、半双工和全双工通信

根据数据在信道上传输方向与时间的关系，数据通信方式分为单工通信、半双工通信和全双工通信。

1. 单工通信

单工通信又称单向通信。在单向通信中，数据固定地从发送端传送到接收端，即信息流仅沿一个方向流动。例如，无线电广播采用的就是单工通信。

2. 半双工通信

半双工通信又称双向交替通信。在半双工通信中，数据可以双向传送，但不能在两个方向上同时进行。通信双方都具有发送器和接收器，但在同一时刻信道只能容纳一个方向的数据传输。例如，无线电对讲机采用的就是半双工通信：当甲方讲话时，乙方无法讲话；等甲方讲完后，乙方才能开始讲话。

3. 全双工通信

全双工通信又称双向同时通信。在全双工通信中，同一时刻双方能在两个方向上传输数据，它相当于把两个相反方向的单工通信方式组合起来。例如，打电话时，双方可以同时讲话。全双工通信效率高，但结构复杂，成本较高。

三、异步传输和同步传输

当发送端将数据发送出去后，为保证数据传输的正确性，收发双方要同步处理数据。所谓同步，就是指通信双方在发、收时间上必须保持一致；否则，数据传输就会发生丢包或重复读取等错误。

根据通信双方协调方式的不同，同步方式有两种：异步传输和同步传输。

1. 异步传输

异步传输又称为起止式传输。发送端可以在任何时刻向接收端发送数据，且将每个字符（5~8 位）作为一个独立的整体进行发送，字符间的间隔时间可以任意变化。为了便于接收端识别这些字符，发送端需要在每个字符的前后分别加上一位或多位信息作为它的起始位和停止位。

如果传送的字符由 7 位二进制位组成，那么在其前后各附加一位起始位和停止位，甚至还有校验位，其字符长度将达 10 位。很显然，由于辅助位多，这种方式的传输效率较低，适用于低速通信。

2. 同步传输

同步传输要求数据的发送端和接收端始终保持时钟同步。根据同步通信规程，同步传输具体又分为面向字符的同步和面向位的同步。

面向字符的同步：发送端将字符分成组进行连续发送，并在每组字符前后各加一个同步字符（SYN）。当接收端接收到同步字符时开始接收数据，直到再次收到同步字符时停止接收，然后进入等待状态，准备下一次通信。面向位的同步：发送端每次发送一个二进制位序列，并在发送过程的前后分别使用一个特殊的 8 位位串（如 01111110）作为同步字节来表示发送的开始和结束。

在同步传输中将整个字符组作为一个单位进行传送，且附加位比较少，从而提高了数据传输效率。这种方式一般用于高速传输数据的系统中，但是要求收发双方的时钟严格同步，加重了数据通信设备的负担。如果传输的数据中出现与同步字符（或同步字节）相同的数据，则需要额外的技术来解决；如果一次传输有错，则需要将该次传输的整个数据块进行重传。

四、基带传输和频带传输

在数据通信中，计算机等设备产生的信号是二进制数字信号，即“1”和“0”。若要在相应的信道中传输，需转换成适合传输的数字信号或模拟信号。数字信号在信道中的传输技术分为基带传输和频带传输两类。

1. 基带传输

由计算机等设备直接发出的数字信号是一连串矩形电脉冲信号，包含直流、低频和高频等多种成分。在其频谱中，从 0 到能量集中的一段频率范围称为基本频带，简称基带。在线路上直接传输数字基带信号称为基带传输。

基带传输中，发送端需要用编码器对数字信号进行编码，然后在接收端由译码器进行解码才能恢复发送端发送的数据。在实际应用中，常采用以下 3 种编码方法。

（1）非归零编码。

非归零编码规定，用高电位表示“1”，低电位表示“0”。这种编码方法难以判断一个位的结束和另一个位的开始，需要同时发送同步时钟信号来保证发送端和接收端同步。假设要发送的二进制数据为 10011101，则非归零编码后。

（2）曼彻斯特编码。

曼彻斯特编码是一种“自含时钟”的编码方法，其编码规则是在每个时钟周期内产生一次跳变。由高电位向低电位跳变时，代表“0”；由低电位向高电位跳变时，代表“1”。

这种编码的优点是收发双方可以根据自带的“时钟”信号来保持同步，无须专门传递同步信号，因此这种编码方法通常用于局域网传输。

（3）差分曼彻斯特编码。

差分曼彻斯特编码规定当前比特位的取值由开始的边界是否存在跳变而定，开始边界有跳变表示“0”，无跳变表示“1”。每个比特位中的跳变仅用作同步信号。

基带传输是一种最简单的传输方式，它抗干扰能力强、成本低，但是由于基带信号含有从直流到高频的频率特性，传输时必须占用整个信道，因此信道利用率低。另外，基带传输信号衰减严重，传输的距离受到限制，因此常用于局域网。

2. 频带传输

在实现远距离通信时，最经常使用的仍然是普通的电话线。电话信道的带宽为 3.1 kHz，只适用于传输音频范围为 300~3400 Hz 的模拟信号，不适用于直接传输频带很宽而且又集中在低频段的数字基带信号。因此，必须将数字信号转换成模拟信号进行传输。

一般采用的方法是发送端在音频范围内选择某一频率的正（余）弦波作为载波，用它寄载所要传输的数字信号，通过电话信道将其传送至接收端；在接收端再将数字信号从载波上分离出来，恢复为原来的数字信号。这种利用模拟信道实现数字信号传输的方法称为频带传输。

在频带传输中，由发送端将数字信号转换成模拟信号的过程称为调制，使用的调制设备称为调制器；在接收端把模拟信号还原为数字信号的过程称为解调，使用的设备称为解调器。同时具备调制和解调功能的设备称为调制解调器。在实现全双工通信时，则要求收发双方都安装调制解调器。

模拟信号传输的基础是载波，正弦载波信号可以表示为

$$u(t)=A(t)\sin(\omega t+\varphi)$$

其中，振幅 A、角频率 ω、相位 φ 是载波信号的 3 个可变参量，也称调制参数，它们的变化将对正弦载波的波形产生影响。为此，我们可以通过改变这 3 个参量来实现对数字信号的模拟化编码。

（1）振幅键控（ASK）。

ASK 方式是指载波的振幅 A 随发送的数字信号而变化，以不同振幅表示二进制数字“1”和“0”。这种方法实现简单，但抗干扰能力差，调制效率低。

（2）频移键控（FSK）。

FSK 方式是指用两个靠近载波频率的不同频率 ω_1 和 ω_2 分别表示二进制数字“1”和“0”。FSK 的电路简单，抗干扰能力强，但频带的利用率低。

（3）相移键控（PSK）。

PSK 方式只是以载波的相位 φ 变化来表示数据。在二相制情况下，二进制数字“0”和“1”分别用不同相位载波信号波形表示。PSK 电路实现较为复杂。

第三节　多路复用技术

在同一介质上，同时传输多个有限带宽信号的方法，称为多路复用。将多路复用技术引入通信系统，目的是充分利用通信线路的带宽，提高通信介质利用率。

多路复用技术可以分为频分多路复用、时分多路复用、波分多路复用和码分多路复用等多种形式，最常用的是频分多路复用和时分多路复用。

一、频分多路复用

任何信号只占据一个宽度有限的频率，而信道可被利用的频率要比一个信号的频率宽得多，因此可以利用频率分割的方式来实现信道的多路复用。

频分多路复用（Frequency Division Multiplexing，FDM）是利用频率变换或调制的方法，将若干路信号搬移到频谱的不同位置，相邻两路的频谱之间留有一定的频率间隔，以防相互干扰，这样排列起来的信号就形成了一个频分多路复用信号。发送端将信号发送出去，接收端接收到信号后，再利用接收滤波器将各路信号区分开来。这种方法起源于电话系统。

所有电话信号的频带本来都是一样的，即标准频带 0.3~3.4 kHz。利用频率变换，使每路电话信号占用 4 kHz 的带宽，然后将三路电话信号搬到频谱的不同位置，就形成了一个带宽为 12 kHz 的频分多路复用信号。当信号到达接收端后，接收端可以将各路电话信号用滤波器区分开。由此可见，信道的带宽越大，容纳的电话路数就会越多。

频分多路复用主要用于宽带模拟线路中，最典型的是有线电视系统。

二、时分多路复用

时分多路复用（Time Division Multiplexing，TDM）是利用时间分隔方式来实现多路复用的，它将一个传送周期划分为多个时间间隔，让多路信号分别在不同的时间间隔内传送。对于数字通信系统主干网的复用，采用的就是时分多路复用技术。

下面以电话系统为例来说明时分多路复用的工作原理。对于带宽为 4 kHz 的电话信号，每秒采样 8000 次就可以完全不失真地恢复出语音信号。假设每个采样点的值用 8 位二进制数来表示，那么一路电话所需要的数据传输速率为 $8 \times 8000 = 64$ kbit/s。如果有 24 路电话信号，每路电话信号包含 8 位采样值，最后加上 1 位用于区分或同步每一次的采样间隔，这样在一个采样周期（125 μs）中主干线路共要传输 $24 \times 8 + 1 = 193$ 位二进制数据，即要求主干线路的数据传输速率达到 193 bit/125 μs = 1.544 Mbit/s。因此，利用一条数据传输率为 1.544 Mbit/s 的信道就可以同时传输 24 路电话。

三、波分多路复用

波分多路复用（Wave Division Multiplexing，WDM）是频率分割技术在光纤中的应用，主要用于全光纤网组成的通信系统中。所谓波分多路复用是指在一根光纤上能同时传送多个波长不同的光信号的复用技术，它实质上是利用了光具有不同波长的特征。

波分多路复用的原理与频分多路复用十分类似，不同的是它利用波分复用设备将不同信道的信号调制成不同波长的光，并复用到光纤信道上；在接收端，又采用波分复用设备分离不同波长的光。用于波分复用的设备在通信系统的发送端和接收端分别称为分波器和合波器。

波分多路复用不仅使得光纤的传输能力成倍增加，还可以利用不同波长沿不同方向传输来实现单根光纤的双向传输。除波分多路复用外，还有光频分多路复用（OFDM）、密集波分多路复用（DWDM）、光时分多路复用（OTDM）、光码分多路复用（OCDM）技术等。其中，光纤的密集波分多路复用技术可极大地增加光纤信道的数量，从而充分利用光纤的潜在带宽，是今后计算机网络系统使用的重要技术。

四、码分多路复用

码分多路复用（Code Division Multiplexing，CDM）是一种用于移动通信系统的技术，它的实现基础是微波扩频通信。扩频通信的特征是使用比发送的数据速率高许多倍的伪随机码对载荷数据的基带信号的频谱进行扩展，形成宽带低功率频谱密度的信号来发射。

码分多路复用利用扩频通信中不同码型的扩频码之间的相关性为每个用户分配一个扩频编码，以区别不同的用户信号。发送端可用不同的扩频编码，分别向不同的接收端发送数据；同样，接收端进行相应的解码就可得到不同发送端送来的数据。码分多路复用的特点是频率和时间资源均为共享。因此，在频率和时间资源紧缺的情况下，码分多路复用将独具魅力，这也是它受到人们普遍关注的原因。

第四节　数据交换技术

在实际网络中，节点通常采用部分连接的方式，不相邻节点之间的通信只能通过中间节点的转接来实现。这些提供数据中转的节点称为交换节点，它们并不处理流经的数据，只是简单地将数据从一个节点传送给另一个节点，直至到达目的节点。

数据交换技术就是交换节点提供数据交换功能所使用的技术。通常使用的数据交换技术有 3 种：电路（线路）交换、报文交换和分组交换。

一、电路交换

在电话系统中，当用户进行拨号时，电话系统中的交换机在呼叫者的电话与接收者的电话之间建立一条实际的物理线路，通话便建立起来；此后两端的电话一直使用该专用线路，直到通话结束才能拆除该线路。电话系统中用到的这种交换方式叫作电路交换（Circuit Switching）技术。

电路交换的通信过程包括线路建立、数据传输和线路释放 3 个过程。在数据开始传输之前，呼叫信号必须经过若干个交换机，得到各交换机的认可，并最终传到被呼叫方。这个过程常常需要 10 s 甚至更长的时间。对于许多应用（如商店信用卡确认）来说，过长的电路建立时间是不合适的。另外，在电路交换系统中，物理线路的带宽是预先分配好的，即使通信双方都没有数据要交换，线路带宽也不能为其他用户所使用，从而造成带宽的浪费。

虽然电路交换存在上述缺点，但它有两个明显的优点：第一是传输延迟小，唯一的延迟是物理信号的传播延迟，因为一旦建立物理连接，便不再需要交换开销；第二是一旦线路建立，通信双方便独享该物理线路，不会与其他通信发生冲突。

二、报文交换

报文交换（Message Switching）属于存储转发式交换，事先并不建立物理线路，当发送端有数据要发送时，它将要发送的数据当作一个整体交给交换节点。交换节点先将报文存储起来，然后选择一条合适的空闲输出线将数据转发给下一个交换节点，如此循环往复直至将数据发送到目的节点。采用这种技术的网络就是存储转发网络。

在报文交换中，一般不限制报文的大小，这就要求网络中的各个中间节点必须使用磁盘等外设来缓存较大的数据块。同时某一块数据可能会长时间占用线路，导致报文在中间节点的延迟非常大（一个报文在节点的延迟时间等于接收整个报文的时间加上该报文在节点等待输出线路所需的排队延迟时间），这使得报文交换不适用于交互式数据通信。

三、分组交换

分组交换（Packet Switching）又称包交换，是报文交换的改进，与报文交换同属存储转发式交换。在分组交换中，用户的数据被划分成一个个大小相同的分组（Packet），这些分组称为“包”。这些“包”缓存在交换节点的内存而不是磁盘中，通过不同的线路到达同一目的节点。由于分组交换能够保证任何用户都无法长时间独占传输线路，因而它非常适用于交互式通信。

在分组交换中，根据传输控制协议和传输路径不同，可将其分为两种方式：数据报分组交换和虚电路分组交换。

1. 数据报分组交换

在该方式中，每个数据分组又称为数据报。发送端将数据报按顺序发送，每个数据报在传输过程中按照不同的路径到达目的节点，因此接收端收到的数据报的顺序与发送顺序是不同的，接收端还需要按照报文的分组顺序将这些数据报组合成完整的数据。

2. 虚电路分组交换

虚电路分组交换方式是将数据报方式与电路交换方式结合起来，在发送数据分组之前，首先在发送端和接收端之间建立一条通路。通路建立后，数据分组将依次沿此路径进行传输。因此，接收端收到的数据分组的顺序与发送顺序是相同的。

但是与电路交换不同的是，虚电路方式建立的通路不是一条专用的物理线路，而只是一条路径，因此称为“虚电路”。数据分组经过时，路径中的每个节点还是需要存储数据并等待队列输出。

四、三种交换技术的比较

电路交换技术、报文交换技术和分组交换技术的比较如图 2-1 所示。

比较图 2-1（b）和图 2-1（c），可以看到：在具有多个分组的报文中，分组交换中的中间节点在接收第二个分组之前，就可以转发已经接收到的第一个分组，即各个分组可以同时在各个节点对之间传送，这样就减少了传输延迟，提高了网络的吞吐量。

分组交换除吞吐量较高外，还提供了一定程度的差错检测和代码转换能力。因此，计算机网络常常使用分组交换技术，偶尔才使用电路交换技术，但一般不使用报文交换技术。当然，分组交换也存在许多问题，如拥塞、报文分片和重组。

电路交换和分组交换两种技术有许多不同之处，主要体现在以下 3 个方面。

信道带宽的分配方式不同：电路交换中信道带宽是静态分配的，而分组交换中信道带宽是动态分配的。在电路交换中已分配的信道带宽未使用时都会被浪费掉，而在分组交换中，这些未使用的信道带宽可以被其他分组所利用，从而提高了信道的利用率。

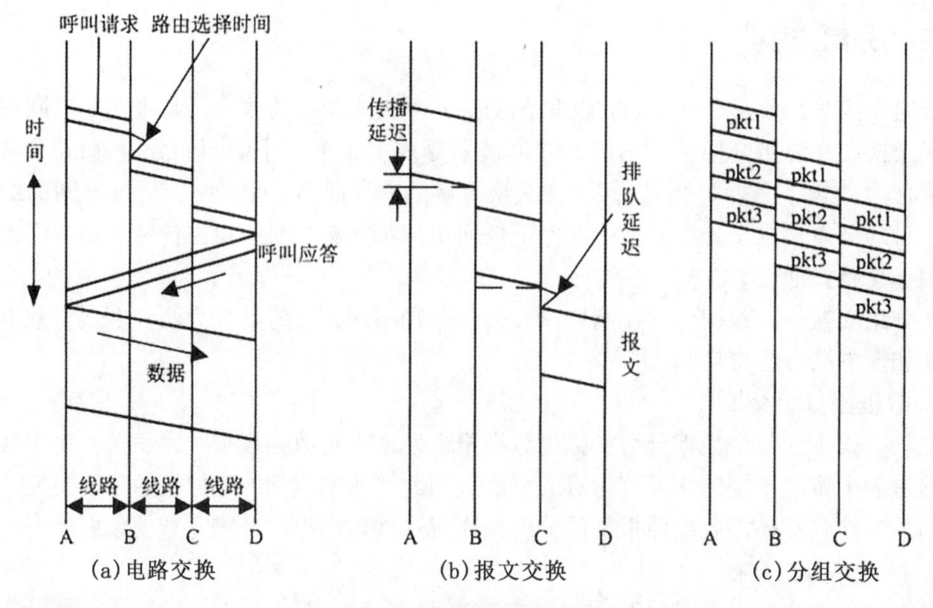

图 2-1　3 种交换技术的比较

收发双方的传输要求不同：电路交换是完全透明的，发送端和接收端可以使用物理线路支持范围内的任何速率、任意帧格式来进行数据通信。而在分组交换中，发送端和接收端必须按一定的数据速率和帧格式进行通信。

计费方法不同：在电路交换中，通信双方是独占信道带宽的，因此通信费用取决于通话时间和距离，而与通信流量无关。而在分组交换中，通信费用主要按通信流量（如字节数）来计算，适当考虑通话时间和距离。因特网电话（Internet Phone）就是使用分组交换技术的一种新型通信方式，它的通信费用远远低于传统电话。

第五节　差错控制技术

数据在信道上传输时，由于线路热噪声的影响、信号的衰减、相邻线路间的串扰等各种原因，不可避免地会造成接收的数据和发送的数据不一致，这种现象称为传输差错，简称差错。

一、产生差错的原因

差错主要是由外界的干扰引起的。外界的干扰也称噪声干扰，主要有热噪声和冲击噪声两种。

（1）热噪声是传输电路中的电子热运动产生的。它的特点是持续存在、幅值较小、幅度较均匀且与频率无关，但频带很宽，具有随机性。由热噪声引起的差错称为随机差错。

（2）冲击噪声是由外界干扰造成的。与热噪声相比，冲击噪声的幅度很大，持续时间短。这类噪声可以搏击相邻的多位数据位，从而导致更多的差错。冲击噪声是网络数据传输中引起传输差错的主要原因。由冲击噪声引起的传输差错称为突发差错。

在通信过程中产生的差错是由随机差错和突发差错共同构成的。此外，信号的幅度衰减、传播的速率改变、相邻两条线路的串扰等因素也会引起传输差错。

二、差错控制编码

要提高通信质量，一是改善传输信道的传输特性；二是采取差错控制技术，检测和纠正传输数据中可能出现的差错，以保证数据传输的正确性。

最常用的差错控制方法是差错控制编码，即在发送的报文中附加校验码，便于接收端检测到有差错的报文后进行纠错。常用的校验码有奇偶校验码和循环冗余码。

1. 奇偶校验码

奇偶校验码是最简单的校验码，其编码规则是：先将要传送的数据分组，并在每组数据后面附加一位冗余位，即校验位，使分组中包括冗余位在内的数据中“1”的个数保持为奇数（奇校验）或偶数（偶校验）。在接收端按照同样的规则进行检查，只有“1”的个数仍符合原定的规则才认为传输正确，否则认为传输出错。

例如，传输数据为“1010010”，采用奇校验时附加位为“0”，因此传输数据变为“10100100”。如果接收端收到的数据中有一位出错（如10110100），此时奇校验就可以检查出错误。但是若接收端收到的数据中有两位出错（如01100100），此时奇校验就无法检查出错误。因此，奇偶校验一般只能用于通信要求较低的环境，且只能检测错误，无法确认错误位置及纠正错误。

2. 循环冗余码

循环冗余码（Cyclic Redundancy Code，CRC），又称多项式码，是目前使用最广泛且检错能力很强的一种检错码。CRC的工作方法是在发送端产生一个冗余码，附加在信息位后面一起发送到接收端，接收端收到信息后按照与发送端形成循环冗余码同样的算法进行校验，如果发现错误，则通知发送端重发。

CRC将整个数据块当作一串连续的二进制数据，把各位看成是一个多项式的系数，则该数据块就和一个 n 次多项式 $M(X)$ 相对应。例如，信息码1101对应的多项式为

$$M(X)=X^3+X^2+X^0$$

CRC在发送端编码和接收端校验时，可以利用事先约定的生成多项式 $G(X)$ 来计算冗余码。CRC中使用的生成多项式由协议规定，目前国际标准中常用的 $G(X)$ 包括以下几种。

CRC-12：$G(X)=X^{12}+X^{11}+X^3+X^2+X+1$

CRC-16：$G(X)=X^{16}+X^{15}+X^2+1$

CRC-CCITT：$G(X)=X^{16}+X^{12}+X^5+1$

CRC-32：$G(X)=X^{32}+X^{26}+X^{23}+X^{22}+X^{16}+X^{12}+X^{11}+X^{10}+X^8+X^7+X^5+X^4+X^2+X+1$

CRC编码步骤如下（设 r 为生成多项式 $G(X)$ 的阶）。

（1）在原信息码后面附加 r 个“0”，得到一个新的多项式 $M'(X)$（也可看成二进制数）。

（2）用模2除法求 $M'(X)/G(X)$ 的余数，此余数就是冗余码。

（3）将冗余码附加在原信息码后面即为最终要发送的信息码。

例如，假设准备发送的数据信息码为11001011，生成多项式采用$G(X)=X^4+X^3+X+1$，计算使用CRC后最终发送的信息码。

解：

（1）$G(X)=X^4+X^3+X+1$，故$r=4$，在原信息码后面附加4个“0”，因此$M'(X)=110010110000$（二进制形式）。

（2）$G(X)=11011$（二进制形式），用模2除法求$M'(X)/G(X)$的余数（即冗余码）。

（3）将冗余码直接附加在原信息码后面，可得到最终要发送的信息码为110010010。

第三章　计算机网络体系结构

随着计算机网络应用的不断普及和发展，接入计算机网络的终端也越来越多，这些终端与网络连接的设备的类型、规格通常都不一样，并且不同的终端使用的软件，特别是操作系统和网络通信软件也不尽相同。为了保证不同设备和网络终端都能够正常数据通信，就要让它们共同遵守一定的通信规则，这个通信规则称为通信协议，各种网络通信协议有机结合组成了一个网络体系结构。

第一节　网络体系结构概述

网络体系结构是指为了实现计算机间的正常通信，把计算机互联的功能划分成具有明确定义的层次，并规定同一层次实体通信的协议及相邻层之间的接口服务。简单地说，网络体系结构就是网络分层结构及每一个层次所遵循的协议集合。所以，一个完整的网络体系结构的核心包含两个方面：通信协议和网络体系的结构分层。

一、通信协议

通信协议是计算机网络中为进行数据通信而制定的通信双方共同遵守的规则、标准或约定的集合。在网络中，通信双方必须遵从相互可以接受的网络协议（相同或兼容的协议）才能进行通信。

协议本质上是一系列规则和约定的规范化描述，为了保证网络数据准确、高速地传输，现有的网络协议种类有多种，但是，任何一种网络协议都应包括如下 3 个要素。

（1）语法（Syntax）：规定通信双方“如何讲”，是网络传输的数据与控制信息的结构和格式，它规定了数据与控制信息的结构、编码及信号电平等。

（2）语义（Semantics）：规定通信双方“讲什么”，指用于协调与差错处理的控制信息，发出何种控制信息，完成何种动作及做出何种应答，简言之就是发出控制信息、执行的动作和返回的应答等。

（3）时序（Timing）：又称为定时，规定通信双方“讲的顺序”或“应答关系”，即对事件实现顺序的说明，解决何时进行通信的问题。

用形象的方式解释协议的 3 个要素，就好比学校需要发送通知，首先规定好通知的传输格式、通过什么渠道、用什么信号发送、控制信息是怎么样的等，这种预先定好的格式就是“语法”，如何保证通知准确地发给接收对象、接收者如何确认接收等作为“语义”，而通知内容收发的先后次序就是“时序”，这些要素构成了协议。

二、网络体系的分层结构

（一）层次结构的概念

为了保证任何信息都可以在计算机网络传输，而网络中的主机与设备又是多种多样的，这就使得现代计算机网络变得庞大且复杂。人们为解决一个大问题，一般先将它划分成若干较小的、简单的问题，形成一个个小的模块，然后把一组功能相近的解决方案放在一起，形成网络的一个结构层次，这些层次综合在一起就成为一个体系。

计算机网络层次结构包含两方面的含义，即结构的层次性和层次的结构性。层次的划分依据层内功能内聚、层间耦合松散的原则。也就是说，在网络中，功能相似或紧密相关的模块应放置在同一层；层与层之间应保持松散的耦合，使在层与层之间的信息流动减到最小。

通常将网络的层次结构、相同层次的通信协议集和相邻层次的接口及服务，统称为计算机网络体系结构。

（二）层次结构模型

当计算机 A 与计算机 B 之间需要进行数据通信时，计算机数据就会通过若干层的封装。封装可以由各种不同的软件和硬件配合完成，每个层次之间的关系如图 3-1 所示，网络层次结构一般以垂直分层模型来表示，这种结构的主要特点如下。

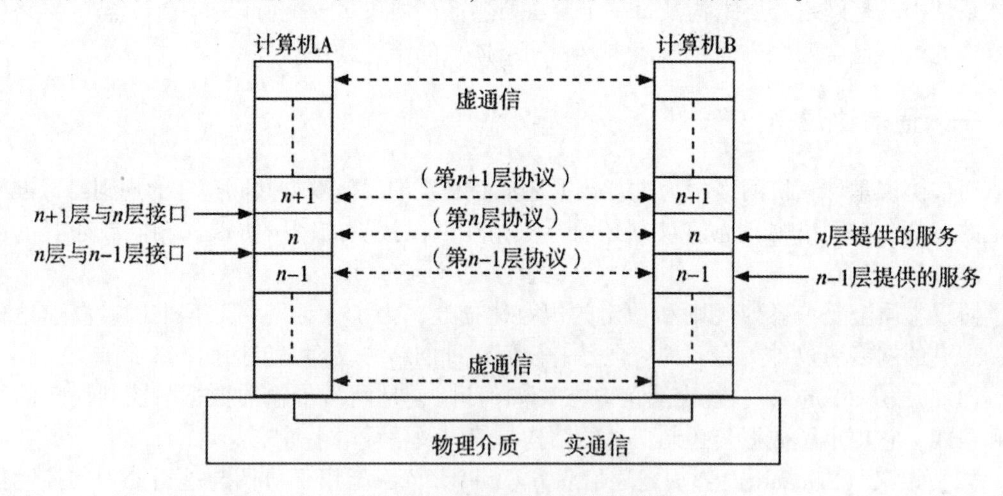

图 3-1　层次型网络体系结构模型

（1）除了在物理介质上进行的是实际的数据通信（比特流）之外，其余各对等实体间进行的都是虚通信。

（2）对等层之间会建立一个相互通信的虚通信信道，并且对等层之间的通信都会定义一系列相应的通信协议。

（3）相邻的层次之间的数据传递通过层间接口来完成，也就是第 $n-1$ 层通过两者之间的接口向第 n 层提供服务，同样的，第 n 层也会通过接口向第 $n+1$ 层提供服务。

不同的网络体系结构，分层的数量、名称、功能、协议和接口可能不同，但是都遵守分层的原则，即各层完成的功能相对独立，某一层的内部变化不能影响到另一层，高层使用下层提供的服务时，不用了解下层服务实现的方法。

三、分层结构中的相关概念

（一）通信实体和对等实体

在网络通信中，通信实体是某个层次功能实现的真正承担者（相应的软硬件），它能发送和接收信息。

一个文件传输系统、某个传输软件组合、一块网卡、一个智能I/O芯片等都可以算作一个实体。系统中的各层次都存在一些实体，不同系统的相同层次称为对等层，对等层之间的通信称为虚通信。

（二）分层服务、功能、协议

服务是指相邻两层之间下层为上层所提供的操作功能或通信能力。由于网络分层结构中的单向依赖关系，下层总是向它的上层提供服务。

在网络分层结构中，某一层协议规定这一层对等实体之间进行的虚通信必须遵守的规则。对等层通信所遵守的规则或约定称为分层协议，由于是不同实体在同一对应层的协议，因此也称为同层协议。

功能是本层内部的活动，是为了实现对外服务而从事的活动；服务是本层提供给高层使用的操作功能，属于外观的表象，只有那些能够被高一层看得见的功能才能称为服务；协议则相当于一种工具，对外的服务是依靠本层的协议实现的。

服务和协议的关系是：服务是“垂直的”，是下层为上层用户的需要而执行的一组操作，但并不规定这些操作是如何实现的；协议则是定义同层对等实体间信息交换的规则，所以协议是“水平的”。实体在实现其服务时必须遵守协议。

（三）面向连接的服务和无连接的服务

从通信角度看，各层所提供的服务有两种形式——面向连接的服务和无连接的服务。所谓“连接”是指在对等层的两个对等实体间所设定的逻辑通路。

面向连接的服务：利用已建立的连接进行数据传输的方式就是面向连接的服务。面向连接的服务思想来源于电话系统，即在开始通话之前，发送方和接收方必须通过电话网络建立连接线路，然后开始通话，通话结束后再拆除连接线路。面向连接的服务过程可分为3个步骤：建立连接、传输数据和撤销连接。面向连接的服务比较适合于数据量大、实时性要求高的数据传输应用场合。

无连接的服务：无连接的服务过程类似于生活中的快递服务。通信前，无须在两个对等层之间事先建立连接，通信链路资源完全在数据传输过程中动态分配，无论何时，计算机都可以发送数据。此外在通信过程中，双方并非需要同时处于“激活”（或工作）状态，如同在信件传递中收信人没必要在当时位于目的地一样。因此，无连接服务的优点是灵活方便，信道的利用率高，特别适合于短报文的传输。

与面向连接的服务不同的是，由于无连接的服务在通信前没有建立“连接”，因此传输的每个分组中必须包括目的地址，同时由于无连接方式而不需要接收方的应答和确认。在快递服务中，发送大件商品如床、柜子等，一般会在发送这个物品前将其拆成一个个小零件进行传输，收件人接收后重新组装。无连接的服务在发送大的数据文件时也是用这种方式，因此这种服务方式的数据传输中可能会出现分组的丢失、重复或乱序等传输错误。

（四）接口、服务访问点、网络访问节点

接口（Interface）是同一系统相邻两层之间的边界，定义下层向上层提供的原语操作和服务。同一系统相邻两层实体交换信息的地方称为服务访问点（Service Access Point，SAP），它实际上是相邻两层实体的逻辑接口，也可以说 n 层的 SAP 就是 $n+1$ 层可以访问 n 层的地方。SAP 有时也称为端口。任何层间服务都是在接口的 SAP 上进行的，每个层间接口可以有多个 SAP。

网络访问节点是指网络中的一个特定位置或设备，其用于连接用户或终端设备与互联网或其他网络之间的通信。网络访问节点可以是路由器、交换机、服务器等网络设备，也可以是计算机、手机、平板电脑等终端设备。

网络访问节点的作用是将用户的请求从源设备发送到目标设备，以实现网络通信。当用户连接网络时，首先要连接到网络访问节点，该节点是本地设备或者是公共场所的无线网络接入点。网络访问节点会将用户的请求转发至网络中的目标设备，然后将目标设备的响应返回给用户。网络访问节点的设备必须能够进行地址标识。

（五）服务原语

从上文所述可知，当上层实体向下层实体请求服务时，服务用户与服务提供者之间通过服务访问点进行信息交互，不同层之间交换信息由服务内容和用户服务原语来描述，用来在形式上描述层间提供的服务，并规定通过 SAP 所必须传递的信息。上层利用服务原语来通知下层要做什么，下层利用服务原语来通知上层已做了什么。服务原语是描述服务的一种简洁形式，一个完整的服务原语由原语名、原语类型和原语参数 3 个部分组成。

服务原语有 4 种类型。

（1）请求（Request）：由服务用户发往服务提供者，请求它完成某些操作的服务，如建立连接、发送数据、释放连接等。

（2）指示（Indication）：由服务提供者发往服务用户，指示发生了某些事件，如连接指示、释放连接指示等。

（3）响应（Response）：由服务用户发往服务提供者，作为对前面指示的响应，如接受接收、释放接收等。

（4）证实（Confirm）：由服务提供者发往服务用户，作为对前面发生请求的证实。

服务分为有证实服务和无证实服务。有证实服务包括请求、指示、响应和证实 4 个原语，无证实服务只有请求和指示 2 个原语。

（六）层间通信

（1）相邻层之间通信：相邻层之间通信发生在相邻的上下层之间，通过服务来实现。

上层使用下层提供的服务，上层称为服务调用者（Service User）；下层向上层提供服务，下层称为服务提供者（Service Provider）。

（2）对等层之间通信：对等层是指不同开放系统中的相同层次，对等层之间通信发生在不同开放系统的相同层次之间，通过协议来实现。对等层实体之间是虚通信，依靠下层向上层提供服务来完成，而实际的通信是在最底层完成的。

第二节　OSI 参考模型

一、OSI 参考模型的基本概念

世界上第一个网络体系结构是 1974 年由 IBM 公司提出的“系统网络体系结构”。此后，许多公司纷纷推出了各自的网络体系结构。虽然这些体系结构都采用了分层技术，但层次的划分、功能的分配及采用的技术均不相同。于是，国际标准化组织提出了著名的开放系统互连参考模型 OSI/RM。OSI/RM 参考模型有时直接简称为 OSI 参考模型，是根据比较成熟的分层体系结构理论，结合当时比较成功的有关经验制定的网络体系结构。

OSI 参考模型并不是一个特定的硬件设备或一套软件程序，而是一种严格的理论模型，是厂商在设计硬件和软件时必须遵循的通信准则。OSI 参考模型是一个开放式系统模型，它的目的是在不需要改变不同系统的软硬件逻辑结构的前提下，使不同系统之间可以通信。

OSI 参考模型采用了层次结构，将整个网络的通信功能划分成 7 个层次，每个层次完成不同的功能。

二、物理层

物理层是 OSI 参考模型的最底层，也是最基础的一层。物理层既不是指连接计算机的具体物理设备，也不是指负责信号传输的具体物理介质，而是规定网络设备和传输介质要实现的功能，是指物理介质上为其上一层（数据链路层）提供传输比特流的一个物理连接，起到数据链路层和传输媒体之间的逻辑接口作用，并提供一些建立、维护和释放物理连接的方法。在物理层，数据交换的单元为二进制位（bit）。

物理层屏蔽了具体的通信介质、通信设备和通信方式的差异，为数据链路层提供服务。物理层的存在，使数据链路层感觉不到传输介质的差异，这样，数据链路层就可以不必考虑网络的具体传输介质，而只完成本层的服务。

（一）物理层的功能与服务

物理层的基本功能是负责实际或原始的数据“位”传送，它向数据链路层提供的服务是建立、维持和释放物理连接，目的是在数据终端设备（Data Terminal Equipment，DTE）和数据通信设备（Data Communications Equipment，DCE）之间提供透明的比特流传输。

（二）接口与信号标准的主要内容

物理层用4个特性对网络设备和传输介质之间的接口进行定义。

（1）机械特性：规定了物理连接时所使用可接插连接器的形状和尺寸、连接器中引脚的数量与排列情况等。

（2）电气特性：规定了在物理连接上传输二进制比特流时线路上的信号电平高低、阻抗及阻抗匹配、传输速率与距离限制。早期的标准定义了物理连接边界点上的电气特性，而较新的标准定义了发送和接收器的电气特性，同时给出了互联电缆的有关规定。新的标准更有利于发送和接收电路的集成化工作。

（3）功能特性：规定了物理接口上各条信号线的功能分配和确切定义。物理接口信号线一般分为数据线、控制线、定时线和接地线4种。

（4）规程特性：定义了信号线进行二进制比特流传输时的一组操作过程，包括各信号线的工作规则和时序。

（三）物理层常见协议

物理层协议规定了网络物理设备之间的物理接口特性及通信规则，即定义了为建立、维持和拆除物理链路所需的机械特性、电气特性、功能特性和规程特性。物理层协议实际上是DTE和DCE之间接口及传输比特规则的一组约定，主要解决网络设备与物理信道如何连接的问题，其作用是确保比特流能够在物理信道上传输。典型的物理层协议是RS-232C，它是由电子工业协会（Electronic Industry Association，EIA）在1969年颁布的一种串行物理接口，其中RS（Recommended Standard）是指“推荐标准”，232是标识号码，而后面的C则表示该推荐标准已被修改过3次。

三、数据链路层

数据链路层在物理层基础上向网络层提供服务。由于物理媒体上传输的数据容易受环境、电气等因素的影响而产生传输差错，发送端和接收端的物理设备之间可能存在发送和接收速度不匹配、数据丢失等问题。为了进行有效的、可靠的数据传输，需要对传输操作进行严格的控制和管理。数据链路层可以对物理层传输原始比特流的功能进行加强，将物理层提供的可能出错的物理链路通过数据链路层协议改造为逻辑上无差错的数据链路，使之对网络层表现为一条无差错的数据传输通路。

数据链路层解决节点到节点间的通信问题，提供的服务是通过数据链路层协议在不太可靠的物理链路上实现可靠的数据传输，向网络层提供透明的和可靠的数据传送服务。保证相邻节点的数据帧准确传送，并对损坏、丢失和重复的帧进行处理。

数据的透明传输指不论数据是由什么样的比特组成，都能在链路上传送。当所传数据中的比特组合恰巧与某一个控制信息完全相通时，要采取适当的措施，使接收方不会将这样的数据误认为是某种控制信息。例如链路层常用的HDLC协议会在数据前加一个“011110”作为同步字段，如果发送的数据刚好也是“011110”，透明传输能保证将两者区分，接收方从而能够通过控制字段看到并取出数据字段。

（一）数据链路层的主要功能

1. 帧的封装

数据链路层中传输的协议数据单元（Protocal Data Unit，PDU）是帧，帧是逻辑的、结构化的数据块。上层的协议数据单元传到数据链路层后，数据链路层通过添加头部和尾部将数据封装成帧交给物理层进行传送，可以保证在传输出错时只重发有错的帧，而不必重发全部数据。同时，帧的头部和尾部含有数据链路层需要使用的协议信息。协议不同，帧的长短、语法、语义也有差别。对帧进行首尾定界，目的是识别出每一帧的开始与结束，保证相邻节点之间数据交换的同步，也就是所谓的“帧同步”问题。帧同步需要让接收方必须能够从物理层收到的比特流中准确地识别出每一个帧的起始与终止位置。

2. 链路管理

当网络中的两个相邻节点要进行通信时，数据的发送方必须明确知道接收方是否已经处于准备接收的状态。为此，通信双方必须先交换一些必要的信息，建立一条数据链路。同样地，在数据传输时要维持数据链路，而在通信传输完成时释放数据链路。数据链路的建立、维持和释放的过程称为链路管理。

3. 差错控制

处理传输中可能出现差错，数据链路层采用检错和纠错技术，变不可靠的物理连接为可靠的数据链路，从而保证相邻节点的数据传输正确性。

常用的纠错方法是请求重发数据纠错，这种方法由于检错码不能自动纠正所发现的错误，所以当接收方发现错误时，一般采取反馈重发机制来纠正错误，即通过冗余检错码发现错误并要求重发的自动重发请求法（ARQ）。重发纠错法解决了错误帧的问题，但对丢失帧的问题就不能解决了。由于某种原因，接收节点收不到发送节点的数据帧，接收方就不会向发送节点给出反馈应答帧，发送方因接收不到应答帧，将永远等待下去，于是就出现了死锁现象。同理，应答帧的丢失也同样会造成这种死锁现象。要解决死锁问题，需对ARQ进行改进引入计时器，可在发送完一个数据帧时就启动超时计时器，若到了计时器所设置的重发时间而收不到来自接收方的任何应答，则发送方就重传前面所发送的数据帧。

由于超时重发帧有可能与正常发送的帧先后到达接收方，接收方收到两个同样的数据帧，因而会产生重复帧的错误。要解决重复帧的问题，需要对每个数据进行编号，从而使接收方能根据数据帧的不同编号来区分是新发送的帧还是已被接收但又重新发送来的。这样，数据链路层通过计时器和序号来保证每帧最终都能正确地交付给目标网络层一次。实用的差错控制方法既要传输可靠性高，又要信道利用率高。

4. 流量控制

协调传输中发送方的发送速率大于接收方的问题。由于系统性能的不同，如硬件能力（CPU速度、缓冲存储空间）和软件功能的差异会导致发送方与接收方处理数据的能力有所不同，速度的不同步会导致帧的丢失而出错。解决的办法是进行流量控制，协调发送方的发送速度或能力大于接收方的问题。流量控制实际上是控制发送方所发出的数据流量，使其发送速率不要超过接收方所能接收的速率，防止接收方被数据淹没。需要说明的是，流量控制并不是数据链路层特有的功能，许多高层协议中也提供流量控制功能，只不过流量控制的对象不同而已。实现流量控制的关键是需要有一种信息反馈机制，使发送方能了解接收方是否能接收到，常见的实现方法是窗口机制。

为了提高信道的有效利用率，如前文所述采用了不等待确认帧返回就连续发送若干帧的方案。由于允许连续发送多个未被确认的帧，这就要求发送方有较大的发送缓冲区保留可能要求重发的未被确认的帧。但是缓冲区容量总是有限的，如果接收方不能以发送方的发送速率处理接收到的帧，则还可能用完缓冲容量而暂时过载。这时数据链路层会建立一个重发表，重发表存储的是已发送但未确认的帧的序号，它有一个最大值，这个最大值即发送窗口的限度。所谓“发送窗口”就是指示发送方已发送但尚未确认的帧序号队列的界，其上、下界分别称为发送窗口的上沿、下沿，上、下沿的间距称为窗口尺寸。接收方也有类似接收窗口，它指示允许接收的帧的序号。

发送方每次发送一帧后，待确认的数目便增 1；每收到一个确认信息后，待确认帧的数目便减 1。当重发表长度计数值，即待确认帧的数目等于发送窗口尺寸时，便停止发送新的帧。当传送过程进行时，打开的窗口位置一直在滑动，称为滑动窗口（Sliding Window）协议，它能保证数据尽量在发送，又不会拥塞。停止等待协议是发送窗口等于 1 的滑动窗口协议的特例。

5. 同步

数据链路层的数据传送单位是帧，数据一帧一帧地传送。帧同步是指接收端应当能够从收到的比特流中准确地区分出一帧的开始与结束。

6. 透明传输

无论什么样的比特串，都应当能在链路上传输。当出现实际传输数据中的比特串恰巧与某一控制信息的比特串完全一样时，必须采取适当的措施，使接收方不会将这样的比特串误解为某种控制信息，这就是透明传输。

7. 寻址

有多个接点的情况下，必须保证每一帧数据都能送到正确的目的地。

8. 区分数据和控制信息

由于要传输的数据和控制信息处于同一帧中，因此要有相应的措施使接收方能够将二者区分开。

物理链路与数据链路的主要区别是，物理链路是指一条中间没有任何交换节点的物理线段，是有线或无线的传输通路，而数据链路则具有逻辑上的控制关系。这是因为在相邻计算机之间传输数据时，除了需要一条物理链路外，还必须有一些必要的规程或协议来控制这些数据的传输。把实现控制数据传输规程体现到物理链路上，就构成了数据链路。

（二）常见数据链路层协议

高级数据链路控制协议（High-level Data Link Control，HDLC）是一种典型的数据链路层协议，它是由 ISO 发布的应用较广泛的基础协议，很多交换设备默认使用这个协议实现数据通信。HDLC 协议的特点是面向比特，不依赖于任何一种字符编码集，实现透明传输的“0 比特插入/删除法”，易于通过硬件实现，全双工通信，不必等待确认便可连续发送数据，有较高的数据链路传输效率，所有帧均采用 CRC 校验，对信息帧进行顺序编号，可防止漏收或重发，传输可靠性高等。

四、网络层

在 OSI 参考模型中，网络层作为通信子网的最高层，提供主机到主机的逻辑通信机制。网络层关系到通信子网的运行控制，是通信子网中最复杂、关键的一层。网络层以数据链路层提供的无差错传输为基础，把高层发来的数据组织成分组从源节点经过若干个中间节点传送到目的节点，其主要功能包括路径选择、拥塞控制和网际互联等。

（一）网络层提供的服务方式

两个端点之间的通信是依靠通信子网中节点间的通信来实现的。网络层是通信子网中网络节点的最高层，提供的是端到端的网络服务。这种服务一般分为面向连接的虚电路服务和面向无连接的数据报服务两种。

1. 虚电路服务

所谓虚电路（Virtual Circuit），顾名思义就是非真实的电路。采用虚电路方式传输时，每个分组除了包含数据之外，还包含一个虚电路号，在预先建好的路径上的每个节点都知道把这些分组引导到哪里去，不再需要路由选择判定。

虚电路传输数据分为建立、数据传送和释放三个步骤。这个过程与电路交换类似，不同之处在于电路交换自始至终固定占用一条物理链路，而虚电路是断续地占用一段一段的链路，此时的这条逻辑通路不是专用的，在每个节点上仍然采用“存储转发”的方式处理分组，所以称之为虚电路。虚电路服务是以可靠的、面向连接的数据传送方式，向传输层提供的一种使所有分组按顺序到达目的节点的数据传输服务。面向连接是指在数据交换之前，必须先建立连接，当数据交换结束后，释放这个连接。

（1）虚电路的建立。

发送方发送含有地址信息的特定格式的呼叫分组，该分组除了包含源目的地址外，还包含源端系统所选取的不同的最小虚电路号。该呼叫分组途经的每个中间节点根据当前的逻辑信道使用状况分配虚电路号，并建立虚电路输入和输出映射表，即虚电路表。所谓主机之间建立虚电路，实际上就是在途经的各节点上填写虚电路表。

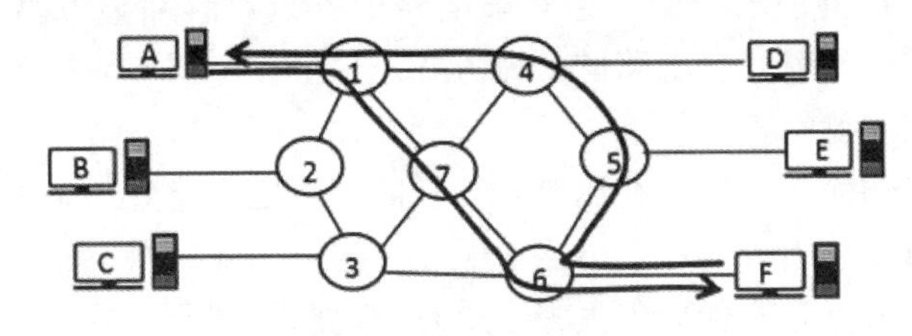

图 3-2　虚电路的建立

如图 3-2 所示，当主机 A 的网络层收到传输层请求与主机 F 建立连接时，主机 A 的网络层发送一个呼叫请求分组。呼叫请求分组在它通过通信子网到达目的主机的过程中，在所经过节点的虚电路表上登记入口和出口信息。入口信息的输入线就是前方节点名，虚电路号即是前方节点输出线的虚电路序号。而出口信息的输出线可根据目标地址查输出线选择得到，其虚电路号则取该输出线当前尚未使用的最小虚电路号。

假设主机 A 发的呼叫请求分组在通信子网中沿路径 1→7→6 到达 F，当然还有 1→7→

3→6、1→4→5→6、1→2→3→6 等线路达到 F，这时每个节点都保存如表 3-1 所示的虚电路表。这时一般选取序号最小没有使用的线路建立虚电路，每个节点建立虚电路通路的原理一样，这样就可以建立一条电路了。表中可以看出节点的序号是用于区分相同节点的不同转发路径。

表 3-1　节点 1 虚电路表

入口节点	入口序号	出口节点	出口序号
A	0	7	0
A	1	7	1
A	2	4	0
A	3	2	0
A	1	A	5
……			

表 3-1 中的第五行入口节点 4 的序号为 1 的原因是对于双工通信而言，还必须保证两个相邻节点之间正、反两个方向的两条虚电路不能混淆，为此，出口节点与入口节点相同虚电路号也不相同（序号 0 已被出口使用了），这样才能保证虚电路不会重叠。

当主机 A 呼叫请求分组到达目的主机 F，若目的主机同意通信，就发送同意通信的应答给源主机，则各节点就选取最优的空闲节点建立一条虚电路。

（2）数据传送。

虚电路一旦建立以后，在传输中，当一个分组到达节点时，节点根据其携带的虚电路号查找虚电路表，以确定该分组应发往下一段信道上所占用的虚电路号，用该虚电路号替换分组中原先的虚电路号后，再将该分组发往下一个节点。这样，分组上就不需要目的主机的网络地址，只要带虚电路号即可。

（3）虚电路的释放。

各节点的虚电路表空间和虚电路号都是网络资源，当虚电路拆除时必须回收。这可通过某端系统发出一个拆链请求分组，告知虚电路中各节点删除虚电路表中有关表项来实现。异步传输模式采用的就是虚电路的传输方式。

虚电路服务方式主要的特点如下：

①在每次分组传输前，都需要在源节点和目的节点之间建立一条逻辑连接。

②一次通信的所有分组都通过虚电路按顺序传送，因此分组不必自带目的地址、源地址等信息。分组到达节点时不会出现丢失、重复与乱序的现象。

③分组通过虚电路上的每个节点时，中间节点只需要进行差错检测，而不需要进行路由选择。

④通信子网中每个节点可以与任何节点建立多条虚电路连接。

虚电路服务方式的优点是：端到端的差错控制由通信子网负责，可靠性高，网络层保证分组按顺序交付，不丢失，不重复。

虚电路服务方式的缺点是：如果发生故障，由于不能及时反馈，则经过故障点的数据全部丢失。这种服务方式适用于数据量大、可靠性要求较高的场合。

2. 数据报服务

数据报服务是无连接的数据传送方式，免去了虚电路方式的虚电路建立阶段，工作过程类似于报文交换。通信双方在开始通信之前不需要先建立连接，因此被称为无连接。

采用数据报服务方式传输时，被传输的分组称为数据报。当端系统从传输层接收到要发送的一个报文时，网络层将报文拆成若干个带有序号和地址信息的数据报，依次发给网络节点。网络节点接收到一个数据报后，根据数据报中地址信息和节点存储的路由信息，找出一条合适的出路，把数据报原封不动地传送到下一个节点，依此类推，直至目的节点。

从数据报服务方式中可以看出，在整个数据报传送过程中，不需要建立连接，但网络节点要为每个数据报进行路由选择，目的节点收到数据后也不需发送确认，因而是一种开销较小的通信方式。数据报服务方式的主要特点如下：

（1）同一报文的不同分组可以利用不同的传输路径通过通信子网。

（2）每个分组在传输过程中都必须带有目的地址与源地址。

（3）同一报文的不同分组到达目的节点时可能出现乱序、重复与丢失现象。需要在目的节点开辟缓冲区，缓存所有收到的分组，重新排序后按发送顺序交付给目的主机。

（4）由主机承担端到端的差错控制。

（5）传输过程延迟大，适用于突发性通信，不适用于长报文、会话式通信。

数据报服务具有灵活和自适应的优点，在传输途中，若某个节点或链路发生故障，数据报服务可以绕过故障把分组传送到目的节点。

3. 虚电路服务和数据报服务的比较

（1）传输方式：虚电路服务需要连接建立和释放的过程；而数据报服务，网络层从传输层接收报文分组，附加上源地址、目的地址等信息后独立传送，不需建立和释放连接。

（2）传输地址的识别：虚电路服务仅在源主机发出呼叫分组中需要填上源地址和目的主机的网络地址，在数据传输阶段只需填上虚电路号，不需要网络地址；而数据报服务，由于每个数据报都单独传送，因此，在每个数据报中都必须具有源地址和目的主机的网络地址。

（3）路由选择：在数据报服务方式中，每个网络节点都要为每个分组路由做出选择；而在虚电路方式中，只需在连接建立时确定路由。

（4）分组顺序：虚电路服务的所有分组都是通过事先建立好的一条虚电路进行传输，所以能保证分组按发送顺序到达目的主机；数据报服务方式传送时每个分组都是独立传送，可能各自通过不同的路径到达目的主机，因而数据报不一定按顺序到达目的主机。

（5）可靠性和适应性：虚电路服务在通信之前双方已建立并确认连接，可以在发完一定数量的分组后，双方再确认连接，故虚电路服务比数据报服务的可靠性高。但是，当传输途中的某个节点或链路发生故障时，数据报服务可以绕开这些故障地区，另选其他路径，把数据传至目的地，而虚电路服务则必须重新建立虚电路才能进行通信。因此数据报服务的适应性比虚电路服务强。

综上所述，虚电路服务适合于大批量的数据传输、交互式通信，不仅及时，传输较为可靠，而且网络开销小，数据报更适合于站点之间少量数据的传输。

（二）网络层的主要功能

1. 路由选择

通信子网中源节点和目的节点之间存在多条传输路径的可能性。网络节点在收到一个分组后，根据一定的原则和算法确定向下一个节点传送的最佳路径，这是网络层主要设备路由器的主要功能。

2. 拥塞控制

网络中多个层次都存在流量控制问题，网络层的流量控制是对进入通信子网的通信量加以控制，以防止因通信量过大造成通信子网性能下降。

3. 数据分组

把高层发来的数据组织分组，加上相应的网络层控制信息后交给数据链路层传输。

（三）常见网络层协议

与 OSI 参考模型的网络层的相关协议是 X. 25 协议。X. 25 协议是国际电报电话咨询委员会（CCITT）提出的对于分组交换网的标准访问协议，描述了主机与分组交换网之间的接口标准，使主机不必关心网络内部的操作就能方便地实现对网络的访问。X. 25 协议实际上是一组接口协议，分别包括物理层、数据链路层和分组层三个层次的协议集，其中分组层相当于 OSI/RM 中的网络层。X. 25 协议最主要的功能是向主机提供多信道的虚电路服务。

利用 X. 25 协议，可向高层提供多个虚电路连接。X. 25 分组层数据格式一般分为控制信息和数据两个部分，由于数据部分通常会被递交给高层协议或用户程序去处理，所以 X. 25 协议中不对它做进一步规定。控制部分主要是 DTE/DCE 的局部控制信息处理，其长度随分组类型不同有所区别，一般用 3 个字节来记录 3 种标识，分别为通用格式标识、逻辑信道标识、分组类型标识。

五、传输层

（一）传输层的作用

传输层也称为运输层，一般由通信子网以外的主机完成这一部分功能。它是整个协议层次结构的核心，是唯一负责源端到目的端对数据传输和控制的一层，是最重要的一个层次。

传输层接收来自高层的用户信息并交给网络层进行传输。传输层能够屏蔽通信子网的构成、线路质量、组成元素、数据传送方法等细节。传输层的存在使高层用户看见的就好像是在两个传输实体间有一条已经建立好的端到端的可靠通信通路，但传输层不对所传送的数据进行处理。

设置传输层的两个主要作用是：

（1）负责可靠的端到端通信，所谓“端到端”就是进程到进程的数据通信。

（2）向会话层提供独立于网络的传输服务。

（二）传输层的功能

传输层提供了主机应用进程之间的端到端服务，其主要功能是：为一个具体的数据通信服务提供可靠的传输服务，完成端到端的通信链路的建立、维护和管理，在单一连接上提供端到端的端口号、流量控制及差错恢复等服务。针对用户端的需求，采用一定的手段，屏蔽不同网络的性能差异，使用户无须了解网络传输的细节，获得相对可靠的数据传输服务。传输层主要实现的功能有：

（1）分割与重组数据：在发送方，传输层将从会话层来的数据分割成较小的数据单元，并在数据单元的头部加上一些控制信息后，形成报文。报文头部包含源端口号和目的端口号。在接收方，数据经过通信子网到达传输层时，将各报文中的头部控制信息去掉，然后按正常的顺序重组，还原为原来的数据，送交给会话层。

（2）按端口号寻址：端点是与网络地址对应的，但同一端点上可能有多个应用进程，它们在同一时间内进行通信。传输层则通过端口号寻址到端点上的不同进程，并使用多路复用技术处理多端口同时通信的问题。

（3）连接管理：面向连接的传输服务要建立、维持和释放连接。

（4）差错控制和流量控制：传输层要向会话层保证通信服务的可靠性，避免报文出现丢失、延迟时间紊乱、重复、乱序等差错。因此要提供差错控制和流量控制，传输层的数据将由目标端点进行确认，如果端点在指定的时间内未收到确认信息，将重发数据。传输层还具有流量控制的作用，使用窗口技术控制发送端口的速率，使其不要超过接收口所能承受的范围。

（三）传输层的服务类型

传输服务有两大类，即面向连接的服务和面向无连接的服务。面向连接的服务提供传输服务用户之间逻辑连接的建立、维持和拆除，是可靠的服务，可提供流量控制、差错控制和序号控制；而无连接的服务只能提供不可靠的服务。

网络层也提供面向连接的虚电路服务和无连接的数据报服务两种形式，由于通信子网中通信质量影响因素较多，不能保证网络服务达到百分之百的可靠。这样网络层无法解决网络服务质量的问题，更不能通过改进低层的纠错能力来改善它，这个问题只能由传输层来解决。传输层的存在使传输服务比网络服务更加可靠，分组丢失、残缺甚至网络的复位均可被传输层检测出来，并采取相应的补救措施。

（四）传输层服务质量评价

服务质量（Quality of Service，QoS）是传输层性能评价指标，它衡量传输层的总体性能，反映传输质量及服务的可用性。在传输层中，要求服务质量达到一定的高度，从另一个角度看，传输层服务质量可以看作网络层服务的增强。如果网络层服务质量比较完备，则传输层可以少做一些工作，实现比较简单；相反，如果网络层服务质量比较差，就要求传输层实现比较复杂的功能才能达到传输层服务质量的要求。

服务质量评价参数主要有：

（1）连接建立延迟：指从传输服务用户发出连接请求到连接建立成功之间的时间。这个延迟时间越短，服务质量就越高。

（2）连接建立失败概率：指最大延迟时间内连接未能建立的可能性，连接未能建立可能由于各种因素，如网络拥塞、缓冲区不足等。这个概率当然越小越好。

（3）吞吐率：指一个时间段内，在一条传输连接上传输的数据字节数。

（4）传输延迟：指从源端开始传输数据到数据被目的端收到为止的时间。

（5）残留差错率：指传输连接上错误的报文数占全部传输的报文数的比例。

传输层的服务质量参数值通常由传输服务用户在请求建立连接时指定，传输实体在收到这个连接请求时会有下面两种情况：

（1）传输实体马上就能判断这个 QoS 是不可能达到的。此时，传输实体可能甚至不与目的传输实体连接就马上给传输服务用户发回连接请求失败的信息，并且指明因为哪种服务质量不能达到标准而造成了连接失败。

（2）传输实体不能到达期望的服务质量，但是可以到达高于最低可接受的服务质量。此时，传输实体向目的传输实体发出连接请求，同时传递相应的 QoS 参数值，例如吞吐率参数的期望值为 500 Mbit/s，最低可接受值为 160 Mbit/s。如果目的传输实体只可以实现的吞吐率参数值为 300 Mbit/s，则目的实体以它可实现的 QoS 参数值 300 Mbit/s 来响应这个连接请求。这个过程称为用户与传输服务提供者之间的协商服务质量，如果被双方确认，在整个连接存在期间将保持不变，即协商过的服务质量适用于整个传输连接的生存期。

（五）传输层协议等级

传输服务是通过建立连接的两个传输实体之间所用的传输协议来实现的。由于传输服务是在网络服务的基础上实现的，因此传输层协议的等级与网络服务质量密切相关。根据差错性质，网络服务可分为以下 3 种类型。

（1）A 型网络服务：具有可接受的残留差错率和故障通知率，即可靠的网络服务。

（2）B 型网络服务：具有可接受的残留差错率和不可接受的故障通知率。如有故障发生时，网络层则通过网络服务报告该故障的发生，X. 25 即为此类服务质量的网络。

（3）C 型网络服务：具有不可接受的残留差错率，可能丢失分组，提供完全不可靠的网络服务，IP 网络即为此类服务质量的网络。

这 3 种类型的网络服务中，A 型服务质量最高，B 型服务质量次之，C 型服务质量最差。传输层的功能是弥补从网络层获得的服务和向传输服务用户提供的服务之间的差距，它关心的是提高服务质量。为了能够在各种不同服务类型的网络上进行数据传送，OSI 参考模型还定义了 5 种协议级别，它们都是面向连接的。

（1）级别 0（简单级）：它建立一个简单的端到端的传输连接，可将长报文分段传送，没有差错恢复功能和将多条传输复用到一条网络连接的能力，主要面向 A 型网络服务。

（2）级别1（基本差错恢复级）：只增加了在网络断开、连接失败等基本差错时的差错恢复功能，主要面向B型网络服务。

（3）级别2（多路复用级）：具有将多条传输复用到一条网络连接的功能和流量控制功能，主要面向A型网络服务。

（4）级别3（差错恢复和多路复用级）：是级别1和级别2的综合，既有差错恢复功能又有多路复用功能，主要面向B型网络服务。

（5）级别4（差错检测和恢复级）：在级别3的基础上增加了差错检测功能，是最复杂、功能最全的协议级别，主要面向C型网络服务。

服务质量较高的网络仅需要较简单的协议级别，服务质量较低的网络则需要较复杂的协议级别。

（六）传输层的常见协议

Windows系统中常用的NetBIOS/NetBEUI协议和Novell网络中的SPX协议都是传输层协议，其中SPX协议目前已经很少使用了。

六、会话层

传输层之上的会话层、表示层及应用层是面向信息处理的高层。这3层的功能是为应用程序提供服务的，不包含任何数据传输的功能，即组织和同步进程间的通信、对数据的语法表示进行变换以及为网络的最终用户提供服务。

会话层不参与具体的数据传输，但它却对数据传输进行控制和管理，也对数据交换进行管理。

会话层在两个互相通信的应用进程之间建立、组织和协调双方的交互活动，并使会话获得同步。会话层担负应用进程的服务要求，弥补传输层不能完成的剩余部分工作。对数据的传送提供控制和管理，协调会话过程，为表示层实体提供更好的服务。其主要的功能是使应用建立和维持会话、对会话进行管理和同步以及会话过程中的重新同步。

七、表示层

表示层的作用是屏蔽不同计算机在信息表示方面的差异。

表示层主要处理不同系统被传送数据的表示问题，解释所交换数据的意义，进行数据压缩，即各种变换（如代码、格式转换等）。表示层可以使采用不同数据表示方法的系统能够相互通信。利用密码对数据进行加密和解密也是表示层的重要功能。

表示层主要处理通信双方之间的数据表示问题，主要功能如下。

1. 语法转换

将抽象语法转换成传输语法，并在接收方实现相反的转换。通过这种转换来统一表示被传送的用户数据，使通信双方使用的计算机都可以识别。涉及的内容有代码转换、字符转换、数据格式的修改，以及对数据结构操作的适应、数据压缩、加密等。国际标准化组织定义了一种抽象语法（称作抽象语法标记ANS.1）及相应编码规则。

2. 语法选择

根据应用层的要求协商选用合适的上下文，即选择传输语法传送数据。

3. 连接管理

利用会话层服务建立表示连接，管理在这个连接之上的数据传输和同步控制，以及正常或异常地释放这个连接。

八、应用层

应用层是直接面向用户的一层，为网络应用提供一个访问网络的接口，使应用程序能够使用网络服务。它采用各种不同的应用协议直接为应用进程提供服务。

应用层也称应用实体（Application Entity，AE）。应用实体往往被简化为具体的应用进程，它是应用进程中与进程间交互行为有关的那部分，即与 OSI/RM 有关的那部分。而对应用进程中与 OSI/RM 无关的那部分也称为应用进程。一个应用实体由若干个元素构成，在这些元素中包括一个用户元素和若干个应用服务元素。用户元素实际上是应用进程中非标准化模块的化身，用户元素即是应用者。在应用层中最复杂的就是各种应用要求，并且要保证这些不同类型的应用所采用的低层通信协议是一样的。因此 ISO 把一系列业务处理所需的服务按其向应用程序提供的特性分成组，称为应用服务元素（Application Service Element，ASE）。ASE 是 OSI/RM 在应用层中定义的标准化模块，它是应用实体的一部分，通过应用服务元素为用户元素提供标准化服务。ASE 根据不同的用途相应地定义了各种类型，例如联系控制服务元素（ACSE）、可靠传输元素（RTSE）和远程操作服务元素（ROSE）等，它们以前称为公用应用服务元素；又如文件传输和管理（FTAM）、报文处理等，这类与特定应用有关的 ASE 以前同样也称为公用应用服务元素。

由于用户要求不同，应用层中提供多种支持不同应用的协议，OSI 参考模型定义的协议有：

（1）文件传输和管理（File Transfer Access and Management，FTAM）：提供文件传输、存取和管理。

（2）报文处理系统（Message Handling System，MHS）：有关电子邮件服务系统的功能模型，源于 CCITT 的 X.400 规范。

（3）虚拟终端协议（Virtual Terminal Protocol，VTP）：将不同类型的终端具有的功能一般化、标准化，以标准的虚拟终端出现。

总而言之，OSI/RM 的低 3 层属于通信子网，涉及为用户提供透明数据传输连接，操作主要以每条链路为基础，在节点间的各条数据链路上进行通信，由网络层控制各条链路，但要依赖于其他节点的协调操作。高 3 层属于资源子网，主要涉及保证数据以正确、可理解的形式传送。传输层是高 3 层和低 3 层之间的接口，保证透明的端到端连接，满足用户服务质量的要求。图 3-3 是对 OSI/RM 各对应层间所传输的数据特点的形象说明。

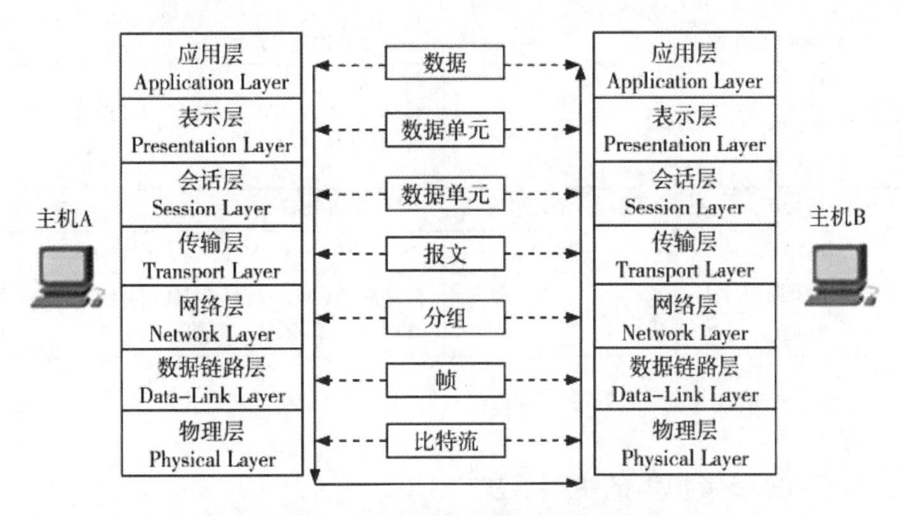

图 3-3　OSI 网络模型的数据传输示意图

第三节　TCP/IP 参考模型

一、TCP/IP 参考模型概述

OSI/RM 是一种理论上比较完整的网络概念模型，但在实际应用中，完全符合 OSI/RM 的成熟产品却很少。以 TCP/IP 协议（Transmission Control Protocol/Internet Protocol，传输控制协议/网际协议）为基础的 TCP/IP 网络体系结构随着 Internet 的发展而迅猛发展，众多的网络产品都支持 TCP/IP。经过多年的发展，TCP/IP 已成为计算机网络体系结构事实上的工业标准，得到了广泛的实际应用。所以，尽管 OSI/RM 国际标准对计算机网络起到了规范和指导作用，但实际被广泛应用的模型是 TCP/IP 参考模型。

TCP/IP 网络结构模型是以 TCP/IP 协议为基础的一种数据通信结构模型，用于实现网络互联，TCP/IP 是 Internet 的基础协议，为 Internet 正常通信提供理论保障。

TCP/IP 参考模型是在 Internet 的组网实践中逐渐形成的，因此从更加实用并且在硬件上更容易实现的角度出发，形成了具有更高效率的 4 层结构，即网络接口层、网络互联层(IP 层)、传输层和应用层。虽然它与 OSI/RM 的模型有所区别，但是两者都采用分层结构，所以大体上两者仍能相互对应。TCP/IP 参考模型的设计理论的不同之处在于，它的分层更加注重互联设备间的数据传输，更加偏重实用性。OSI/RM 参考模型和 TCP/IP 参考模型的分层大致的对应关系如图 3-4 所示，其中列出的协议都是 TCP/IP 参考模型所定义的协议。

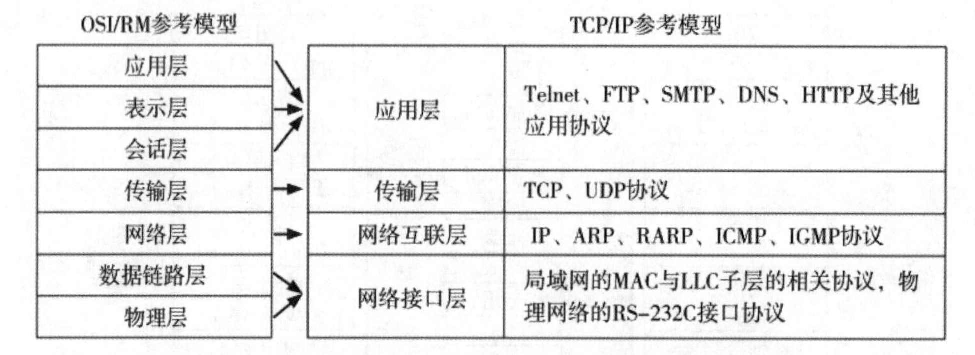

图 3-4　TCP/IP 参考模型与 OSI/RM 参考模型的对应关系

二、TCP/IP 参考模型的主要层次

（一）网络接口层

网络接口层是 TCP/IP 参考模型的最低层。网络接口层负责接收 IP 数据报并将其封装成适合在物理网络上传输的帧格式进行传输，或将从物理网络接收到的帧解封，取出 IP 数据报交给上层的网络互联层。

网络接口层与 OSI/RM 中的物理层和数据链路层相对应。事实上，TCP/IP 参考模型中并未定义该层的协议，主要是为了保证通过 TCP/IP 参考模型可将不同的物理网络互联起来。参与互联的各个网络使用自己的物理层和数据链路层协议，TCP/IP 参考模型只要保证这些不同的网络能做统一的网络接口层进行连接就可以了。如局域网中的以太网、令牌网，分组交换网的 X. 25、帧中继、ATM 传输模式等，只要它们能够用 TCP/IP 参考模型中的网络接口层的标准传送 IP 数据包的通道时，就可以认为是这一层的内容。这充分体现出 TCP/IP 协议与 OSI/RM 模型等其他网络结构的兼容性与适应性，它也为 TCP/IP 的成功奠定了基础。

其他常见的网络接口层协议有：

（1）高级数据链路控制协议（HDLC）。

（2）点对点协议（Point to Point Protocol，PPP）是一种常用的在点对点链路上进行数据通信的协议，它通常用于将网络层协议封装在数据链路层帧中。点对点协议具有多种特性，包括多路复用、差错检测、认证和纠错等。

点对点协议的工作过程如下。

建立链路：点对点协议通过在串行链路上发送连接控制帧（Link Control Protocol，LCP）来建立物理连接。

认证：在建立链路后，数据链路层的另一个协议——网络控制协议（Network Control Protocol，NCP）可能会执行认证，以确保通信双方的身份。点对点协议支持多种认证方式，如 PAP（Password Authentication Protocol）和 CHAP（Challenge Handshake Authentication Protocol）。

网络层协商：在认证通过后，点对点协议可以开始使用网络层协议。这可以通过在

LCP 和 NCP 中设置相应的字段来完成。例如，当 PPP 链路使用 IP 协议时，LCP 和 NCP 会协商 IP 数据报的封装格式。

数据传输：一旦链路建立并认证成功，就可以开始发送 IP 数据报了。点对点协议在链路层对数据报进行封装，然后通过串行链路发送。在接收端，点对点协议会将接收到的数据报解封装，并将其传递给相应的网络层协议。

链路终止：在链路终止时，点对点协议会发送一个链路终止的 LCP 帧，然后发送一个特殊的 PPP 帧来关闭网络层协议。

差错检测和纠正：点对点协议支持使用硬件来检测和纠正数据在传输过程中产生的错误。

点对点协议在数据链路层建立两个节点之间可靠的数据链路连接，在网络控制层进行网络协议的身份验证和配置，其中数据链路层是必需的，而网络控制层是可选的，取决于具体的网络需求。

（3）串行线路网际协议（Serial Line Internet Protocol，SLIP），是一个在串行线路上对 IP 分组进行封装的简单的面向字符的协议，是用户通过电话线和调制解调器接入 Internet 的常用协议，现在已较少使用了。

（二）网络互联层（网际层）

1. 网络互联层概述

网络互联层与 OSI/RM 参考模型中的网络层相当，其主要功能与网络层功能也基本一致。网络互联层是整个 TCP/IP 参考模型的关键部分，它是网络互联的基础，提供了无连接的分组交换服务，其功能包括以下 3 个方面：

（1）处理来自传输层的分组发送请求。收到请求后，将分组装入 IP 数据包，填充报头，选择去往信宿机的路径，然后将数据报发往适当的网络接口。

（2）处理输入数据报。首先检查其合法性，然后进行寻径，假如该数据报已到达信宿机，则去掉报头，将剩下部分交给适当的传输协议；假如该数据报尚未到达信宿机，则转发该数据报。

（3）处理路径选择、流量控制、网络拥塞等问题。

2. 主要协议

（1）网际协议（IP）：提供 IP 地址寻址、路由选择及信息包的分段和重组功能。

（2）地址解析协议（ARP）：将 IP 地址转换为物理地址。

（3）反向地址解析协议（RARP）：将物理地址转换为 IP 地址。

（4）互联网控制报文协议（ICMP）：用于传送控制报文和差错报告报文。

（5）互联网组管理协议（IGMP）：是 TCP/IP 协议簇的一个组播协议，由 IP 主机向任意一个直接相邻的路由器报告它们的组成员情况。它是 TCP/IP 协议簇中负责 IP 组播成员管理的协议，用于在 IP 主机和与其直接相邻的组播路由器之间建立维护组播组成员关系。

（三）传输层

1. 传输层概述

该层处理网络互联层没有处理的通信问题，保证通信连接的可靠性。TCP/IP 协议中的传输层和OSI协议中的传输层功能基本相同，主要提供应用程序之间的端对端的通信。其主要功能包括：

（1）格式化信息流。

（2）提供可靠的信息传输：为实现信息的正确传输，传输层协议规定接收端必须发回确认，并且假如分组丢失，必须重新发送。

2. 主要协议

（1）传输控制协议（TCP）：是面向连接的通信协议。

（2）用户数据报协议（UDP）：是面向无连接的通信协议。

（四）应用层

1. 应用层概述

TCP/IP的应用层与OSI/RM的应用层有较大区别，它不仅包含了会话层以上3层的所有功能，而且还包括了应用进程本身。因此，TCP/IP参考模型的简洁性和实用性就体现在它不仅把网络层以下的部分留给了实际网络，而且将高层部分和应用进程结合在一起，形成了统一的应用层。TCP/IP的应用层包含所有的高层协议，为用户提供所需的各种服务。

2. 常见协议

（1）超文本传输协议（HTTP）。

（2）文件传送协议（FTP）。

（3）远程登录协议（Telnet）。

（4）简单邮件传送协议（SMTP）。

（5）域名解析协议（DNS）。

（6）简单网络管理协议（SNMP）。

（7）动态主机配置协议（DHCP）。

三、TCP/IP的数据传输过程

两台计算机通过TCP/IP协议进行数据传输的过程如图3-5所示。在不同节点的对等层的数据称为协议数据单元，同一节点的相邻层传输的数据称为服务数据单元（Service Data Unit，SDU）。在传输层的协议数据单元称为段（Segment），在网络层的协议数据单元称为数据报（Datagram），在链路层的协议数据单元称为帧（Frame）。数据封装成帧后发到传输介质上在局域网内传输，到达目的主机后，每层协议再剥掉相应的首部，最后将应用层数据交给应用程序处理。

在数据传送时，主机高层协议将数据传给网络互联层，网络互联层将数据封装为IP数据报，并交给数据链路层协议通过局域网传送。如果目的主机直接连在本网中，网络互联层可直接通过网络将IP数据报传给目的主机；如果目的主机在其他网络中，即两台计算机在不同的网络中，则网络互联层将数据报传送给网络互联设备路由器，而路由器则依次通过下一网络将数据报传送到目的主机或再下一个路由器，直到传递给目的主机为止。

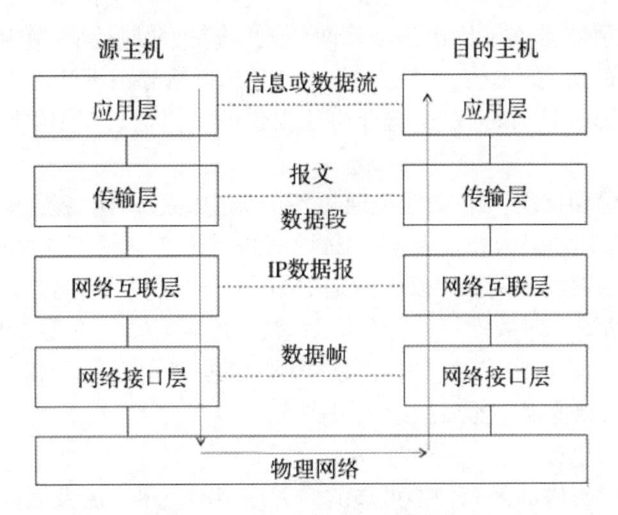

图 3-5　基于 TCP/IP 的数据传输

四、TCP/IP 协议的特点

（1）TCP/IP 不依赖于特定的网络传输硬件，所以 TCP/IP 能够集成各种各样的物理网络。用户能够使用以太网、令牌环网、X. 25 网等各种局域网来实现通信。

（2）TCP/IP 不依赖于任何特定的计算机硬件或操作系统，提供开放的协议标准，即使不考虑 Internet，TCP/IP 也获得了广泛的支持，所以 TCP/IP 成为一种联合各种硬件和软件的实用协议。

（3）基于 TCP/IP 的网络使用统一的寻址系统，在世界范围内给 TCP/IP 网络指定唯一的 IP 地址，这样无论用户的物理地址是什么，任何其他用户都能用 IP 地址找到该用户。

下文将介绍 TCP/IP 参考模型常见的网络协议。

五、网际互联协议

由于 TCP/IP 参考模型的网络互联层的主要协议是网际互联协议（Internet Protocol, IP），所以有时也把这一层称为 IP 层。

（一）IP 协议的主要功能和服务

1. IP 协议的主要功能

IP 协议属于 TCP/IP 体系中的网络层，IP 协议的基本功能就是通过互联网传送 IP 数据报，即将高层的数据转换为 IP 数据报的形式通过网络接口分发出去。

除了提供端到端的 IP 数据报分发功能外，IP 协议还提供了很多扩充功能，主要有：

（1）寻址：用 IP 地址来标识网络上的主机，在每个 IP 数据报中，都会携带源 IP 地址和目的 IP 地址，从而标识该 IP 数据报的源主机和目的主机，指出发送和接收 IP 数据报的源地址及目的地址，这些地址都称为 IP 地址。

（2）数据报的路由转发：网络中每个中间节点（路由器）都会根据 IP 数据报中接收

方的目的 IP 地址，确定是本网传送还是跨网传送。若目的地址所指的主机在本网中，可在本网中将数据报传给目的主机，否则，还要为其选择从源主机到目的主机的合适转发路径（即路由）。IP 协议可以根据路由选择协议提供的路由信息对 IP 数据报进行转发，直至抵达目的主机。

（3）数据报分段和重组：IP 数据报通过不同类型的通信网络发送，不同网络的数据链路层可传输的数据帧的最大长度不同，IP 数据报的大小会受到这些网络所规定的最大传输单元（MTU）的限制。例如，以太网是 1500 B，令牌环网是 17 914 B 等。因此，IP 协议要能根据不同情况，对数据报进行分段封装，使得很大的 IP 数据报能以较小的分组在网上传输。主机上的 IP 协议能根据 IP 数据报中的分段和重组标识将各个 IP 数据报分段重新组装为原来的数据报，然后交给上层协议。

2. IP 协议提供的服务

IP 协议向传输层提供的是一种不可靠的、无连接的、尽力的数据报投递服务。

（1）不可靠的投递服务：IP 协议无法保证数据报投递的结果，它的基本任务是通过互联网传送数据报，不保证服务的可靠性，在主机资源不足的情况下，它可能丢弃某些数据报。同时，IP 协议也不检查被数据链路层丢弃的报文，即在传输过程中，IP 数据报可能会丢失、重复传输、延迟、乱序，IP 服务本身不关心这些结果，也不将结果通知收、发双方。

（2）无连接的投递服务：每一个 IP 数据报是独立处理和传输的，由一台主机发出的数据报在网络中可能会经过不同的路径，到达接收方的顺序可能会混乱，其中一部分数据甚至还会在传输过程中丢失。

（3）尽力的投递服务：IP 协议会尽力将数据报投到目的主机，而不是随便将数据报丢弃。

（二）IP 数据报的格式及封装

1. IP 数据报的格式

IP 数据报是网络层的协议数据单元。目前 Internet 上广泛使用的 IP 协议版本为 IPv4。图 3-6 所示的是 IPv4 数据报的格式结构，一个 IP 数据报由报头（首部）和数据两部分组成。

IP数据报的报头											数据
① 4 b	② 4 b	③ 8 b	④ 16 b	⑤ 32 b	⑥ 8 b	⑦ 8 b	⑧ 16 b	⑨ 32 b	⑩ 32 b	⑪	

图 3-6 IP 数据报格式

报头长度=20 B 的固定单元+可选项，总长度不超过 60 B，其中固定单元各部分含义是：

（1）版本号：4 位，标识 IP 协议版本，有 IPv4、IPv6 两个版本，其中 4、6 为版本号，当前主流还是使用 IPv4。

（2）首部长度：4 位，长度是指首部以 32 b 为单位的数目，包括任何选项。由图 3-6 可知，首部所占位数为 4+4+8+16+32+8+8+16+32+32+0=160（b），正好是 32 b 的 5 倍，所以首部长度最小为 20 B。如果选项字段有其他数据，则这个值会大于 5。由于它是一个 4 位字段，普通 IP 数据报（不含选项字段）首部长度字段的值是 5（一个单位长度为 32 b），也就是 20 B。

（3）服务类型（TOS）：共 8 位，包括一个 3 位的优先权子字段、4 位的 TOS 子字段和 1 位未用位（必须置 0）。其中 TOS 子字段为 4 位，分别表示最小延时、最大吞吐量、最高可靠性、最小费用。如果 4 位 TOS 子字段均为 0，就意味着是一般服务。

（4）总长度：16 位，总长度是指首部和数据之和的整个 IP 数据报的长度，以字节（B）为单位。利用首部长度字段和总长度字段，即可知道 IP 数据报中数据内容的起始位置和长度。由于该字段长 16 位，所以 IP 数据报最长可达 65 535 B。

（5）标识字段、标志、片偏移量字段：共 32 位，其中标识字段占 16 位，用于存储一个计数器，每产生一个数据报，计数器就加 1。这个“标识”并不是数据报序号。当数据报由于长度超过网络限制分片时，这个值就被复制到所有的数据报的标识字段中。标识字段可以成为数据报重装的依据。

标志字段占 3 位，最低位记为 MF。MF=1 即表示后面“还有分片”的数据报，否则后面就没有了。中间为 DF，当 DF=0 时才允许分片。

片偏移量字段占 13 位，表示较长的分组在分片后，某片在原分组中的相对位置。也就是说，相对用户数据字段的起点，该片从何处开始。片偏移以 8 B 为偏移单位，每个分片的长度一定是 8 B（64 位）的整数倍。

（6）生存时间（Time To Live，TTL）：8 位，表明数据报在网络中的寿命。它是由发出数据报的源点设置的，其目的是防止无法交付的数据报无限制地在因特网中“兜圈子”，白白消耗网络资源。最初的设计是以秒（s）作为 TTL 的单位。每经过一个路由器时，就把 TTL 减去数据报在路由器消耗掉的一段时间。若数据报在路由器上消耗的时间小于 1 s，就把 TTL 值减 1。TTL 值为 0 时，就丢弃这个数据报。TTL 通常是一个 IP 数据报可以经过路由器的最大数目。

（7）协议：8 位，协议字段指出此数据报携带的数据是使用何种协议（高层协议），以便使目的主机的网络互联层知道应将数据部分上交哪个处理过程。协议可包括 TCP、UDP 等，例如：1=ICMP，2=IGMP，3=TCP，17=UDP。

（8）首部校验码：16 位，根据 IP 首部计算的检验码，帮助确保 IP 协议头的完整性。它不对首部后面的数据进行计算。

（9）源 IP 地址：32 位，发送主机的 IP 地址。

（10）目的 IP 地址：32 位，接收主机的 IP 地址。

（11）可变长选项：允许 IP 支持各种选项，如安全性等，长度必须是 32 b 的整数倍，不足部分用 0 填充。

（12）数据：上层的数据，这个才是 IP 数据报包含的需要发送的数据。

2. IP 数据报封装

在 TCP/IP 结构中，IP 协议会屏蔽下层网络的差异，向高层提供统一的 IP 数据报；相反，上层的数据也会在这一层转换为 IP 数据报。IP 数据报的投递利用了物理网络的传输能力，网络接口层负责将 IP 数据报封装到具体物理网络的帧（LAN 网）或者分组（X. 25 分组交换网）中的信息字段，即将 IP 数据报封装到以太网的 MAC 数据帧中，如图 3-7 所示。

IP报头	IP数据	网络层

⇩封装

MAC帧头	IP报头	IP数据	校验码	网络接口层

图 3-7　数据报的封装

IP 地址放在 IP 数据报的头部，而 MAC 地址放在 MAC 帧的头部。在网络互联层及以上使用的是 IP 地址，而数据链路层及以下使用的是 MAC 地址。IP 数据报被封装在 MAC 帧中，MAC 在不同的局域网上传送时，其 MAC 帧头部是变化的。MAC 帧头部的这种变化在上面的网络互联层中是看不见的。尽管互联在一起的网络硬件地址体系各不相同，但网络互联层抽象的互联网屏蔽了下层的这些细节，并使用统一的逻辑的 IP 地址进行通信。

（三）IP 地址

IP 地址是网络互联层的逻辑地址，用于在网络中标识主机。Internet 上的主机通过 IP 地址来标识，在 Internet 中一个 IP 地址可唯一地标识出网络上的每个主机。一个数据报在网络中传输时，用 IP 地址标识数据报的源地址和目的地址。

1. IP 地址的结构及表示方法

目前 Internet 地址使用的是 IPv4 的 IP 地址，IPv4 中规定 IP 地址由 32 位（4 B）二进制数组成，即 IP 地址长度为 32 位，理论上 IPv4 最多可以有 2^n 个地址，但为了方便访问与管理，可以使用的地址数据远小于这个数字。IP 地址由网络 ID（网络地址、网络标识）和主机 ID（主机地址）两部分组成。网络 ID 识别入网主机所在的网络，而主机 ID 用来区分同一网络上的不同主机。在 Internet 中网络 ID 是唯一的，同一个网络 ID 连接的主机 ID 也是唯一的。IP 地址的结构可以在 Internet 上方便地寻址，即先按网络号找到网络，再按主机号找到主机。

为了简化记忆，将 32 位 IP 地址中的每 8 位二进制数用其对应的十进制数字表示，十进制数之间用“.”分开，称为点分十进制。例如，有一个 IP 地址为 192. 168. 8. 2，用二进制来表示则为 11000000. 10101000. 00001000. 00000010，显然用十进制的方式方便一般用户阅读使用。

2. IP 地址的分类

IP 地址可分为 A、B、C、D、E 5 类，可分配给用户使用的是前 3 类地址，D 类地址称为多播地址，而 E 类地址尚未使用，保留给将来的特殊用途。从 IP 地址的详细结构来看，IP 地址的前几位用于标识地址的类型，如图 3-8 所示。

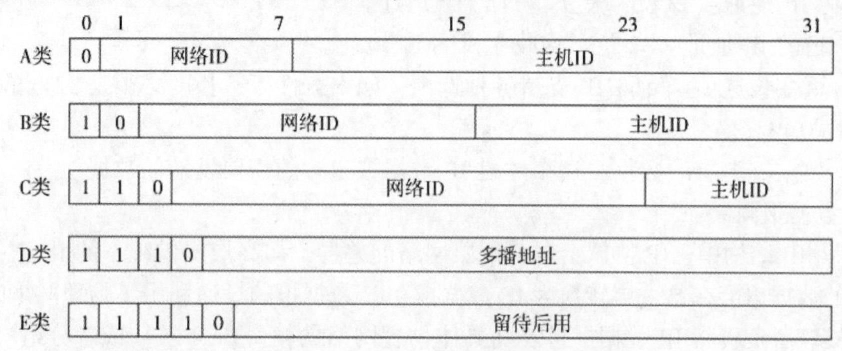

图 3-8　IP 地址的分类

（1）A 类地址：用第一个字节数字表示网络 ID，并规定最左位为 0，即凡是以 0 开始的 IP 地址均属于 A 类网络。因此，第一个字节取值范围是 00000001～01111110，即 1～126（01111111 即 127，为回送地址）。可用的 IP 地址范围为 1. 0. 0. 1～126. 255. 255. 254（二进制表示为 00000001. 00000000. 00000000. 00000001～011111111110）。A 类地址用后 3 个字节（24 位）表示主机 ID，所以可用的 A 类网络有 126 个，每个 A 类网络能容纳的主机数量最多为 16 777 214（$2^{24}-2$）个。

（2）B 类地址：用前两个字节（16 位）来表示网络 ID，并规定最前面两位为 10，即凡是以 10 开始的 IP 地址均属于 B 类网络。因此，第一个字节数字的取值范围是 10000000～10111111，即 128～191。可用的 IP 地址范围为 128. 0. 0. 1～191. 254. 255. 254（二进制表示为 10000000. 00000000. 00000000. 00000001～10111111. 11111111. 11111111. 11111110）。B 类地址用后两个字节（16 位）表示主机 ID，所以可用的 B 类网络有 16 382（2^{14}）个，每个 B 类网络能容纳的主机数量最多为 65 534（$2^{16}-2$）个。

（3）C 类地址：用前 3 个字节（24 位）来表示网络 ID，并规定最前面 3 位为 110，即凡是以 110 开始的 IP 地址均属于 C 类网络。因此，第一个字节数字的取值范围是 11000000～11011111，即 192～223。可用的 IP 地址范围为 192. 0. 0. 1～223. 255. 255. 254（二进制表示为 11000000. 00000000. 00000000. 00000001～110111110）。C 类地址用最后一个字节（8 位）表示主机 ID，所以 C 类网络可达 2 097 152（2^{21}）个，每个 C 类网络中的主机数量最多为 254（$2^{8}-2$）个。

（4）D 类地址：也称为多播地址，它是一个专门保留的地址，并不指向特定的网络，目前这一类地址被用在多播（Multicast）中。D 类 IP 地址第一个字节最前面 4 位为 1110，地址范围为 224. 0. 0. 1～239. 255. 255. 254。

（5）E 类地址：是一个通常不用的实验性地址，保留作为以后使用。E 类地址的最高位为 11110，即凡是以 11110 开始的 IP 地址均属于 E 类地址。

另外，主机标识位全为 1 的地址表示该网络中的所有主机，即广播地址。主机标识位全为 0 的地址表示该网络本身，即网络地址。网络中分配给主机的地址不包括广播地址和网络地址。因此，网络中可用的 IP 地址数 $=2^{n}-2$（n 为 IP 地址中主机标识部分的位数）。

理论上 A 类地址分配给具有大量主机的网络使用，B 类地址通常分配给规模中等的网络使用，C 类地址通常分配给小型局域网使用。但实际上大量 A 类地址被美国的一些大型网络公司占用，而我国的用户只能用 C 类地址，因此推广使用 IPv6 是迫在眉睫的任务。

3. 特殊的 IP 地址

（1）网络地址：主机 ID 为全 0 的 IP 地址，不分配给任何主机，仅用于表示某个网络的网络地址，例如 202. 119. 2. 0。

（2）直接广播地址：主机 ID 为全 1 的 IP 地址，使用直接广播地址，一台主机可以把数据分组广播给某个网络中的所有节点，例如 202. 119. 2. 255。

（3）有限广播地址或本地网广播地址：32 位为全 1 的 IP 地址（255. 255. 255. 255），对本机来说，这个地址指本网段内的所有主机，用于在本网内部广播。

（4）当前主机默认地址：32 位为全 0 的 IP 地址（0. 0. 0. 0），若主机要在本网内通信，但又不知道本网的网络地址，那么可以利用全 0 地址，常用于指定默认路由。

（5）回送地址：任何一个以数字 127 开头的 IP 地址（127. ×. ×. ×）都称为回送地址。

它是一个保留地址，最常见的表示形式为 127. 0. 0. 1。

在每个主机上对应于 IP 地址 127. 0. 0. 1 都有一个接口，称为回送接口。IP 协议规定，当任何程序用回送地址作为目标地址时，主机上的协议软件不会把该数据包向网络上发送，而是把数据直接返回给本主机。因此，目的地址的网络号等于 127 的数据包不会出现在任何网络上，主机和路由器不能为该地址广播任何寻径信息。回送地址常用于本机上的软件测试和本机上网络应用程序之间的通信地址。在很多操作系统（如 Windows）中用一个 hosts 文件来记录回送地址，因此可用 localhost 来表示回送地址。

4. 公有地址和私有地址

公有地址由 Internet 信息中心（Internet Network Information Center，InterNIC）负责这些 IP 地址分配给注册并向 InterNIC 提出申请的组织机构，是通过 Internet 可直接访问的地址。私有地址属于非注册地址，专门为组织机构内部使用。

Internet 分配数字机构（Internet Assigned Numbers Authority，LANA）将 A、B、C 类地址的一部分保留为专用，以作为私有 IP 地址空间，供专用网络（如企业内部局域网、校园网）使用。当使用路由设备与广域网连接时，路由设备会自动将该地址段的信号隔离在局域网内部。因此，不用担心当 IP 地址相同时会与其他局域网中的 IP 地址发生冲突。

使用私有 IP 地址的私有网络要连接公共的 Internet 时，本地主机必须经过网络地址迁移服务器（NAT 或代理服务器）将私有地址转换成公用合法的 IP 地址才能访问 Internet。表 3-2 列出的地址段为保留的私有 IP 地址，这些 IP 地址是被禁止在公共网络中使用的，仅用于内部专网，即 Internet 上的路由器不会向这些地址转发数据。

表 3-2 私有 IP 地址

地址类型	私有 IP 地址范围	网络个数
A 类	10. 0. 0. 0~10. 255. 255. 255	1 个 A 类地址
B 类	172. 16. 0. 0~172. 31. 255. 255	16 个连续的 B 类地址
C 类	192. 168. 0. 0~192. 168. 255. 255	256 个连续的 C 类地址

企业内部网主机的 IP 地址可以设置成私有 IP 地址，组成一个局域网，通过路由器与公网相连，并且通过地址转换协议（NAT）连接到 Internet，这样可以最大程度节约有限的公网 IP 地址资源。

（四）子网与子网掩码

随着 Internet 的飞速发展，IPv4 标准中的 IP 地址出现了不够用的情况。按照前文所述的分类方式，就出现子网在有的网络中可用地址多于主机地址的现象，从而造成浪费。以 C 类地址为例，可以分配使用的主机数是 254 个，如果一个单位申请到一个 C 类 IP 地址，但该单位只有 50 台主机，其余的 204 个主机号就浪费了。以上问题可以通过子网掩码的设置加以解决。另外，为了方便网络管理，同一个局域网内部通过 IP 地址的划分形成了多个独立的广播域。(这里的“子网”与前文所说的通信子网是两个完全不同的概念)

1. 子网

IP 地址的结构是由网络 ID 和主机 ID 组成的，通过保持网络号不变，将 IP 的主机号部分进一步划分为子网号和主机号，把一个包含大量主机的网络划分成许多较小的网络，每个小的网络就是一个子网。在 TCP/IP 网络中，路由器就是子网间的通信设备。

引入了子网的概念后，则将 IP 地址中的主机号部分再一分为二，一部分作为子网号，另一部分作为子网内的主机号。这样，IP 地址的结构则由网络号、子网号和主机号 3 个部分组成。含有子网的 IP 地址结构如图 3-9 所示。实际应用中，有时也将网络 ID 与子网 ID 合称为子网的网络号。

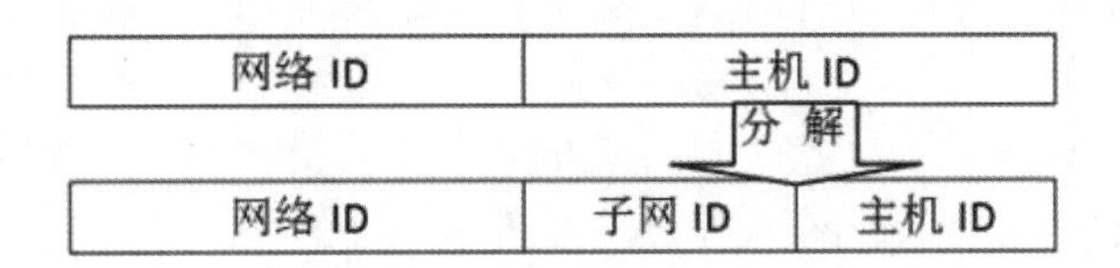

图 3-9　含有子网的 IP 地址结构

子网是一个逻辑概念，同一子网中主机的 IP 地址必须具有相同的网络号和子网号。每个子网都是一个独立的逻辑网络（虚拟局域网），也是一个独立的广播域。将一个大型网络划分为若干个既相对独立又相互联系的子网后，网络内部各子网便于管理、隔离故障和广播信息，提高了网络的可靠性和安全性，而且还可以更有效地利用 IP 地址空间。

2. 子网掩码

子网掩码是一个应用于 TCP/IP 网络的 32 位二进制数，与 IP 地址一样也是用点分十进制数表示的，如 255. 255. 255. 0。它可以屏蔽 IP 地址中的一部分，从而分离出 IP 地址中的网络号部分与主机号部分。基于子网掩码，网络管理员可以将网络进一步划分为若干子网。

IP 地址与子网掩码结合使用，可以区分出一个 IP 地址的网络号、子网号和主机号。计算方法是：用子网掩码和 IP 地址进行“与”运算，便得到其所属的网络号（含子网号）；用子网掩码的反码和 IP 地址进行“与”运算，便得到其所属网络的主机号。利用子网掩码可以判断两台主机是否在同一子网中，若两台主机的 IP 地址分别与它们的子网掩码进行“与”运算后的结果相同，则说明这两台主机在同一子网中。

标准子网掩码（划分子网前的子网掩码）构成规则是：对应 IP 地址的网络号位为全 1，主机号位为全 0。因此，A、B、C 这三类网络都有一个标准子网掩码，即默认子网掩码。

（1） A 类 IP 地址的默认子网掩码是 255. 0. 0. 0，写成二进制的形式是 11111111. 00000000. 00000000. 00000000，即前 8 位用于 IP 地址的网络号部分，其余 24 位是主机号部分。

（2） B 类 IP 地址的默认子网掩码是 255. 255. 0. 0，写成二进制的形式是 1111111111. 11111111. 00000000. 00000000，即前 16 位用于 IP 地址的网络号部分，其余 16 位是主机号部分。

（3） C 类 IP 地址的默认子网掩码是 255. 255. 255. 0，写成二进制的形式是 11111111. 11111111. 1111111. 00000000，即前 24 位用于 IP 地址的网络号部分，其余 8 位是主机号部分。

非标准子网掩码（划分子网后的子网掩码）构成规则是：对应 IP 地址的网络号位和

子网号位为全 1，主机号位为全 0。即可以通过主机的 IP 地址与子网掩码进行“与”运算后屏蔽 IP 地址中的主机号位，保留网络号位和子网号位，从而得知该 IP 地址的子网地址。

3. 划分子网的方法

将 IP 地址中的主机号段再分为子网号和主机号，从 IP 地址中主机号部分的最高位开始借位作为子网位，主机号剩余的部分仍为主机号位。通过这种划分方法可建立更多的子网，而每个子网的主机数相应有所减少。划分子网要兼顾子网的数量及子网中主机的最大数量而定，具体做法如下：

（1）将要划分的子网数目转换为最接近的 2 的 x 次方。例如，如果一个 C 类网络地址 192. 168. 1. 0 要划分出 6 个子网，则 $x=3$，实际划分的是 8 个子网，x 也应取 3，也就是前三位作为屏蔽位，所以子网掩码为 255. 255. 255. 224。

（2）在同一个局域网中的主机之间是否能直接通信，取决于将 IP 地址与子网掩码进行“与”运算后，是否得到相同的网络号，网络号一样就可以互相通信，否则不能，其与 IP 地址所属类别关系不大。

注意：由于每个子网中的主机数量为 2^n-2（n 为未屏蔽的主机号位数），当 $n=1$ 时，$2^n-2=0$，不能连接任何主机，所以 n 的最小值为 2，则子网掩码为 255. 255. 255. 252（11111111. 11111111. 11111111. 11111100）。此时主机号只有两位二进制数，去掉全 1 和全 0 后每个子网可连接的主机数只有 2 个。

例：需要将一个 C 类网络地址 192. 168. 5. 0 划分为若干个子网，使每个子网可连接的主机数至少有 4 个，设计一个子网数最多的子网划分方式，并写出子网掩码和可使用的主机地址范围。

分析：每个子网要连接的主机数为 4 个，依据子网中的主机计算原则应符合公式 $2^n-2>2^{n-1}-2$ 的要求，其中 n 为子网数，因此 $n=3$，从中可以看出这个 C 类网络地址的子网掩码应该为 111111111111. 11111111. 1111111111. 11111000，即 255. 255. 255. 248，也就是最后三位为“0”，由于=32，实际划分出的子网数为 32 个。

这 4 个子网中可以作为主机 IP 地址范围（不包括全 0 和全 1 的地址）分别为：

00000 子网：. 00000001～. 00000110，192. 168. 5. 1～192. 168. 5. 6。

00001 子网：. 00001001～. 00001110，192. 168. 5. 9～192. 168. 5. 14。

00010 子网：. 00010001～. 00010110，192. 168. 5. 17～192. 168. 5. 22。

00011 子网：. 00011001～. 00011110，192. 168. 5. 25～192. 168. 5. 30。

……

其余子网不一一罗列。

上述例子中，每一个子网最多可连接的主机数为 6 个，每一个子网的 IP 地址数为 8 个，只是其中 2 个不能作为主机地址，在进行子网划分时应注意子网数与主机数的概念区别。

六、控制报文协议

互联网控制报文协议（Internet Control Message Protocol，ICMP）简称“控制报文协议”，是 TCP/IP 参考模型网络层的主要协议。从 IP 协议的功能可知，它提供的是一种不可靠的、无连接的数据报送服务。IP 尽力传递并不表示数据报一定能够投递到目的地，IP 本身没有内在的机制获取差错信息并进行相应的控制，而基于网络的差错可能性很多，如通信线路出错、网关或主机出错、信宿主机不可到达、数据报生存期（TTL 时间）结束、系统拥塞等。为了使互联网能报告差错，或提供有关意外情况的信息，在 IP 层加入了一类特殊用途的报文机制，即互联网控制报文协议。

（一）ICMP 的作用

ICMP 主要用于网络设备和节点之间的控制和差错报告报文的传输。ICMP 主要支持数据报传输的结果信息反馈回源发主机，以报告网络是否能正常通信。常用的检查网络连通性的 ping 命令实际上就是典型的基于 ICMP 协议的实用程序，借助于 ICMP 回应请求/应答报文测试宿主机的可达性，接收方利用 ICMP 来通知 IP 数据包发送方某些方面所需的修改。如果 IP 数据报不能传送，ICMP 便可以被用来警告信源，说明有网络、主机或端口不可达。ICMP 也可以用来报告网络拥塞。

（二）ICMP 报文的形成与传输

当路由器发现某份 IP 数据报因为某种原因无法继续转发和投递时，则形成 ICMP 报文并从该 IP 数据报中截取源主机的 IP 地址，形成新的 IP 数据报，转发给源主机，以报告差错的发生及其原因。

携带 ICMP 报文的 IP 数据报在反馈的传输过程中不具有任何优先级，与正常的 IP 数据报一样进行转发。如果携带 ICMP 报文的 IP 数据报在传输过程中出现故障，转发该 IP 数据报的路由器将不再产生任何新的差错报文。

（三）ICMP 报文格式与封装

ICMP 主要支持 IP 数据报的传输差错结果，它仍然利用 IP 传递 ICMP 报文。产生 ICMP 报文的路由器负责将其封装到新的 IP 数据报中，并提交给网络中返回至原 IP 数据报的源发主机。ICMP 报文分为 ICMP 报文头部和 ICMP 报文体部两个部分，其中报文头部包括类型、代码与校验和 3 个字段，如图 3-10 所示。

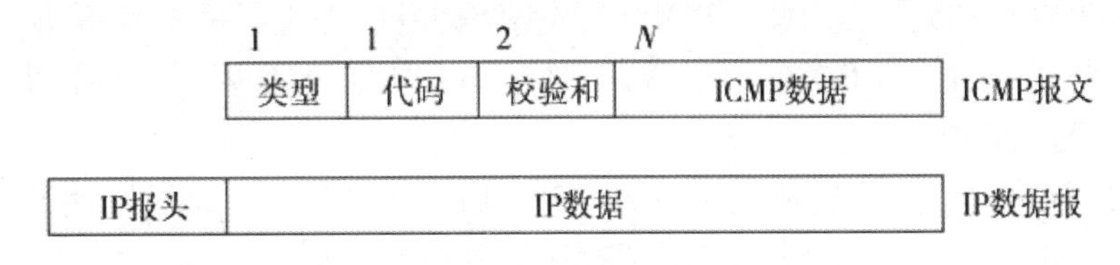

图 3-10 ICMP 报文的格式及封装

ICMP 报文各字段所代表的意义如下：

（1）类型字段：占 1B，表示差错的类型。ICMP 报文的类型具体意义如表 3-3 所示。

（2）代码字段：占 1B，表示差错的原因。

（3）校验和：共 2B，提供整个 ICMP 报文的校验和。

（4）ICMP 数据：包括出错数据报报头和该数据报前 64 位数据，以便帮助源主机确定出错数据报、差错原因及说明。

表 3-3 类型字段的值与 ICMP 报文类型的关系

类型字段的值	ICMP 报文的类型
0	回应应答
3	目的主机不可达
4	源主机抑制
5	改变路由、重定向
6	回应请求
11	数据报超时
12	数据报参数错
13、14	时间戳请求、时间戳应答
17、18	地址码请求、应答

七、硬件地址解析协议

硬件地址解析协议（Address Resolution Protocol，ARP）和反向硬件地址转换协议（Reverse Address Resolution Protocol，RARP）是 TCP/IP 参考模型网络层的主要协议，在 TCP/IP. 网络环境下，每个主机都分配了一个 32 位的 IP 地址，这种地址是网络中标识主机的一种逻辑地址。网络用户之间的数据交换是通过 IP 地址进行传输的，而数据传输必须通过物理网络实现。物理网络不能直接识别 IP 地址，必须使用实际的物理地址，即 MAC 地址。为了让报文在物理网上传送，必须经过一定的转换，将 IP 地址映射为网络的物理地址。以以太网环境为例，为了正确地向目的站传送报文，必须把目的站的 32 位 IP 地址转换成 48 位以太网目的地址。这就需要在网络互联层有一组服务将 IP 地址转换为相应的物理地址，也就是将 IP 地址与 MAC 地址对应起来，相当于建立一张 IP 地址与 MAC 地址的对应表，这个过程称为地址映射或者地址解析。

建立地址映射表的过程可以是建立从 IP 地址到 MAC 地址的映射，也可以是建立从 MAC 地址到 IP 地址的映射。为此，TCP/IP 体系结构专门提供了两个解析协议：从 IP 地址到 MAC 地址的映射的 ARP 协议和从 MAC 地址到 IP 地址的映射的 RARP 协议。

1. IP 地址到物理地址的映射

从 IP 地址到物理地址的转换是由 ARP 来完成的。ARP 地址解析原理是在每台使用 ARP 的主机中都保留了一个专用的高速缓存区，其中存放着最近获得的 IP 地址和 MAC 地址的映射表，称为 ARP 缓存表。ARP 缓存表中存放着该主机目前知道的 IP 地址与 MAC 地址的一一对应关系。在进行数据报发送时，源主机先在其 ARP 缓存表中查看有无目的主机的 IP 地址。若有，可查出其对应的 MAC 地址，将查到的 MAC 地址写入 MAC 数据帧中，然后通过局域网发往此硬件地址的主机。若没有，这可能是目的主机才入网，也可能是源主机刚刚加电开机，其 ARP 缓存表还是空的。在这种情况下，源主机通过广播 ARP 请求帧的方式查找目的主机的 MAC 地址，并将获取的信息写入源主机的 ARP 缓存表。在局域网中通过广播 ARP 请求的方式查找目的主机 MAC 地址的过程如下。

（1）ARP 请求：主机 A 发送 ARP 请求广播帧，上面带有目的主机的 IP 地址、本机 IP 地址和物理地址。在本局域网上所有主机上运行的 ARP 进程都会收到此 ARP 请求广播帧。

（2）ARP 响应：主机 B 在 ARP 请求广播帧中见到自己的 IP 地址，向主机 A 发送 ARP 响应帧，响应中写入自己的物理地址。

（3）ARP 更新：主机 A 收到主机 B 的 ARP 响应帧后，就在 ARP 缓存表中写入主机 B 的 IP 地址到物理地址的映射。主机 A 和主机 B 即可用物理地址在物理网中进行数据通信。当主机 A 向主机 B 发送数据帧时，很可能不久以后主机 B 还要向主机 A 发送数据帧，因而主机 B 也可能要向主机 A 发送 ARP 请求帧。为了减少网络的通信量，主机 A 在发送其 ARP 请求帧时，就将自己的 IP 地址到硬件地址的映射写入 ARP 请求帧，当主机 B 收到主机 A 的 ARP 请求帧时，主机 B 就将主机 A 的这一地址映射写入主机 B 自己的 ARP 缓存表中。

这样以后主机 B 向主机 A 发送数据时就方便了。

在互联网环境下，为了将报文送到另一个网络的主机，数据报先定向到发送方所在网络 IP 路由器，因为路由器也有自己的物理地址，所以可以通过 ARP 协议进行目的地址查找逐一进行数据转发。

2. 物理地址到 IP 地址的映射

RARP 与 ARP 相似，都是用来解决地址映射问题的，RARP 实现的是从物理地址向 IP 地址的转换，与 ARP 的过程截然相反。

RARP 用于一种特殊情况，如果主机只有自己的物理地址而没有 IP 地址，则它可以通过 RARP 发出广播请求，征求自己的 IP 地址，而 RARP 服务器负责回答。这样，无 IP 地址的站点可以通过 RARP 取得自己的 IP 地址，这个地址在下一次系统重新开始以前都有效，不用连续广播请求。RARP 广泛用于云桌面等远程启动终端获取 IP 地址和动态主机配置。

使用云桌面的主机先向网络发送 RARP 请求，并给出自己的物理地址。RARP 服务器从自己的地址映射表中查找到该物理地址所映射的 IP 地址，再将该 IP 地址返回给先前请求 IP 地址的云桌面终端。云桌面终端用此方法来获得 IP 地址，保存在该计算机的内存中。

八、协议端口号

传输层位于 IP 层之上，提供端到端的数据传输服务。

IP 协议能提供主机与主机之间的传输数据能力，每个 IP 数据报根据其目的主机的 IP 地址进行互联网中的路由选择，最终找到目的主机。由于一台主机可以运行多个应用程序，它们在同一时间内都在进行通信。例如，一个用户正在向某一服务器上传文件，另一个用户同时正在使用该服务器的邮件服务，如果仅靠 IP 地址不能区分不同的应用进程。因此，为了能够区分出对应的应用程序进程，引入了协议端口的概念。

为了允许同一台主机上的多个应用程序各自独立地进行数据报的发送和接收，在 TCP/IP 协议体系中设计了协议端口号。协议端口号用来标识应用进程，将每台主机看作是一些协议端口号的集合，协议端口号能区分一台主机上运行的多个程序。TCP 和 UDP

使用端口号作为其数据传送的最终目的地，以实现应用程序进程之间端到端的通信，即通过"IP 地址+端口号"可区分不同的应用程序进程。

端口号的取值可由用户定义或者系统分配。TCP 和 UDP 报头中的端口号字段占 16 位，因此，端口号的取值范围是 0~65 535。TCP/IP 协议约定，0~1023 为保留端口（也称知名端口）号，为标准应用服务使用，其中，0~254 用于公共应用，255~1023 分配给有商业应用的公司，1024 以上是自由端口号（动态端口）。

除了保留端口以外，动态端口号的范围为 1024~65 535，这些端口号一般不固定分配给某个服务，也就是说在服务器新建一个服务程序时可以向操作系统提出申请，操作系统就会将指定端口号中分配一个供该服务程序使用。比如在服务器上建立一个新的 Web 网站，虽然默认的端口号为 80，但是也可以设置为一个动态端口号如 1088，就可以使用户不能用默认端口号访问。

由于动态端口常常被病毒木马程序所利用，许多服务器会将大部分动态端口关闭。

对于 TCP/IP 协议簇而言，端口的划分是针对传输层的协议进行的。因此 TCP 协议支持的应用层服务使用的端口号与 UDP 协议支持的应用层服务是不一样的，具体见表 3-4。

TCP 协议支持的服务：FTP、HTTP、SMTP、Telnet 等。另外，提供安全远程登录会话等服务的安全外壳协议（SSH）使用的端口号为 22。

UDP 协议支持的服务：DNS、SNMP、DHCP 等。

表 3-4　常用的保留端口号

服务类型	端口号	传输层协议
HTTP	80	TCP
FTP	20、21	
Telnet	23	
SMTP	25	
POP3	110	
DNS	53	UDP
TFTP	69	
SNMP	161、162	
RIP	520	
DHCP	67、68	

九、传输控制协议

传输控制协议（TCP）是 TCP/IP 参考模型传输层的重要协议。TCP 协议定义了两台计算机之间进行可靠的传输而交换的数据和确认信息的格式，以及计算机为了确保数据的正确到达而采取的措施。协议规定了怎样识别给定计算机上的多个目的进程，如何对分组丢失和分组重复这类差错进行恢复。协议还规定了两台计算机如何初始化一个 TCP 数据流传输及如何结束这一传输。

（一）TCP 协议的服务及特性

TCP 协议提供的是一种可靠的、面向连接的数据传输服务。它具有确认与重传机制以及差错控制和流量控制等功能，以确保报文段传送的顺序和传输无错。

IP 协议提供不可靠的、无连接的和尽力投递的服务，构成了 Internet 数据传输的基础。当传送的数据受到干扰、基础网络故障或网络负荷太重而使无连接的报文递交系统不能正常工作时，就需要通过其他协议来保证通信的可靠性，TCP 就是这样的协议。TCP 在 IP 提供的服务基础上，增加了确认、重发、滑动窗口和复用或解复用等机制，提供面向连接的、可靠的流投递服务。

TCP 协议允许一台计算机的多个应用进程同时进行通信，也能对收到的数据进行分解，分别送到多个应用程序。TCP 使用协议端口号来标识一台计算机上的多个目的进程。

由于 TCP 通信建立在面向连接的基础上，实现的是一种虚电路的概念，它所标识的对象不是某个端口，而是一个虚电路连接。

TCP 协议标识连接不是用单纯的端口号，而是用 IP 地址加端口数字集（Host：Port）表示的。TCP 用端点进行标识，其中 Host 是主机的 IP 地址，Port 是该主机上的 TCP 端口号，例如 192. 168. 1. 1：80。

TCP 是面向连接的协议，它需要两个端点都同意连接才能进行通信。双方通信之前，连接双方的应用程序必须建立连接。采用客户机/服务器模式建立连接时，客户方应用程序主动打开连接请求，通知操作系统希望建立一个连接，连接建立之后，应用程序开始传输数据。这种数据传输方式能提高效率，但事先建立连接和事后拆除连接需要开销。

TCP 协议采用“带重传的肯定确认”技术来实现传输的可靠性。简单的“带重传的肯定确认”是指与发送方通信的接收者每接收一次数据就送回一个确认报文，发送者对每个发出去的报文都留一份记录，等到收到确认之后再发出下一报文。发送者发出一个报文时，启动一个计时器，若计时器计数完毕，确认还未到达，则发送者重新发送该报文分组。

TCP 协议还采用滑动窗口机制来解决流量控制和提高网络吞吐量这两个问题。窗口的范围决定了发送方发送的但未被接收方确认的数据报数量。当接收方正确收到一则报文时，窗口便向前滑动，这种机制使网络中未被确认的数据报数量增加，提高了网络的吞吐量。TCP 允许随时改变窗口的大小，它采用滑动窗口机制，不仅提供了可靠的传输服务，还提供了流量控制功能。

TCP 协议是 Internet 中重要的协议之一，大多数 Internet 应用程序使用了 TCP 协议，它具有如下主要特性：

（1）面向流的投递服务：应用程序之间传输的数据可视为无结构的字节流（或位流），流投递服务保证收发的字节顺序完全一致。

（2）面向连接的投递服务：数据传输之前，两个端点之间需建立连接，其后的 TCP 报文在此连接基础上传输。

（3）可靠传输服务：接收方根据收到报文中的校验和，判断传输的正确性，如果正确，进行应答，否则丢弃报文。发送方如果在规定的时间内未能获得应答报文，自动进行重传，提供强制性传输（立即传输）和缓冲传输两种手段。缓冲传输允许将应用程序的数据流积累到一定的体积，形成报文后，再进行传输。

（4）全双工传输：TCP 模块之间可以进行全双工的数据流交换。

（5）流量控制：提供滑动窗口机制，支持收发 TCP 模块之间的端到端流量控制。

（二）TCP 报文段的格式

TCP 的协议数据单元被称为报文段（Segment），TCP 通过报文段的交互来建立连接、传输数据、发出确认、进行差错控制、流量控制及关闭连接。TCP 报文段由报头和数据两部分组成，报头结构如图 3-11 所示。报头包含了必需的端口标识和控制信息，报头的前 20 B 是固定的。

TCP数据报的报头															数据
① 32 b	② 32 b	③ 32 b	④ 4 b	⑤ 6 b	⑥ 1 b	⑦ 1 b	⑧ 1 b	⑨ 1 b	⑩ 1 b	⑪ 1 b	⑫ 16 b	⑬ 16 b	⑭ 16 b	⑮	

图 3-11　TCP 报文段的报头结构

报头长度＝固定部分（20 B）＋可选项长度，总长度不超过 60 B。各字段的意义如下：

（1）源端口和目的端口：各占 2 B，是一个 16 位的整数值，该整数值被称为 TCP 端口号。由于 IP 地址只对应到 Internet 中的某台主机，而 TCP 端口号可对应到主机上的某个应用进程，因此，32 位的 IP 地址加上 16 位的端口号构成了相当于运输层服务访问点的地址。

（2）序号：占 4 B，是本报文段所发送的数据部分第一个字节的序号。在 TCP 传送的数据流中，每一个字节都有一个序号。例如，在一个报文段中，序号为 300，而报文中的数据共 100 B，在下一个报文段中，其序号就是 400。因此，TCP 是面向数据流的。

（3）确认序号：占 4 B，是期望收到对方下次发送数据的第一个字节的序号，也就是期望收到的下一个报文段的首部中的序号。

（4）数据偏移：占 4 B，它指出数据开始的地方离 TCP 报文段的起始处有多远。这实际上就是 TCP 报文段首部的长度。

（5）6 位的保留位。

下面 6 位是说明本报文段性质的控制字段（或称为标志）。各位的意义如下：

①紧急位（Urgent，URG）：当 URG＝1 时，表明此报文段应尽快传送（相当于加速数据），不要按原来的排队顺序来传送，而是优先发送。

②确认位（ACK）：只有当 ACK＝1 时确认序号字段才有意义，当 ACK＝0 时确认序号没有意义。

③急迫位（Push，PSH）：当 PSH＝1 时，表明请求远地 TCP 将本报文段立即传送给其应用层，而不要等到整个缓冲区都填满了后再向上交付。

④重建位（Reset，RST）：当 RST＝1 时，表明出现严重差错（如主机崩溃或其他原因），必须释放连接，然后再重建传输连接。

⑤同步位（SYN）：在连接建立时使用，当 SYN＝1 而 ACK＝0 时，表明这是一个连接请求报文段。对方若同意建立连接，则应在发回的报文段中使 SYN＝1 和 ACK＝1。因此，

同步位 SYN 置为 1，表示这是一个连接请求或连接接收报文，而 ACK 位的值用来区分是哪一种报文。

⑥终止位（Final，FIN）：用来释放一个连接。当 FIN=1 时，表明欲发送的字节串已经发完并要求释放传输连接。

（6）窗口：占 2 B，窗口字段实际上是报文段发送方的接收窗口。通过此窗口告诉对方，在未收到确认时，对方能发送的数据的字节数不能超过这个窗口的长度。

（7）校验码：占 2 B，校验和字段检验的范围包括报头和数据两部分。

（8）紧急指针：占 2 B，报文段中的紧急数据的字节数。

（9）可选项：长度可变，TCP 只规定了一种选项，即最长报文段长度（Maximum Segment Size，MSS），用来表示本端能接收的最大报文长度。可选项长度必须是 32 b 的整数倍，不足部分用 0 填充。

（10）数据：来自高层的数据。

（三）TCP 报文数据的封装

TCP 报文的封装过程如图 3-12 所示，从图中可以看出，数据链路层的头部指明了源主机和目的主机的 MAC 地址，IP 层的头部指明了源主机和目的主机的 IP 地址，而 TCP 层的头部指明了主机上应用进程的源端口和目的端口。

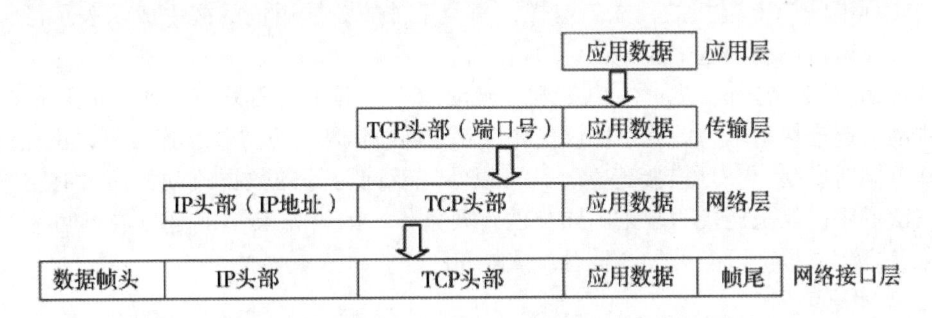

图 3-12　TCP 报文的封装

（四）TCP 传输连接的建立与关闭

TCP 是基于连接的协议，无论哪一方向另一方发送数据之前，都必须在双方之间建立一个连接。TCP 传输通常需要 3 个阶段，在正式收发数据前，必须和对方建立可靠的连接，传输报文数据后再拆除 TCP 连接。

1. 建立连接

TCP 连接必须经过“三次握手”（对话）才能建立起来，整个过程由发送方请求连接、接收方确认、发送方再发送一则关于确认的确认共 3 个过程组成，如图 3-13 所示。

（1）主机 A 向主机 B 发出一个同步报文段请求建立连接，报头中的 SYN=1，并包含本机的初始报文发送序号 x（假设初始发送序号 $x=100$）。这是握手的第一个报文段。

（2）主机 B 收到主机 A 发送来的连接请求报文段后，若同意连接，则发回一个报文段进行确认（ACK=1），同时也向主机 A 进行同步请求。报头中的 SYN=1，并包含确认序号，确认序号为 $x+1$（101）和本机的初始报文发送序号 y（假设初始发送序号 $y=$

200)，表示对第一个报文段的确认，并继续握手操作。

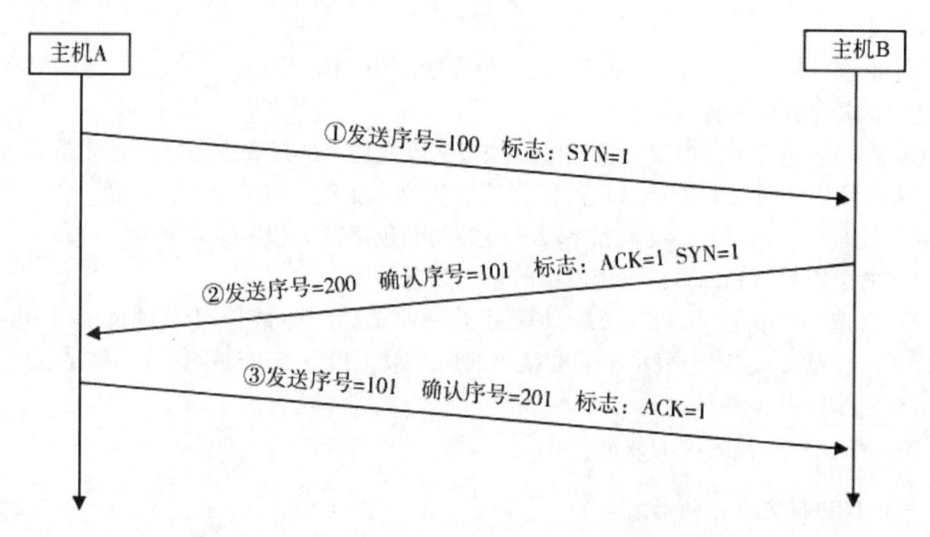

图 3-13 “三次握手”建立 TCP 连接的报文序列

（3）主机 A 收到主机 B 的确认报文段后，向主机 B 返回一个确认号为 $y+1$，发送序号为 $x+1$ 的确认（ACK）报文段。该报文段是一个确认信息，用来通知目的主机双方已完成一个标准的 TCP 连接的建立。这样，一个正常的数据通信的握手成功表示已经建立连接，接着就可以利用这个连接进行通信了。

通常运行在一台计算机上的 TCP 软件被动地等待握手，而另一台计算机上的 TCP 软件则主动发起连接请求。但握手协议也允许双方同时试图建立连接，连接可以由任何方发起或双方同时发起，一旦连接建立，就可以实现双向对等的数据流动，而没有主、从关系。三次握手协议是连接两端正确同步的首要条件，因为如果 TCP 建立在不可靠的分组传输服务之上，报文可能丢失、延迟、重复和乱序。

2. 关闭连接

TCP 连接建立起来后，就可以在两个方向传送数据流。当 TCP 的应用进程再没有数据需要发送时，就发送关闭命令。

TCP 使用修改的三次握手协议来关闭连接，以结束会话，即关闭一个连接需要经过 4 次握手，这是由 TCP 的半关闭特性造成的。由于 TCP 连接是双工的数据通道，可以看作两个独立的不同方向数据流的传输，因此，每个方向的连接必须单独地进行关闭。例如，一个应用程序通知数据已经发送完毕时，TCP 将单向关闭这个连接。

关闭的过程是一方发出关闭连接请求的报文段后，并非立即拆除连接，而是等待对方确认对方收到关闭连接请求后，发送确认报文段，并拆除本方的连接，发起方收到确认后，完成拆除连接操作。

在关闭连接时，既可以由一方发起而另一方响应，也可以双方同时发起。无论怎样，收到关闭连接请求的一方必须使用 ACK 段给予确认，后才断开连接。

十、用户数据报协议

用户数据报协议（User Datagram Protocol，UDP）是 TCP/IP 参考模型传输层的另一个重要协议，与 TCP 不同，UDP 协议是面向无连接不可靠的传输层协议。所谓“面向连接”是指其通信过程包括建立连接、数据传送、断开连接 3 个阶段。所谓“可靠”是指通过确认/重传机制和限定发送窗口来进行差错控制和流量控制。

UDP 使用下层互联网协议传输报文，同 IP 一样，提供不可靠的无连接传输服务。它是对 IP 的扩充，增加了一种机制，发送方使用这种机制可以区分一台主机上的多个接收者。每个 UDP 报文除了包含某用户进程发送的数据外，还有报文的目的端口号和报文的源端口号。UDP 的这种扩充使得在两个用户进程之间传送数据报成为可能。

（一）UDP 的服务与特点

UDP 不与对方建立连接，提供不可靠的无连接服务。它不使用确认信息对数据报的到达进行确认，不对收到的数据报进行排序，也不提供反馈信息来控制站点之间数据传输的速率，而是直接把数据报发送过去。这种服务不用确认，不对报文排序，也不进行流量控制，UDP 报文可能会出现丢失、重复、失序等现象。

尽管 UDP 提供的是不可靠的服务，但是它开销小、效率高，因而适用于数据量较少、速度要求较高而功能简单的类似请求/响应方式的数据通信。例如，通常采用 UDP 的应用层协议有域名系统（DNS）中域名地址 IP 地址的映射请求和应答、简单文件传输（TFTP）应用等。UDP 的不足之处是当使用它传输信息流时，用户应用程序必须负责解决数据报排序、差错确认等问题。

（二）UDP 数据报的格式

UDP 数据报由报头和数据两部分组成。报头长度为 8 B，由 4 个 16 位长的字段组成，分别说明该 UDP 报文的源端口、目的端口、长度及校验和（码）。数据报格式如表 3-15 所示。

表 3-15　UDP 数据报的报头结构

UDP 头部（8 B）				数据
源端口	目的端口	长度	校验和	

（1）源端口字段：16 位，说明发送进程的端口号。

（2）目的端口字段：16 位，说明接收进程的端口号。

（3）长度字段：记录 UDP 数据报的总长度，以字节（B）为计算单位，包括报头和数据。

（4）校验和（码）字段：用于简单的差错检测，如果该字段值为 0，则表明不进行校验。一般来说，使用校验和字段是必要的。如果有差错，通常是将 UDP 数据报丢弃。

由于 IP 只对数据报的报头进行正确性校验，因此这里的校验和是使用 UDP 的传输层确定数据是否无错到达的唯一手段。通过校验和进行检错的方法简单易行，处理速度较快，但检错能力不强。

（三）UDP 数据报的封装

在 TCP/IP 层次结构模型中，UDP 位于网络互联层之上，应用层之下。应用程序访问

UDP，然后使用IP传送数据报。一个UDP报文在互联网传输时要封装到IP数据报中，然后网络接口层将IP数据报封装到一个数据中在网络上传输。UDP报文封装过程如图3-14所示。

从图3-14中可看出，IP的报头指明了源主机和目的主机的IP地址，而UDP的报头指明了主机上应用进程的源端口和目的端口。

由于UDP协议提供的是不可靠的数据传输，而数据的可靠确认性就要由应用层来完成了。

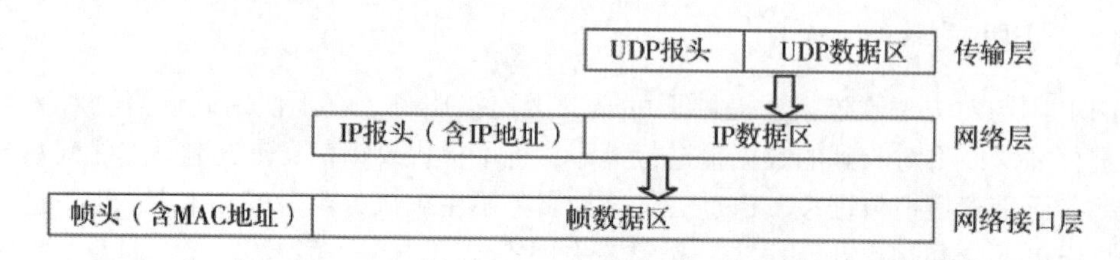

图3-14 UDP的封装过程

十一、应用层协议

应用层对应于OSI/RM的高层，为用户提供所需要的各种应用服务。例如，目前Internet上广泛采用的HTTP、FTP、Telnet等都是建立在TCP协议之上的应用层协议，不同的协议对应着不同的应用。主要的协议有：

（1）HTTP（超文本传输协议）。

（2）FTP（文件传输协议）。

（3）Telnet（远程登录协议）。

（4）SMTP（简单邮件传送协议）。

（5）SNMP（简单网络管理协议）。

（6）DNS（域名服务系统）。

十二、新一代互联网协议IPv6

IPv6是Internet Protocol Version 6的缩写，它是互联网工程任务组（Internet Engineering Task Force，IETF）设计的用于替代现行版本IP协议的下一代IP协议。

随着近年来Internet应用及用户的急剧增加，当前的IPv4的固有缺陷已经造成了IP地址匮乏、路由表急剧膨胀、缺乏对移动和网络服务质量的支持等一系列问题，原来的IPv4已经无法满足现有网络快速发展的需要。为彻底解决IPv4存在的问题，IETF早在20世纪90年代中期就提出了拥有128位地址的IPv6互联网协议，并在1998年进行了进一步的标准化工作。除了对地址空间的扩展以外，还对IPv6地址的结构重新做了定义。IPv6还提供了自动配置，以及对移动性和安全性的更好支持等新的特性。目前，IPv6的主要协议都已经成熟并形成了RFC文本，其作为IPv4的唯一取代者的地位已经得到了世界的一致认可。国外各大通信设备厂商都在IPv6的应用与研究方面投入了大量的资源，并开发出了相应的软硬件。

（一）IPv6 的优势

IPv6 是 Internet 的新一代通信协议，兼容了原有 IPv4 的所有功能。与 IPv4 相比，IPv6 的优势体现在以下方面。

（1）更大的地址空间：具有长达 128 位的地址空间，可以彻底解决 32 位 IPv4 地址不足的问题。

（2）简化的报头格式和灵活的扩展：在结构上 IPv6 对报头做了简化，取消了原 IPv4 的部分报头字段，如选项字段，采用 40B 的固定报头。它不仅减小了报头长度，而且由于报头长度固定，在路由器上处理起来也更加便捷。另外，IPv6 还采用了扩展报头机制，更便于协议自身的功能扩展。

（3）地址的自动配置：这是对 DHCP 协议的改进和扩展，使网络（尤其是局域网）的管理更加方便和快捷。

（4）具有更高的安全性：在 IPv6 网络中，用户可以对网络层的数据进行加密并对 IP 报文进行校验，IPv6 中的加密与鉴别选项提供了分组的保密性与完整性，这样增强了网络层数据的安全性。更重要的是，我国是最早参与 IPv6 标准的制定国家，核心技术不会受制于人，有利于国家安全战略。

（5）支持组播方式：广播地址已不再有效，这个功能被 IPv6 中的组播地址所代替。

（6）更好的服务质量（QoS）支持：IPv6 报头中增加了流标签字段，数据发送者可以使用流标签对属于同一传输流的数据进行标记，在传输过程中可以根据流标签，对整个流提供相应的服务质量支持。

（7）允许扩充：如果新的技术或应用需要时，IPv6 允许协议进行扩充。

（二）IPv6 地址

IPv6 采用长度为 128 位的 IP 地址，而 IPv4 的 IP 地址仅有 32 位。因此，IPv6 的地址资源要比 IPv4 丰富得多，其地址空间将有 2 个可能的 IP 地址。

1. IPv6 的地址表示形式

IPv4 地址用点分十进制表示，IPv6 地址用冒号十六进制表示。

（1）基本表示形式：IPv6 的 128 位地址格式是由 8 个节组成的，每节有 16 个二进制数位，写成 4 个十六进制数，节与节之间用冒号“:”分隔，即×:×:×:×:×:×:×:×，其中每个×代表 4 个十六进制数，称为冒号分十六进制格式。例如，89DE:AE36:211D:8EE9:FE13:CABF:EF3A:4E00。

（2）缩略形式（零压缩）：如果基本形式中有部分地址段为 0，可以将冒号十六进制格式中相邻的连续零位进行零压缩，用双冒号“::”表示。

例如，地址 FE80:ABC0:1230:0:0:0:FE9A:B32E 可压缩为 FE80:ABC0:1230::FE9A:B32E，地址 AB23:3:0:0:0:0:0:EEA2 压缩后，可表示为 AB23:3::EEA2。

要想知道“:”究竟代表多少个 0，可以这样计算：用 8 去减压缩后的节数，再将结果乘以 16。例如，在地址 AB23:3::EEA2 中，有 3 个节 AB23、3、EEA2，那么被压缩掉的 0 共有 8-3=5，5×16=80 位。但是，在一个特定的地址中，零压缩只能使用一次，即在任意一个冒号分十六进制格式中只能出现一个双冒号“::”，否则就无法知道每个“:”所代表的确切零位数了。注意：IPv6 可以将每 4 个十六进制数字中的前导零位去除做简化表示，如例子中的 3，就是 0003 简化为 3。

（3）混合表示形式：高位的 96 位可划分为 6 个 16 位，按十六进制数表示，低位的 32 位按 IPv4 的点分十进制形式表示，如 BED F:: 12：0：C0A8：0302（BEDF：0：0：0：12：0：C0A8：0302）可以写为 BED F:: 12：0：192.168.3.2。

2. IPv6 的地址类型

IPv6 有 3 种地址类型，分别如下。

（1）单播地址（Unicast）：单一接口的标识符。送往一个单播地址的包将被传送至该地址标识的接口上。单播地址中有两种特殊地址：单播地址 0：0：0：0：0：0：0：0 称为不确定地址，它不能分配给任何节点，不能在 IPv6 包中用作目的地址，也不能用在 IPv6 路由头中；单播地址 0：0：0：0：0：0：0：1 称为回环地址，节点用它来向自身发送 IPv6 包，它不能分配给任何物理接口。

（2）任意播地址（Anycast）：一组接口（一般属于不同节点）的标识符。发往任意播地址的包被送至该地址标识的接口之一。它不能用作源地址，而只能作为目的地址，不能指定 IPv6 主机，只能指定给 IPv6 路由器。

（3）多播地址（Multicast）：一组接口的标识符。送往一个多播地址的包，将被传送至有该地址标识的所有接口上。

（三）IPv4 向 IPv6 过渡

尽管 IPv6 比 IPv4 具有明显的先进性，但是要想在短时期内将 Internet 和各企业网络中所有系统全部都从 IPv4 升级到 IPv6 是不可能的。IPv6 与 IPv4 系统在 Internet 中长期共存是不可避免的现实。因此，实现由 IPv4 向 IPv6 的平稳过渡是引入 IPv6 的基本前提，确保过渡期间 IPv4 网络与 IPv6 网络互通至关重要。

目前，主要有 3 种从 IPv4 到 IPv6 的过渡技术：双协议栈技术、采用数据报封装的隧道技术和地址协议转换技术。

第四章　局域网技术

第一节　局域网概述

20 世纪 70 年代，局域网开始出现，主要用于打印机等资源的共享。80 年代早期，局域网逐步发展成以太网（IEEE 802.3）、令牌总线网（IEEE 802.4）和令牌环网（IEEE 802.5）三个国际标准。IEEE 802.3 标准的以太网，被称为标准以太网或传统以太网，数据传输速率为 10 Mbit/s，以同轴电缆为传输介质。

实际上，第一个局域网的标准是 DIX Ethernet V2 的规约（“以太网”名称的由来）。而 DIX Ethernet V2 标准与 IEEE 802.3 的差别很小，因此，也将 IEEE 802.3 简称为以太网。

局域网技术涉及 ISO OSI/RM 模型中的物理层和数据链路层协议。在 IEEE 802.3 标准中，局域网的数据链路层被划分为逻辑链路控制（LLC）子层和媒体访问控制（MAC）子层。其中，与接入传输媒体（也可以说是硬件）有关的内容都放在 MAC 子层，而 LLC 子层则与传输媒体无关。DIX Ethernet V2 标准并没有将数据链路层再分层。由于实际上 TCP/IP 体系结构获得了市场的认可，而 TCP/IP 体系结构中经常采用的局域网是 DIX Ethernet V2 标准而非 IEEE 802.3，因此，LLC 经常不被使用。很多厂商的网络适配器中仅安装了 MAC 协议，而没有 LLC 协议。

局域网的特点：

（1）覆盖的地理范围小，如一个办公室、一幢大楼、一个单位。

（2）拓扑结构简单，有星形拓扑结构、总线型拓扑结构、环形拓扑结构、树状拓扑结构等。

（3）传输时延小，传输速率高。

（4）误码率低，可靠性和可用性高。

（5）具有广播功能，从一个站点可以很方便地访问全网。

（6）系统容易扩展和升级，设备位置可灵活调整，易于管理和维护。

（7）支持多种传输媒介。

第二节　局域网的拓扑结构

传统的局域网的拓扑结构形式较多，有星形、总线型、环形和树状等结构，覆盖范围一般只有几千米。

一、星形拓扑结构

星形拓扑结构是目前局域网最常使用的结构。采用双绞线，将多个计算机、网络打印机等端节点设备与网络中心节点（集线器）相连接。所有计算机之间的通信，都必须经过中心节点，因此，这种结构的网络便于集中管理和维护，网络的传输延迟也较小。并且任何一个端节点出现故障，都不会影响网络中的其他端节点，但如果中心节点出现故障，将会使整个网络瘫痪。

采用双绞线连接网络时，需要给双绞线上打上 RJ-45 头（水晶头），设备的网络适配器需要有 RJ-45 插座。

二、总线型拓扑结构

总线型拓扑结构是采用一条总线将多个端节点设备连接起来。总线可以是同轴电缆、双绞线，或者光纤。传统的局域网 IEEE 802.3 标准，采用的是同轴电缆。

由于总线型网络中所有节点的通信共用一条线路，而线路的容量是有限的，因此，总线型网络对节点的数目是有限制的。另外，由于信号在线路上会有衰减，因此一条总线的长度也是有限的。

对于采用同轴电缆的总线型网络来说，在线缆的两端需要安装与电缆阻值相配的终结器（电阻值 50 Ω）。连接设备时，需要在电缆上穿上 BNC 接头（T 形头），设备的网络适配器也必须是 BNC 接头的。

总线型网络的特点是没有中心节点，任何一个节点故障都不会影响整个网络，可靠性高；不需要额外的设备，电缆长度短，易扩充，成本低，安装方便灵活。但由于节点共用一条电缆，需要轮流使用电缆，因此，不能全双工通信，且实时性差。

三、环形拓扑结构

环形拓扑结构是指多个用户的端设备通过干线耦合器连接到一个闭合的环形电缆上。在环形电缆上，信号只能沿一个方向传播，环上的端节点依次取得通信权限。当一个端设备 A 取得通信权后传送数据时，将数据送上电缆，数据沿着既定的方向传到下一个端节点 B。节点 B 暂存数据并检查自己是不是目的节点，如果是，则保留数据，不再将数据向下一站传送；如果不是，则继续将数据传送向下一个端节点，直到回到端设备 A。

环形拓扑结构的典型网络是令牌环网。在实际应用中，环形拓扑结构并不是真的将设备通过电缆串起来，形成一个闭合的环，而是在环的两端安装阻抗匹配器，来实现环的封闭，形成一个逻辑上的环形结构。因为在实际组网过程中，由于地理条件的限制，很难真的做到环在物理上两端闭合。

四、树状拓扑结构

树状拓扑结构从总线型拓扑结构演变而来，形状像一棵倒置的树，顶端是树根，树根以下带分支，每个分支还可再带子分支。它是总线型拓扑结构的扩展，它是在总线网上加上分支形成的，其传输介质可有多条分支，但不形成闭合回路。

树形网络是一种分层网，其结构可以对称，联系固定，具有一定容错能力，一般一个分支和节点的故障不影响另一分支节点的工作，任何一个节点送出的信息都可以传遍整个传输介质，也是广播式网络。

第三节 网络设备

局域网内用户端节点之间的通信采用的是数字通信技术，这些技术是在网络设备的控制下实现的。局域网的结构和功能相对简单，因此网络设备的功能也相对简单，主要的网络设备有网络适配器、中继器、集线器、网桥等。

一、网络适配器

网络适配器就是俗称的网卡，根据连接方式、数据速率的不同，可以分为不同的种类。

（一）网络适配器的种类

1. 按总线接口分类

网络适配器需要与用户的计算机连接才能使用，而通常的连接方法是将它作为扩展卡，插在计算机I/O总线的插槽中。因此，根据计算机I/O总线的不同，网络适配器可以分为ISA总线接口网卡、PCI总线接口网卡、PCI-X总线接口网卡、PCMCIA总线接口网卡、USB总线接口网卡。

2. 按网络接口分类

网络适配器同样需要与网络线缆相连，不同网络线缆的接口方式不同，因而，网络适配器也有不同的种类。

RJ-45接口网卡：用于双绞线为传输介质的局域网。

BNC接口网卡：用于细同轴电缆为传输介质的局域网。

AUI接口网卡：用于粗同轴电缆为传输介质的局域网。

FDDI接口网卡：用于FDDI（光纤分布式数据接口）的局域网。

ATM接口网卡：用于ATM（异步传输模式）的局域网。

3. 按数据传输速率分类

随着计算机网络技术的快速发展，网络的数据传输速率不断提高，目前常用的支持不同传输速率的网络适配器有以下几种：

10 Mbit/s 网卡：支持 10Mbit/s 的传输速率。

100 Mbit/s 网卡：支持 100Mbit/s 的传输速率。

10/100 Mbit/s 自适应网卡：既可以支持 10Mbit/s 的传输速率，也可以支持 100Mbit/s 的传输速率，而且是自动适应网络的当前数据速率，不需要事先设置。

1000 Mbit/s 网卡：是根据网速对 10M/100M/1000M 自适应的网卡，最大传输速度能达到 1000 Mbit/s。千兆以太网网卡多用于服务器。

(二) 网络适配器的功能

网络适配器（以下简称“网卡”）的一个功能是要能够实现以太网协议。由于网卡的种类不同、不同厂商生产的同类网卡的设置也不同，计算机要与网卡协调一致地工作，就必须在安装网卡时，安装与网卡相对应的管理网卡的设备驱动程序。

网卡和计算机之间是通过计算机的 I/O 总线以并行传输方式进行通信的，而网卡和局域网之间则是通过通信电缆以串行传输方式进行通信的。另外，网络的数据传输速率与计算机 I/O 总线的数据传输速率不同，因此，网卡的一个功能就是起到串行/并行转换和数据缓冲的作用。

网卡需要在计算机控制下，完成相对独立的网络数据传输工作，因此，可以看作是一个半自治的单元。当网卡收到一个目的地址不符的帧或者有差错的帧时，会将该帧丢弃而不通知计算机。当网卡收到一个正确的、目的地址相符的帧时，会将帧解析，并中断通知计算机，将帧中的 IP 数据报交付给协议栈中的网络层。当计算机要发送一个 IP 数据报时，由协议栈向下交给网卡，由网卡组装成帧后发送到局域网。

因此，网卡的主要功能有以下几点：

第一，数据的封装与解封。发送时将网络层交下来的数据报加上数据链路层的首部和尾部，形成以太网的帧。接收时将以太网的帧剥去首部和尾部，然后将数据送交网络层。

第二，链路管理。这主要是 CSMA/CD（载波监听多路访问/冲突检测）协议的实现。

第三，编码与解码。编码：将要发送的二进制数据位，按一定的方式，形成数字通信中的码元信号。解码：将接收到的码元信号，还原成二进制数据位。

第四，MAC 地址。每一个网卡中都有一个全球唯一的硬件地址——MAC 地址，即媒体访问控制地址，也称为局域网地址（LAN Address）、以太网地址（Ethernet Address）或物理地址（Physical Address），是可以用来确认网上设备位置的地址。

MAC 地址的长度是 48bit（6 字节），通常以十六进制的数字的形式表示，这种 48 位地址称为 MAC-48，它的通用名称是 EUI-48，例如，00-30-C8-EF-7B-55。MAC 地址分为前 24 位和后 24 位。

前 24 位，叫作组织唯一标志符（Oganization ally Unique Identifier，OUI），是由 IEEE 的注册管理机构给不同厂商分配的代码，用于区分不同的厂商。

后 24 位，是由厂商自己分配的，称为扩展标识符。同一个厂商生产的网卡中 MAC 地址后 24 位是不同的。

因此，这意味着如果一个厂商得到了一个 OUI，则它可以生产最多 2^{24} 个网卡。适配器从网络上每收到一个 MAC 帧，首先用硬件检查 MAC 帧中的 MAC 地址。如果是发往本站的帧则收下，然后再进行其他的处理，否则就将此帧丢弃，不再进行其他的处理。

“发往本站的帧”包括以下 3 种：单播（Unicast）帧（一对一）、广播（Broadcast）帧（一对全体）、多播（Multicast）帧（一对多）。

由于 MAC 地址的唯一性，因此其被用来标记网络中节点的物理地址。实际上，有了 MAC 地址，在局域网内，仅使用 MAC 地址，而不使用 IP 地址，就可以实现网络中计算机之间的通信了。因此，仅需要物理层和数据链路层协议，就可以实现局域网的功能。

（三）网络适配器的结构组成

网络适配器（以下简称“网卡”）上有专用的处理器和存储器，它工作在协议体系结构的最下面两层——物理层和数据链路层，包括了两层的协议，主要由硬件部分和固件程序组成，主要包括以下部分：

第一，物理层处理器：称为 PHY，负责电和光信号的产生和检测、线路状态、时钟基准、数据编码、数据链路层接口等。

第二，数据链路层处理器：称为 MAC 控制器，提供寻址机构、数据帧的构建、数据差错检查、传送控制、网络层数据接口等。

第三，EE PR-0M：记录了网卡芯片的供应商 ID、子系统供应商 ID、网卡的 MAC 地址、网卡的一些配置。

第四，B-TR-0M：用于无盘工作站引导操作系统。

第五，网络接口：RJ-45、BNC 或 FDDI 接口。

（四）网卡的安装过程

第一，安装网卡。有些计算机的主板上集成了网卡，不用再安装网卡硬件。如果没有集成，网卡的硬件安装也非常简单，只需将网卡插入计算机的 I/O 总线插槽中，并固定好就行了。当然，一定要选择与计算机 I/O 总线一致的网卡。

第二，安装网卡驱动程序。网卡的种类多，即使是同一类网卡，不同厂商生产的，其工作方式也有所不同，因此，需要由厂商提供一套控制网卡工作的软件。操作系统安装了这个软件，才能正确控制网卡工作。

一般来说，购买网卡时会送驱动程序，如果没有，可以到厂商的网站下载相应型号网卡的驱动程序。只需要点击软件进行安装，安装完成之后重新启动计算机即可。

第三，设置网卡属性。在操作系统的设备管理中，找到网卡，点击设置网卡属性，属性包括 IP 地址、子网掩码、默认网关、DNS。设置完成之后，可以通过 ping 命令查看网卡是否正常工作。

二、中继器

中继器（Repeater）工作在物理层，适用于完全相同的两类网络的互联，主要功能是通过信号进行再生和还原，对数据信号重新发送或者转发，实现扩大网络传输距离的目的。因此，在局域网中，中继器可以用来扩展局域网的网段长度。

信号在线路上传输时，由于存在损耗，信号的功率会逐渐衰减，衰减到一定程度时将造成信号失真，会导致接收错误。中继器连接在两段线路之间，在物理层上按位传递信息，完成信号的复制，对衰减的信号进行放大和调整，保持与原数据相同，从而延长网络的长度。

中继器的作用是增加局域网的覆盖区域。例如，传统的以太网标准规定单段同轴电缆的最大长度为500 m，但利用中继器连接4段电缆后，以太网中信号传输电缆最长可达2000 m。有些中继器可以连接不同物理介质的电缆段，如细同轴电缆和光缆。

中继器不能对传输的数据进行理解和识别（解析），只会将电缆段上的任何数据发送到另一段电缆上，而不管数据中是否有错误数据或不适于网段的数据。

优点：

（1）扩大了通信距离。

（2）增加了局域网中节点的最大数目。

（3）各个网段可使用不同的通信速率。

（4）提高了可靠性。当网络出现故障时，一般只影响个别网段。

（5）性能得到改善，由于信号功率增强，差错率会降低。

（6）对高层协议完全透明，即高层协议工作时不用考虑中继器的存在。

（7）安装简单、使用方便、价格相对低廉。

缺点：

第一，由于中继器需要对收到的衰减的信号进行再生，并转发出去，因而增加了时延。

第二，当网络上的负荷很重时，可能会因中继器中缓冲区的存储空间不够而发生溢出，以至产生帧丢失的现象。

第三，中继器若出现故障，对相邻两个子网的工作都将产生影响。

三、集线器

集线器可以视作多端口的中继器，主要工作在物理层，也含有数据链路层的内容。主要功能是对接收到的信号进行再生整形放大，以扩大网络的传输距离。

集线器是一个共享型设备，如一个8端口的10M集线器，可以连接8个用户节点，则8个用户设备共享10M带宽。同时，它又是共享线路的，转发数据是没有针对性的，采用广播方式发送，也就是说当它要向某节点转发数据时，不是直接把数据转发到目的节点，而是把数据包转发到与集线器相连的所有节点，因此，由集线器连接的网络只能采用半双工的通信方式。多个节点同时发送数据会发生冲突，集线器采用CSMA/CD协议来处理冲突，CSMA/CD协议属于数据链路层。

四、网桥

网桥也叫桥接器，是连接不同物理层局域网的一种存储/转发设备。扩展局域网最常见的方法是使用网桥，它能将一个大的LAN分割为多个网段，或将两个以上的LAN互联为一个逻辑LAN，使逻辑LAN上的所有用户都能通信。

网桥工作在数据链路层，当它收到一个 MAC 帧时，会先缓存到缓冲区中，然后根据 MAC 帧的目的地址对收到的帧进行转发。

网桥具有过滤帧的功能。当网桥收到一个帧时，并不是向所有的端口转发此帧，而是先检查此帧的目的 MAC 地址，然后根据站表确定将该帧转发到哪一个端口。

网桥具有学习能力，每当一个帧经过它时，它会首先检查站表，如果该帧的 MAC 地址不在站表中，则将该 MAC 地址及其对应的端口号记入站表。

网桥能够扩大网络的覆盖范围，主要体现在它的扩散能力上。在收到一个帧时，如果该帧的目的地址不在站表中，则将该数据帧转发给网桥所连接的除该数据帧所在网段之外的所有网段。

网桥的优点：

（1）过滤通信量。

（2）扩大了物理范围。

（3）提高了可靠性。

（4）可互联不同物理层（如传输媒介不同）、不同 MAC 子层和不同速率（如 10 Mbit/s 和 100 Mbit/s 以太网）的局域网。

网桥的缺点：

第一，存储转发增加了时延。

第二，在 MAC 子层并没有流量控制功能。

第三，具有不同 MAC 子层的网段桥接在一起时时延更大。

第四，网桥只适合于用户数不太多（不超过几百个）和通信量不太大的局域网，否则有时还会因传播过多的广播信息而产生网络拥塞。这就是所谓的广播风暴。

目前使用得最多的网桥是透明网桥（Transparent Bridge）。“透明”是指局域网上的站点并不知道所发送的帧将经过哪几个网桥，因为网桥对各站来说是看不见的。透明网桥是一种即插即用设备，其标准是 IEEE 802. 1d。

透明网桥在接入网络之后，可以通过自学习，逐步建立数据帧的转发站表。实际应用中，站表除了 MAC 地址和端口号外，还有该数据帧进入网桥的时间信息。

如果站点更换了网络适配器，其 MAC 地址会发生变化；如果有些站点开机，而有些站点不开机，网络拓扑会发生变化；如果网络中发生了这些变化，由于站表中记录有时间信息，则站表可以根据最近接收到数据帧的信息，对站表进行更新，以保证网桥站表中保留的是网络拓扑的最新状态信息。

网桥收到一帧后先进行自学习，查找站表中与收到帧的源地址有无相匹配的项目。如果没有，就在站表中增加一个项目（源地址、进入的端口和时间）。如果有，则把原有的项目进行更新。然后，查找站表中与收到帧的目的地址有无相匹配的项目。如果没有，则通过所有其他端口（但进入网桥的端口除外）进行转发。如果有，则按站表中给出的端口进行转发。如果站表中给出的端口就是该帧进入网桥的端口，则应丢弃这个帧（此时不需要网桥转发）。

五、二层交换机

直观地看，交换机好像是升级版的集线器，但从工作原理上讲，交换机是更智能的多端口网桥。局域网交换机工作在数据链路层，因此又称为二层交换机，也称为以太网交换机。本节中的“交换机”就是二层交换机。

交换机有多个端口，一般有 8 口、16 口、32 口和 48 口，每个端口可以和一台计算机连接，并且能够以全双工的方式进行通信。交换机由于使用了专用的交换结构芯片，并有高带宽的总线和内部交换矩阵，因而其交换速率高，能同时连通许多对端口，使每一对相互通信的主机都能像独占通信媒体那样，进行无碰撞的传输数据。也就是说，一个 100 M 的交换机，每一对主机都能以 100 Mbit/s 的速率进行通信。

交换机的工作原理：交换机内部有一个 MAC 地址表，MAC 地址表与网桥的站表类似，记录了网络中所有 MAC 地址与该交换机各端口的对应信息。当交换机收到数据帧时，会检查它的目的 MAC 地址，如果数据帧需要转发，交换机会根据该数据帧的目的 MAC 地址来查找 MAC 地址表，得到该地址对应的端口，即知道具有该 MAC 地址的设备是连接在交换机的哪个端口上，然后交换机把数据帧从该端口转发出去。因此，交换机需要完成如下工作：

（1）交换机根据收到数据帧中的源 MAC 地址建立该地址同交换机端口的映射，并将其写入 MAC 地址表中。

（2）交换机将数据帧中的目的 MAC 地址同已建立的 MAC 地址表进行比较，以决定由哪个端口进行转发。

（3）如果数据帧中的目的 MAC 地址不在 MAC 地址表中，则向所有端口转发。这一过程称为洪泛。

（4）广播帧和组播帧向所有的端口转发。

交换机构造 MAC 地址表的过程也是通过自学习完成的，学习过程与透明网桥的自学习过程类似。

交换机比网桥更智能，体现在其具有划分虚拟局域网（VLAN）的能力。VLAN 是由一些局域网网段构成的与物理位置无关的逻辑组。逻辑组具有某些共同的需求。为了实现逻辑组的管理和内部共享，在原来局域网数据帧的基础上，为每一个 VLAN 的帧设置明确的标识，指明发送这个帧的工作站是属于哪一个 VLAN。

第四节　局域网协议

一、以太网帧格式

常用的以太网 MAC 帧格式有两种标准，即 DIX Ethernet V2 标准和 IEEE 802. 3 标准，最常用的 MAC 帧是以太网 V2 的格式。

网络层的 IP 数据报下传到数据链路层后，会封装成 MAC 帧，帧格式的 MAC 层部分。

（1）目的地址：目的主机的 MAC 地址，6 B。

（2）源地址：本地主机的 MAC 地址，6 B。

（3）类型：2 B，用来标记上一层使用的是什么协议，以便目的主机把收到的 MAC

帧的数据上交给上一层的这个协议。

（4）数据：由于 MAC 帧的最小长度为 64 B，因此数据部分的最小长度是 46 B，MAC 帧的最大长度为 1518 B。

第五，FCS：帧检验序列，4 B。

目的主机在收到 MAC 帧之后，首先要检查其是否是有效帧。如果出现以下情况，则为无效帧。

第一，数据字段的长度与长度字段的值不一致。

第二，帧的长度不是整数个字节。

第三，用收到的帧检验序列 FCS 查出有差错。

第四，数据字段的长度不在 46~1500 B。有效的 MAC 帧长度为 64~1518 B。对于检查出的无效 MAC 帧就简单地丢弃。以太网不负责重传丢弃的帧。

第一，用户优先级：3 bit，指该帧的优先级，一共 8 个优先级，0~7。

第二，CFI：1 bit，为 0 说明是规范格式，为 1 则说明是非规范格式。

第三，VLAN ID：12bit，指明 VLAN 的 ID，取值范围为 0~4095，一共 4096 个，由于 0 和 4095 为协议保留取值，所以 VLAN ID 的取值范围为 1~4094。每个支持 802. 1q 协议的交换机发送出来的数据包都会包含这个域，以指明自己属于哪一个 VLAN。

二、CSMA/CD 协议

传统的以太网是以同轴电缆为传输介质的总线型网络，由于总线上没有其他有源器件，因此被认为很可靠。

当计算机 B 向 C 发送数据帧时，数据被传送到总线上，信号会向总线的两端传播。在向左边传播的过程中，A 会收到数据帧，信号传播到总线的最左端时，终结器会吸收电磁波，不让电磁波反射向右边传播，否则可能与右边的电磁波叠加，形成干扰。同时，B 发出的数据帧会向总线的右边传送，在信号传播的过程中，C 和 D 先后收到数据帧，并且信号被最右端的终结器吸收。

计算机 A、C 和 D 收到数据帧后，都会检查帧中的目的地址。由于目的地址不是 A 和 D，因此 A 和 D 会丢弃该数据帧，而只有 C 会接收该数据帧。这样，具有广播特性的总线，实现了计算机 B 向 C 发送数据的一对一的通信。

局域网的覆盖范围较小，一般情况下信道的质量很好，信道质量产生信号差错的概率是很小的。因此，局域网的通信技术采用较为简化的方案：

第一，采用较为灵活的无连接的工作方式，即不必先建立连接就可以直接发送数据。

第二，对发送的数据帧不进行编号，也不要求对方发回确认，即以太网提供的服务是不可靠的交付，即尽最大努力的交付。

第三，当目的站收到有差错的数据帧时就丢弃此帧，其他什么也不做。差错的纠正由高层来决定。如果高层发现丢失了一些数据而进行重传，以太网也并不知道这是一个重传的帧，而是当作一个新的数据帧来发送。

为了解决冲突对网络通信的影响，以太网采用了 CSMA/CD（载波侦听/碰撞检测）协议。CSMA/CD 为 Carrier Sense Multiple Access with Collision Detection 的缩写，表示带碰撞检测的载波侦听多点接入。

第一，“多点接入”是指许多计算机以多点接入的方式连接在一根总线上。

第二，“载波侦听”是指每一个站在发送数据之前先要检测一下总线上是否有其他计算机在发送数据。如果有，则暂时不要发送数据，以免发生碰撞。

第三，“碰撞检测”就是指计算机边发送数据边检测信道上的信号电压大小。当几个站同时在总线上发送数据时，总线上的信号电压摆动值将会增大（互相叠加）。当一个站检测到的信号电压摆动值超过一定的门限值时，就认为总线上至少有两个站同时在发送数据，表明产生了碰撞。所谓“碰撞”就是发生了冲突，因此“碰撞检测”也称为“冲突检测”。

每一个正在发送数据的站，一旦发现总线上出现了碰撞，就立即停止发送，免得继续浪费网络资源，然后等待一段随机时间再次发送。当某个站监听到总线为空闲时，也可能总线并非真正是空闲的。

B 向 D 发出的数据，要经过一定的时间才能传送到 D。

C 如果在 B 发送的信息到达 C 之前发送自己的数据帧，B 的载波监听检测不到 C 发送的数据信号，则必然要在某个时间和 B 发送的数据帧发生碰撞。碰撞的结果是两个帧都无效。

使用 CSMA/CD 协议的以太网不能进行全双工通信而只能进行半双工通信。每个站在发送数据之后的一小段时间内，存在着遭遇碰撞的可能性。这种发送的不确定性使整个以太网的平均通信量远小于以太网的最高数据率。

发生碰撞的站在停止发送数据后，要推迟（退避）一个随机时间才能再发送数据。如果退避一定次数，仍然不能成功重传该数据帧，则丢弃该数据帧，并报告高层：本次发送失败。

三、10BASE-T

10BASE-T 是一种采用双绞线的星形网络标准，1990 年由 IEEE 认可的，编号为 IEEE 802.3i。

10BASE-T 双绞线以太网的出现，是局域网发展史上的一个非常重要的里程碑，它为以太网在局域网中的统治地位奠定了牢固的基础。由于采用无屏蔽双绞线（UTP），连接到集线器构成星形网络，既降低了成本，又提高了可靠性。主要性能指标：

（1）传输速率为 10 Mbit/s。

（2）每个站到集线器的距离不超过 100 m。

（3）一条通路允许连接 4 个 HUB。

（4）拓扑结构为星形或总线型。

（5）访问控制方式为 CSMA/CD。

（6）帧长度可变，最大为 1518 B。

（7）最大传输距离为 500 m。

（8）每个 HUB 最多可连接 96 个工作站。

第五节　高速以太网

速率达到或超过 100 Mbit/s 的以太网称为高速以太网。由共享型集线器和双绞线组成的共享型星型结构的高速以太网系统，仍使用 1EEE 802.3 的 CSMA/CD 协议。而由高速以太网交换机和双绞线构成的交换型高速以太网系统，可以采用全双工的工作方式，不使用 IEEE 802.3 的 CSMA/CD 协议。

一、100BASE-T

100BASE-T 以太网又称为快速以太网（Fast Ethernet）。100BASE-T 协议有四种物理层标准：

第一，100BASE-TXO。使用 2 对 UTP-5 类线或屏蔽双绞线 STP，使用 UTP-5 时最大传输距离为 100 m。

第二，100BASE-FX。使用 2 对光纤。一般选用 62.5/125 μm 多模光缆，也可选用 50/125 μm、85/125 μm 以及 100/125 μm 的光缆。100BASE-FX 也支持单模光缆作为媒介，在全双工情况下，单模光缆段可达到 40 km。

第三，100BASE-T4。采用 3 类、4 类、5 类无屏蔽双绞线 UTP，使用 RJ-45 中的 4 对线。媒体段的最大长度为 100 m。

第四，100BASE-T2。采用 2 对 3 类、4 类、5 类 UTP 作为传输介质，使用 RJ-45 中的 2 对线。

100BASE-T 的网卡有很强的自适应性，它能够自动识别 10 Mbit/s 和 100 Mbit/s。100BASE-FX 因使用光缆作为媒体，充分发挥了全双工以太网技术的优势。

MAC 帧格式仍然为 802.3 标准，保持最短帧长不变，但将一个网段的最大电缆长度减小到 100 m。帧间时间间隔从原来的 9.6 μs 改为现在的 0.96 μs。

二、千兆以太网

千兆以太网又称为吉比特以太网，允许在 1 Gbit/s 下全双工和半双工两种方式工作。千兆以太网不仅仅定义了新的媒体和传输协议，还保留了 10M 和 100M 以太网的协议、帧格式，以保持其向下的兼容性。随着越来越多的人使用 100M 以太网，越来越多的业务负荷在骨干网上承载，千兆以太网因而成功地被广泛应用。

千兆以太网使用与 IEEE 802.3 定义的 10M/100M 以太网一致的 CSMA/CD 和 MAC 层协议，与 10BASE-T 和 100BASE-T 技术兼容。千兆以太网主要用于连接核心服务器和高速局域网交换机，在半双工方式下使用 CSMA/CD 协议。

千兆以太网协议定义了以下 4 种物理层标准：

第一，1000BASE-LX。较长波长的光纤，支持 550 m 长的多模光纤（62.5 μm 或 50 μm）或 5 km 长的单模光纤（10 μm），波长范围为 1270~1355 nm。

第二，1000BASE-SX。较短波长的光纤，支持 275 m 长的多模光纤（62.5 μm）或 550 m 长的多模光纤（50 μm），波长范围为 770~860 nm。

第三，1000BASE-CX。支持 25 m 长的短距离屏蔽双绞线，主要用于单个房间内或机架内的端口连接。

第四，1000BASE-T。支持 4 对 100 m 长的 UTP-5 类线缆，每对线缆传输 250 Mbit/s 数据。

三、万兆以太网

最初，万兆以太网主要应用于大容量的以太网交换机间的高速互联，随着 Internet 的快速发展和带宽需求的增长，万兆以太网已经应用于整个网络，包括应用服务器、骨干网和校园网。它使得 ISP 和 NSP 能够以一种廉价的方式提供高速的服务。

10 吉比特以太网与 10 Mbit/s、100 Mbit/s 和 1 Gbit/s 以太网的帧格式完全相同，保留了 802.3 标准规定的以太网最小和最大帧长，便于升级，不再使用铜线而只使用光纤作为传输媒体，传输距离从 300 m 一直到 40 km。

10 吉比特以太网只工作在全双工方式，因此没有争用问题，也不使用 CSMA/CD 协议。

10 吉比特以太网技术的应用，使得以太网技术从局域网，推广到城域网和广域网，实现了远距离的端到端的以太网传输。用于广域网时，其物理层的数据率为 9.953 28 Gbit/s，这是为了和所谓的“Gbit/s”的 SONET/SDH（OC-192/STM-64）相连接。

第五章　广域网技术

广域网由一些结点交换机以及连接这些交换机的链路组成，这些链路一般采用光纤线路或点对点的卫星链路等高速链路，其距离没有限制。结点交换机的交换方式采用报文分组的存储转发方式，而且为了提高网络的可靠性，结点交换机同时与多个结点交换机相连，目的是给某两个结点交换机之间提供多条冗余的链路，这样当某个结点交换机或线路出现问题时不至于影响整个网络运行。在广域网内，这些结点交换机和它们之间的链路由电信部门提供，网络由多个部门或多个国家联合组建而成，并且网络的规模很大，能实现整个网络范围内的资源共享。另外，从体系结构上看，局域网与广域网的差别也很大，局域网的体系结构中主要层次有物理层和数据链路层两层，而广域网目前主要采用 TCP/IP 体系结构，所以它的主要层次是网络接口层、网络层、运输层和应用层，其中网络层的路由选择问题是广域网首先要解决的问题。在现实世界中，广域网往往由很多不同类型的网络互联而成。如果仅是把几个网络在物理上连接在一起，它们之间如果不能进行通信的话，那么这种“互联”并没有实际意义。因为通常在谈到“互联”时，就已经暗示这些相互连接的计算机是可以进行通信的。本章主要介绍窄带数据通信网、宽带综合业务网、宽带 IP 网和 DDN 网络。

第一节　广域网的基本概念

一、广域网简介

当主机之间的距离较远时，例如，相隔几十或几百公里，甚至几千公里，局域网显然就无法完成主机之间的通信任务。这时就需要另一种结构的网络，即广域网。广域网（Wide Area Network）是以信息传输为主要目的的数据通信网，是进行网络互联的中间媒介。由于广域网能连接多个城市或国家，并能实现远距离通信，因而又称为远程网。广域网与局域网之间，既有区别，又有联系。

对于局域网，人们更多关注的是如何根据应用需求来规划、建立和应用，强调的是资源共享；对于广域网，侧重的是网络能够提供什么样的数据传输业务，以及用户如何接入网络等，强调的是数据传输。由于广域网的体系结构不同，广域网与局域网的应用领域也不同。广域网具有传输媒体多样化、连接多样化、结构多样化、服务多样化的特点，广域网技术及其管理都很复杂。

广域网的特点：

（1）对接入的主机数量和主机之间的距离没有限制。

（2）大多使用电信系统的公用数据通信线路作为传输介质。

（3）通信方式为点到点通信，在通信的两台主机之间存在多条数据传输通路。

广域网和局域网的区别：

①广域网不限制接入的计算机数量且大多使用电信系统的远程公用数据通信线路作为传输介质，因此可以跨越很大的地理范围。局域网使用专用的传输介质，因此通常局限在一个比较小的地理范围内。

②广域网可连接任意多台计算机，局域网则限制接入的计算机的数量。

③广域网的通信方式一般为点到点方式，而局域网的通信方式大多是广播方式。

二、广域网组成与分类

与局域网相似，广域网也由通信子网和资源子网（通信干线、分组交换机）组成。

广域网中包含很多用来运行系统程序、用户应用程序的主机（Host），如服务器、路由器、网络智能终端等。其通信子网工作在 OSI/RM 的下 3 层，OSI/RM 高层的功能由资源子网完成。

广域网由一些节点交换机以及连接这些交换机的链路组成。节点交换机执行将分组转发的功能。节点之间都是点到点连接，但为了提高网络的可靠性，通常一个结点交换机往往与多个节点交换机相连。受经济条件的限制，广域网都不使用局域网普遍采用的多点接入技术。从层次上考虑，广域网和局域网的区别也很大，因为局域网使用的协议主要在数据链路层（还有少量的物理层的内容），而广域网使用的协议在网络层。广域网中存在的一个重要问题就是路由选择和分组转发。

然而，广域网并没有严格的定义。通常广域网是指覆盖范围很广（远远超过一个城市的范围）的长距离网络。由于广域网的造价较高，一般都是由国家或较大的电信公司出资建造。广域网是互联网的核心部分，其任务就是通过长距离（如跨越不同的国家）运送主机所发送的数据。连接广域网各节点交换机的链路都是高速链路，其可以是几千公里的光缆线路，也可以是几万公里的点对点卫星链路。因此，广域网首先要考虑的问题就是它的通信容量必须足够大，以便支持日益增长的通信量。

广域网和局域网都是互联网的重要组成构件。尽管它们的价格和作用距离相差很远，但从互联网的角度来看，广域网和局域网却都是平等的。这里的一个关键就是广域网和局域网有一个共同点：连接在一个广域网或一个局域网上的主机在该网内进行通信时，只需要使用其网络的物理地址即可。

根据传输网络归属的不同，广域网可以分为公共 WAN 和专用 WAN 两大类。公共 WAN 一般由政府电信部门组建、管理和控制，网络内的传输和交换装置可以租用给任何部门和单位使用。专用 WAN 是由一个组织或团队自己建立、控制、维护并为其服务的私有网络。专用 WAN 还可以通过租用公共 WAN 或其他专用 WAN 的线路来建立。专用 WAN 的建立和维护成本要比公共 WAN 大。但对于特别重视安全和数据传输控制的公司，拥有专用 WAN 是实现高水平服务的保障。

根据采用的传输技术的不同，广域网可以分为电话交换网、分组交换广域网和同步光纤网络三类。广域网主要由交换结点和公用数据网（PDN）所组成。如果按公用数据网划分，有 PSTN、ISDN、X. 25、DDN、FR、ATM 等。按交换结点相互连接的方式进行划分，可分为以下 3 种类型。

（一）线路交换网

线路交换网即电路交换网，是面向连接的交换网络。

（1）公用交换电话网（PSTN）：也常被称为“电话网”，是人们打电话时所依赖的传输和交换网络，是数字交换和电话交换两种技术的结合。

（2）综合业务数据网（ISDN）：是以电话综合数字网（IDN）为基础发展起来的通信网，是由国际电报和电话顾问委员会（CCITT）和各国的标准化组织开发的一组标准。ISDN 的主要目标就是提供适合于声音和非声音的综合通信系统来代替模拟电话系统。

1984 年 10 月 CCITT 给出了 ISDN 的定义：“ISDN 是由综合数字电话网发展起来的一个网络，它提供端到端的数字连接以支持广泛的服务，包括声音和非声音的，用户的访问是通过少量、多用途的用户网络标准实现的。”

ISDN 的发展分为两个阶段：第一代为窄带综合业务数字网（N-ISDN），第二代为宽带综合业务数字网（B-ISDN）。

N-ISDN 基于有限的特定带宽，B-ISDN 基于 ATM 异步传输模式的综合业务数字网，它的最高速率是 N-ISDN 的 100 倍以上。

（二）专用线路网

专用线路数据网是通过电信运营商在通信双方之间建立的永久性专用线路，适合于有固定速率的高通信量网络环境。目前最流行的专用线路类型是 DDN。

（三）分组交换网

分组交换数据网（PSDN）是一种以分组为基本数据单元进行数据交换的通信网络。PSDN 诞生于 20 世纪 70 年代，是最早被广泛应用的广域网技术，著名的 ARPAnet 就是使用分组交换技术组建的。通过公用分组交换数据网不仅可以将相距很远的局域网互联起来，也可以实现单机接入网络。它采用分组交换（包交换）传输技术，是一种包交换的公共数据网。典型的分组交换网有 X. 25 网、帧中继网、ATM 等。

三、广域网提供的服务

为了适应广域网的特点，广域网提供了面向连接的服务模式和面向无连接的服务模式。

（1）面向连接的服务模式（虚电路服务）：好比电话系统，进行数据传输之前要建立连接，然后方可进行数据传输。

（2）面向无连接的服务模式（数据报服务）：好比邮政系统，每个数据分组带有完整的目的地址，经由系统选择的不同路径独立进行传输。

上述两种服务模式各有所长。在实际应用中，对信道数据传输质量较好、实时性要求不高的应用，采用面向无连接的服务模式较好；相反，则采用面向连接的服务模式较好。

对应于两种不同的数据传输模式，广域网提供了虚电路和数据报两种不同的组网方式。

从层次上看，广域网中的最高层就是网络层。网络层为接在网络上的主机所提供的服务可以有两大类，即无连接的网络服务和面向连接的网络服务。这两种服务的具体实现就是通常所谓的数据报服务和虚电路服务。

四、广域网的发展

早期的广域网主要用于大型计算机的互联。用户终端接入到本地计算机系统，本地计算机系统再接入广域网中。随着 Internet 技术的发展，大量的广域网形成了 Internet 的宽带、核心交换平台，再通过城域网接入大量的局域网，构成新的层次型网络结构。此时，广域网研究的重点是保证服务质量（Quality of Service，QoS）的宽带核心交换技术。广域网技术的发展趋势是用于构成广域网的主要通信技术与网络类型。

在广域网的发展过程中，用于构成广域网的网络类型主要有：

（1）公共电话交换网、综合业务数字网、ATM 网。

（2）X. 25 网、帧中继网。

（3）光以太技术。

（一）公共电话交换网

早期，人们利用电话交换网（Public Switching Telephone Network，PSTN）的模拟信道，使用调制解调器（Modem）这种设备，通过拨号建立结点之间的线路连接的网络，完成计算机之间的低速数据通信。

（二）X. 25 网与帧中继网

1972 年，X. 25 网问世。X. 25 网是典型的分组交换网。由于 X. 25 研究初期的通信线路不好，传输速率低与误码率高，X. 25 协议要采取各种措施解决通信质量问题。因此 X. 25 协议结构复杂、协议运行的效率不高。随着光纤的大规模应用，X. 25 网的缺点越来越明显。

1991 年，帧中继网（Frame Replay，FR）出现。帧中继网用光纤替代了传统电缆，因此帧中继网中简化了 X. 25 网络的协议。

帧中继网的设计目标主要是针对局域网之间的互联。它采用面向连接的方式，以合理的数据传输速率与低廉的价格为用户提供数据通信服务。由于帧中继网可以为用户提供一个“虚拟租用线路”，并且只有该用户可以使用这条“专线”，又引出了虚拟专用网络（Virtual Private Network，VPN）的概念。

（三）综合业务数字网

CCITT 提出将语音、数据、图像等业务综合在一个网中，即综合业务数字网（Integrated Service Digital Network，ISDN）。ISDN 的主要目标：提供支持各种通信服务的数字通信网络，在不同国家采用相同标准；为通信网络之间的数字传输提供标准；提供一个标准的用户接口，使通信网络内部变化对终端用户透明。

随着光纤、多媒体等技术的发展，人们对数据传输速率的要求越来越高。在 ISDN 标准还没有制定完成时，人们又提出了一种新型的宽带综合业务数据网（Broadband-ISND，B-ISDN），目标是将语音、数据、静态与动态图像的传输综合于一个通信网中，覆盖从低传输速率到高传输速率的各种实时、非实时与突发性的要求。

由于传统的线路交换与分组交换都很难胜任这种综合数据业务的需要，因此 B-ISDN 传输网选择了 ATM 技术。

（四）ATM 网

异步传输模式（Asynchronous Transfer Mode，ATM）是一种分组交换技术。

ATM 采用信元（Cell）作为数据传输单元，信元是数据链路层的协议数据服务单元，具有固定的长度的格式。ATM 以统计时分多路复用方式动态分配带宽，能适应实时通信的要求。ATM 没有链路之间的差错与流量控制，协议简单、数据交换效率高。ATM 的传输速率为 155 Mbit/s~2.4 Gbit/s。

第二节　窄带数据通信网

一、基本概念

将网络接入速度为 64 kbit/s 及其以下的网络接入方式称为“窄带”，相对于宽带而言窄带的缺点是接入速度慢传输速率低，很多互联网应用无法在窄带环境下进行，如在线电影、网络游戏、高清晰的视频及语音聊天等，当然更无法下载较大文件。拨号上网是最常见的一种窄带。在通信系统中，窄带系统是指已调波信号的有效带宽比其所在的载频或中心频率要小得多的信道，即 B<f0。

窄带数据通信网主要又分为公用分组交换网 X.25 和帧中继网络，具体在下文讲述。

二、公用分组交换网 X.25

X.25 网就是 X.25 分组交换网，它是在 20 多年前根据 CCITT（即现在的 ITU-T）的 X.25 建议书实现的计算机网络。X.25 网在推动分组交换网的发展中曾做出了很大的贡献。但是，现在已经有了性能更好的网络来代替它，如帧中继网或 ATM 网。

X.25 只是一个对公用分组交换网接口的规约。X.25 所讨论的都是以面向连接的虚电路服务为基础。

DTE 与 DCE 的接口实际上也就是 DTE 和公用分组交换网的接口。由于 DCE 通常是用户设施，因此可将 DCE 画在网络外面。

X.25 分组交换网和以 IP 协议为基础的因特网在设计思想上有着根本的差别。因特网是无连接的，只提供尽最大努力交付的数据报服务，无服务质量可言；而 X.25 网是面向连接的，能够提供可靠交付的虚电路服务，能保证服务质量。正因为 X.25 网能保证服务质量，在 20 多年前它曾经是颇受欢迎的一种计算机网络。

大家知道，在20多年前，计算机的价格很贵，许多用户只用得起廉价的终端（连硬盘都没有）。当时通信线路的传输质量一般都较差，误码率较高。X.25网的设计思路是将智能做在网络内。X.25网在每两个结点之间的传输都使用带有编号和确认机制的HDLC协议，而网络层使用具有流量控制的虚电路机制，可以向用户的终端提供可靠交付的服务。但是到了20世纪90年代，情况就发生了很大的变化。通信主干线路已大量使用光纤技术，数据传输质量大大提高使得误码率降低好几个数量级，而X.25十分复杂的数据链路层协议和分组层协议已成为多余的。PC机的价格急剧下降使得无硬盘的哑终端退出了通信市场。这正好符合因特网当初的设计思想：网络应尽量简单而智能应尽可能放在网络以外的用户端。虽然因特网只提供尽最大努力交付的服务，但具有足够智能的用户PC机完全可以实现差错控制和流量控制，因而因特网仍能向用户提供端到端的可靠交付。

这样，到了20世纪末，无连接的、提供数据报服务的因特网最终演变成为全世界最大的计算机网络，而X.25分组交换网却退出了历史舞台。

值得注意的是，当利用现有的一些X.25网来支持因特网的服务时，X.25网就表现为数据链路层的链路。

三、帧中继

帧中继（Frame Relay，FR）又称快速分组交换，它是在分组交换数据网（PSDN）的基础上发展起来的、在综合业务数字网（ISDN）标准化过程中一项最重要的革新技术，是在数字光纤传输线路逐渐代替原有的模拟线路、用户终端日益智能化的情况下，由X.25分组交换网发展起来的一种快速分组交换网。

（一）帧中继的工作原理

在20世纪80年代后期，许多应用都迫切要求增加分组交换服务的速率，然而X.25网络的体系结构并不适合于高速交换。因而需要研制一种支持高速交换的网络体系结构，帧中继FR（Frame Relay）就是为这一目的而提出的。帧中继在许多方面非常类似于X.25，它被称为第二代的X.25，在1992年帧中继问世后不久就得到了很大的发展。

在X.25网络发展初期，网络传输设施基本是借用了模拟电话线路，这种线路非常容易受到噪声的干扰而产生误码。为了确保传输无差错，X.25在每个结点都需要做大量的处理。例如，X.25的数据链路层协议LAPB保证了帧在结点间无差错传输。在网络中的每一个结点，只有当收到的帧已进行了正确性检查后，才将它交付给第3层协议。对于经历多个网络结点的帧，这种处理帧的方法会导致较长的时延。除了数据链路层的开销，分组层协议为确保在每个逻辑信道上按序正确传送，还要有一些处理开销。在一个典型的X.25网络中，分组在传输过程中在每个结点大约有30次的差错检查或其他处理步骤。

今天的数字光纤网比早期的电话网具有低得多的误码率，因此，我们完全可以简化X.25的某些差错控制过程。如果减少结点对每个分组的处理时间，则各分组通过网络的时延亦可减少，同时结点对分组的处理能力也就增大了。

帧中继就是一种减少结点处理时间的技术。帧中继的原理很简单，当帧中继交换机收到一个帧的首部时，只要一查出帧的目的地址就立即开始转发该帧。因此在帧中继网络中，一个帧的处理时间比X.25网约减少一个数量级。这样，帧中继网络的吞吐量要比

X.25 网络的提高一个数量级以上。

那么若出现差错该如何处理呢？显然，只有当整个帧被收下后该结点才能够检测到比特差错。但是当结点检测出差错时，很可能该帧的大部分已经转发出去了。

解决这一问题的方法实际上非常简单。当检测到有误码时，结点要立即中止这次传输。当中止传输的指示到达下个结点后，下个结点也立即中止该帧的传输，并丢弃该帧。即使上述出错的帧已到达了目的结点，用这种丢弃出错帧的方法也不会引起不可弥补的损失。不管是上述的哪一种情况，源站将用高层协议请求重传该帧。帧中继网络纠正一个比特差错所用的时间当然要比 X.25 网分组交换网稍多一些。因此，仅当帧中继网络本身的误码率非常低时，帧中继技术才是可行的。

帧中继采用了两种关键技术，即“虚拟租用线路”和“流水线”技术，从而使帧中继能够面向需要高带宽、低费用、额外开销低的用户群，而得到广泛应用。

在物理实现上，帧中继网络由用户设备与网络交换设备组成。

FR 交换机是帧中继网络的核心，其功能作用类似于以太网交换机，都是在数据链路层完成对帧的传送。帧中继网络中的用户设备负责把数据帧送到帧中继网络。

当正在接收一个帧时就转发此帧，通常被称为快速分组交换（Fast Packet Switching）。快速分组交换在实现的技术上有两大类，它是根据网络中传送的帧长是可变的还是固定的来划分。在快速分组交换中，当帧长为可变时就是帧中继；当帧长为固定时（这时每一个帧叫作一个信元）就是信元中继（Cell Relay），像异步传递方式 ATM 就属于信元中继。

帧中继的数据链路层也没有流量控制能力。帧中继的流量控制由高层来完成。

帧中继的呼叫控制信令是在与用户数据分开的另一个逻辑连接上传送的（即共路信令或带外信令），这点和 X.25 很不相同。X.25 使用带内信令，即呼叫控制分组与用户数据分组都在同一条虚电路上传送。

帧中继的逻辑连接的复用和交换都在第二层处理，而不是像 X.25 在第三层处理。

帧中继网络向上提供面向连接的虚电路服务。虚电路一般分为交换虚电路 SVC 和永久虚电路 PVC 两种，但帧中继网络通常为相隔较远的一些局域网提供链路层的永久虚电路服务。永久虚电路的好处是在通信时可省去建立连接的过程。

下面是帧中继网络的工作过程。

当用户在局域网上传送的 MAC 帧传到与帧中继网络相连接的路由器时，该路由器就剥去 MAC 帧的首部，将 IP 数据报交给路由器的网络层。网络层再将 IP 数据报传给帧中继接口卡。帧中继接口卡将 IP 数据报加以封装，加上帧中继帧的首部（其中包括帧中继的虚电路号），进行 CRC 检验和加上帧中继帧的尾部。然后帧中继接口卡将封装好的帧通过向电信公司租来的专线发送给帧中继网络中的帧中继交换机。帧中继交换机在收到一个帧时，就按虚电路号对帧进行转发（若检查出有差错则丢弃）。当这个帧被转发到虚电路的终点路由器时，该路由器剥去帧中继帧的首部和尾部，加上局域网的首部和尾部，交付给连接在此局域网上的目的主机。目的主机若发现有差错，则报告上层的 TCP 协议处理。

用户通过帧中继用户接入电路（User Access Circuit）连接到帧中继网络，常用的用户接入电路的速率是 64 kbit/s 和 2.048 Mbit/s（或 T1 速率 1.544 Mbit/s）。理论上也可使用 T3 或 E3 的速率。帧中继用户接入电路又称为用户网络接口 UNI（User-to-Network Interface）。UNI 有两个端口。在用户的一侧叫作用户接入端口（User Access Port），而在帧中继网络一侧的叫作网络接入端口（Network Access Port）。用户接入端口就是在用户屋内设备CPE（Customer Premises E-quipment）中的一个物理端口（例如，一个路由器端口）。一个UNI中可以有一条或多条虚电路（永久的或交换的）。

帧中继网的功能特点：

（1）误码率低：采用光纤作为传输介质，将分组交换机之间的恢复差错、防止拥塞的处理过程简化，使数据传输误码率大大降低。

（2）效率高：帧中继将分组通信的三层协议简化为两层，大大缩短了处理时间，提高了效率。

（3）适合多媒体传输：帧中继以帧为单位进行数据交换，特别适合于作为网间数据传输单元，适用于多媒体信息的传输。

（4）电路利用率高：帧中继采取统计复用方式，因而提高了电路利用率，能适应突发性业务的需要。

（5）连接性能好：帧中继网是由许多帧中继交换机通过中继电路连接组成的通信网络，可为各种网络提供快速、稳定的连接。

（二）帧中继的帧格式

这种格式与HDLC帧格式类似，其最主要的区别是没有控制字段。这是因为帧中继的逻辑连接只能携带用户的数据，并且没有帧的序号，也不能进行流量控制和差错控制。

下面简单介绍其各字段的作用。

（1）标志：是一个01111110的比特序列，用于指示一个帧的起始和结束。它的唯一性是通过比特填充法来确保的。

（2）信息：是长度可变的用户数据。

（3）帧检验序列：包括2 B的CRC检验。当检测出差错时，就将此帧丢弃。

（4）地址：一般为2 B，但也可扩展为3 B或4 B。

地址字段中的几个重要部分是：

①数据链路连接标识符（DLCI）。DLCI字段的长度一般为10 bit（采用默认值2 B地址字段），但也可扩展为16 bit（用3字节地址字段），或23 bit（用4字节地址字段），这取决于扩展地址字段的值。DLCI的值用于标识永久虚电路（PVC）、呼叫控制或管理信息。

②前向显式拥塞通知（Forward Explicit Congestion Notification，FECN）。若某结点将FECN置为1，表明与该帧在同方向传输的帧可能受网络拥塞的影响而产生时延。

③反向显式拥塞通知（Backward Explicit Congestion Notification，BECN）。若某结点将BECN置为1即指示接收者，与该帧反方向传输的帧可能受网络拥塞的影响产生时延。

④可丢弃指示（Discard Eligibility，DE）。在网络发生拥塞时，为了维持网络的服务水平就必须丢弃一些帧。显然，网络应当先丢弃一些相对比较不重要的帧。帧的重要性体现在DE比特。DE比特为1的帧表明这是较为不重要的低优先级帧，在必要时可丢弃；而DE =0的帧为高优先级帧，希望网络尽可能不要丢弃这类帧。用户采用DE比特就可以比通常允许的情况多发送一些帧，并将这些帧的DE比特置1（表明这是较为次要的帧）。

应当注意：数据链路连接标识符DLCI只具有本地意义。在一个帧中继的连接中，在连接两端的用户网络接口UNI上所使用的两个DLCI是各自独立选取的。帧中继可同时将多条不同DLCI的逻辑信道复用在一条物理信道中。

（三）帧中继的服务

帧中继是一个简单的面向连接的虚电路分组业务，它既提供交换虚电路（PVC），也提供永久虚电路（SVC）。帧中继允许用户以高于约定传输速率的速率发送数据，而不必承担额外费用。帧中继可适用于以下情况：

（1）在用户通信所需带宽要求为64 kbit/s~2 Mbit/s且参与通信的多于两个。

（2）通信距离较长，应优先选用帧中继。

（3）数据业务量为突发性的，由于帧中继具有动态分配带宽的能力，选用帧中继可以有效处理。

帧中继适合于远距离或突发性的数据传输，特别适用于局域网之间互联。

若用户需要接入帧中继网，则可以根据用户的网络类型选择适合的组网方式。

①局域网接入：用户接入帧中继网络一般通过FRAD设备，FRAD设备指支持帧中继的主机、网桥、路由器等。

②终端接入：终端通常是指PC或大型主机，大部分终端通过FRAD设备接入帧中继网络。如果是具有标准UNI（用户网络接口）的终端，例如具有PPP、SNA或X. 25协议的终端，则可作为帧中继终端直接接入帧中继网络。帧中继终端或FRAD设备可以采用直通用户电路接入到帧中继网络，也可采用电话交换电路或ISDN交换电路接入帧中继网络。

③专用帧中继网接入：用户专用帧中继网接入公用帧中继网时，通常将专用网中的规程接入公用帧中继网。

帧中继网的应用十分广泛，但主要用在公共或专用网上的局域网互联以及广域网连接。局域网互联是帧中继最典型的一种应用，在世界上已经建成的帧中继网中，其用户数量占90%以上。帧中继网络可以将几个结点划分为一个分区，并可设置相对独立的网络管理机构对分区内的各种资源进行管理。帧中继可以为医疗、金融机构提供图像、图表的传送业务。在不久的将来，“帧中继电话”将被越来越多的企业所采用。

第三节　宽带综合业务网

一、综合业务网

众所周知，通信网的两个重要组成部分是传输系统和交换系统。当一种网络的传输系统和交换系统都采用数字系统时，就称为综合数字网（Integrated Digital Network，IDN）。这里的“综合”是指将“数字链路”和“数字结点”合在一个网络中。如果将各种不同的业务信息经数字化后都在同一个网络中传送，这就是综合业务数字网（Integrated

Services Digital Network，ISDN）。这里的“综合”既指“综合业务”，也指“综合数字网”。

ISDN 的提出最早为了综合电信网的多种业务网络。由于传统通信网是业务需求推动的，所以各个业务网络如电话网、电报网和数据通信网等各自独立的运营机制各异，这样对网络运营商而言运营、管理、维护复杂，资源浪费；对用户而言，业务申请手续复杂、使用不便、成本高；同时对整个通信的发展来说，这种异构体系对未来发展适应性极差。于是将话音、数据、图像等各种业务综合在统一的网络内成为一种必然，这就是综合业务数字网（Integrated Services Digital Network）的提出由来。

综合业务数字网（ISDN）是综合数字网的延伸，该标准的提出打破了传统的电信网和数据网之间的界限，并使得各种用户的各种业务需求能得以实现；另一个突出特点是它不是从业务网络本身去寻求统一。抓住了所有这些业务的本质：服务于用户，即改变了以往按业务组网的方式，从用户的观点去设计标准，设计整个网络，避免了网络资源和号码资源的大量浪费。为了进一步适应人们对各种宽带和可变速率业务需要（包括话音、数据、多媒体、宽带视频广播等各种业务），又提出了 B-ISDN（宽带综合业务数字网），并称原来的综合业务数字网为 N-ISDN（窄带综合业务数字网）。为了克服 N-ISDN 的固有局限性，B-ISDN 不再维护原有的电话网和数据网体系，提出了全新的传输和交换技术，快速分组交换的 ATM 技术作为核心技术。但是由于市场和技术原因，ATM 技术不仅仅为 B-ISDN 服务而与现有 N-ISDN 系统共同成为用户话音、数据及多媒体等业务的承载技术。所以，我们将陆续地分别介绍 ISDN 和 ATM 的基本概念，并就其相互关系进行探讨。

1984 年 CCITT 通过了 I 系列建议书，对综合业务数字网 ISDN 的定义为：“ISDN 是由电话 IDN 发展起来的一个网络，它提供端到端的数字连接以支持广泛的服务，包括声音和非声音的，用户的接入是通过有限的多用途用户网络接口标准实现的。”

ISDN 定义强调的要点是：

（1）ISDN 是以电话 IDN 为基础发展起来的通信网。

（2）ISDN 支持各种电话和非电话业务，包括话音、数据传输、可视图文、智能用户电报、遥测和告警等业务。

（3）提供开放的标准接口。

（4）用户通过端到端的共路信令，实现灵活的智能控制。

二、B-ISDN

N-ISDN 能够提供 2 Mbit/s 以下数字综合业务，具有较好的经济和实用价值。但在当时（即 20 世纪 80 年代），鉴于技术能力与业务需求的限制，N-ISDN 存在以下局限性：

（1）信息传送速率有限，用户—网络接口速率局限于 2048 kbit/s 或 1544 kbit/s 以内，无法实现电视业务和高速数据业务，难以提供更新的业务。

（2）其基础是 IDN，所支持的业务主要是 64 kbit/s 的电路交换业务，对技术发展的适应性很差。例如，如果信源编码使得话音传输速率低于 64 kbit/s，由于网络本身传输和交换的基本单位是 64 kbit/s，故网络分配的资源仍为 64 kbit/s，使用先进的信源编码技术也无法提高网络资源的利用率。

（3）N-ISDN 的综合是不完全的。虽然它综合了分组交换业务，但这种综合只是在用户入网接口上实现，在网络内部仍由分开的电路交换和分组交换实体来提供不同的业务。即在交换和传输层次，并没有很好地利用分组业务对于不同速率、变比特率业务灵活支持的特性。

（4）N-ISDN 只能支持话音及低速的非话音业务，不能支持不同传输要求的多媒体业务，同时整个网络的管理和控制是基于电路交换的，使得其功能简单，无法适应宽带业务的要求。

所以需要一种以高效、高质量支持各种业务的，不由现有网络演变而成，采用崭新的传输方式、交换方式、用户接入方式以及网络协议的宽带通信网，以提供高于 PCM 一次群速率的传输信道，能够适应从速率最低的遥测遥控（十几比特每秒到几十比特每秒），到高清晰度电视 HDTV（100~150 Mbit/s）的宽带信息检索业务，都以同样的方式在网络中传送和交换，共享网络资源。同时与提供同样业务的其他网络相比，它的生产、运行和维护费用都比较低廉，当时 CCITT 将这种网络定名为宽带 ISDN 或称 B-ISDN。

要形成 B-ISDN，其技术的核心是高效的传输、交换和复用技术。人们在研究分析了各种电路交换和分组交换技术之后，认为快速分组交换是唯一可行的技术。国际电联（ITU-T）于 1988 年把它正式命名为 ATM（Asynchronous Transfer Mode），并推荐为 B-ISDN 的信息传递模式，称为“异步传递方式”。ITU-T 在 I. 113 建议中定义：ATM 是一种传递模式，在这一模式中，信息被组成信元（Cell）；“异步”是指发时钟和收时钟之间容许“异步运行”，其差别用插入/取消信元的方式去调整；“传递模式”是指信息在网络中包括了传输和交换两种方式。

三、ATM 网简介

现有的电路交换和分组交换在实现宽带高速的交换任务时，都表现有一些缺点。

对于电路交换，当数据的传输速率及其突发性变化非常大时，交换的控制就变得十分复杂。对于分组交换，当数据传输速率很高时，协议数据单元在各层的处理成为很大的开销，无法满足实时性很强的业务的时延要求。特别是基于 IP 的分组交换网不能保证服务质量。

但电路交换的实时性和服务质量都很好而分组交换的灵活性很好，因此，人们曾经设想过“未来最理想的”一种网络应当是宽带综合业务数字网（B-ISDN）。它采用另一种新的交换技术，这种技术结合了电路交换和分组交换的优点。虽然在今天看来 B-ISDN 并没有成功，但 ATM 技术还是获得了相当广泛的应用，并在因特网的发展中起到了重要的作用。

人们习惯上把电信网分为传输、复用、交换、终端等几个部分，其中除终端以外的传输、复用和交换三个部分合起来统称为传递方式（也叫转移模式）。目前应用的传递方式可分为两种：

（1）同步传递方式（STM）：主要特征是采用时分复用，各路信号都是按一定时间间隔周期性出现，接收端可根据时间（或者说靠位置）识别每路信号。

（2）异步传递方式（ATM）：采用统计时分复用，各路信号不是按照一定时间间隔周期性地出现，接收端要根据标志识别每路信号。

ATM 是一种传递模式，在这种模式中，信息被分成信元来传递，而包含同一用户信息的信元不需要在传输链路上周期性地出现。因此这种传递模式是异步的。从这个意义上来看，ATM 采用统计时分复用，各路信号不是按照一定时间间隔周期性地出现，要根据标志识别每路信号。这种转移模式是异步的（统计时分复用也叫异步时分复用）。

四、ATM 基本概念与协议模型

（一）ATM 的基本概念

异步传递方式（Asynchronous Transfer Mode，ATM）就是建立在电路交换和分组交换的基础上的一种面向连接的快速分组交换技术，它采用定长分组作为传输和交换的单位。在 ATM 中这种定长分组叫作信元（Cell）。

我们知道，SDH 传送的同步比特流被划分为一个个固定时间长度的帧（请注意，这是时分复用的时间帧，而不是数据链路层的帧）。当用户的 ATM 信元需要传送时，就可插入到 SDH 的一个帧中，但每一个用户发送的信元在每一帧中的相对位置并不是固定不变的。如果用户有很多信元要发送，就可以接连不断地发送出去。只要 SDH 的帧有空位置就可以将这些信元插入进来。也就是说，ATM 名词中的“异步”是指将 ATM 信元“异步插入”到同步的 SDH 比特流中。

如果是使用同步插入（即同步时分复用），则用户在每一帧中所占据的时隙的相对位置是固定不变的，即用户只能周期性地占用每一个帧中分配给自己的固定时隙（一个时隙可以是一个或多个字节），而不能再使用其他的已分配给别人的空闲时隙。

ATM 的主要优点如下：

（1）选择固定长度的短信元作为信息传输的单位，有利于宽带高速交换。信元长度为 53 B，其首部（可简称为信头）为 5 B。长度固定的首部可使 ATM 交换机的功能尽量简化，只用硬件电路就可对信元进行处理，因而缩短了每一个信元的处理时间。在传输实时话音或视频业务时，短的信元有利于减小时延，也节约了结点交换机为存储信元所需的存储空间。

（2）能支持不同速率的各种业务。ATM 允许终端有足够多比特时就去利用信道，从而取得灵活的带宽共享。来自各终端的数字流在链路控制器中形成完整的信元后，即按先到先服务的规则，经统计复用器，以统一的传输速率将信元插入一个空闲时隙内。链路控制器调节信息源进网的速率。不同类型的服务都可复用在一起，高速率信源就占有较多的时隙。交换设备只需按网络最大速率来设置，它与用户设备的特性无关。

（3）所有信息在最低层是以面向连接的方式传送，保持了电路交换在保证实时性和服务质量方面的优点。但对用户来说，ATM 既可工作于确定方式（即承载某种业务的信元基本上周期性地出现），以支持实时型业务；也可以工作于统计方式（即信元不规则地出现），以支持突发型业务。

（4）ATM 使用光纤信道传输。由于光纤信道的误码率极低，且容量很大，因此在 ATM 网内不必在数据链路层进行差错控制和流量控制（放在高层处理），因而明显地提高了信元在网络中的传送速率。

ATM 的一个明显缺点就是信元首部的开销太大，即 5 B 的信元首部在整个 53 B 的信元中所占的比例相当大。

由于 ATM 具有上述的许多优点，因此在 ATM 技术出现后，不少人曾认为 ATM 必然成为未来的宽带综合业务数字网 B-ISDN 的基础，但实际上 ATM 只是用在因特网的许多主干网中。ATM 的发展之所以不如当初预期的那样顺利，主要是因为 ATM 的技术复杂且价格较高，同时 ATM 能够直接支持的应用不多。与此同时，无连接的因特网发展非常快，各种应用与因特网的衔接非常好。在 100 Mbit/s 的快速以太网和千兆以太网推向市场后，10 千兆以太网又问世了。这就进一步削弱了 ATM 在因特网高速主干网领域的竞争能力。

一个 ATM 网络包括两种网络元素，即 ATM 端点（Endpoint）和 ATM 交换机。

ATM 端点又称为 ATM 端系统，即在 ATM 网络中能够产生或接收信元的源站或目的站。ATM 端点通过点到点链路与 ATM 交换机相连。

ATM 交换机就是一个快速分组交换机（交换容量高达数百吉比特每秒），其主要构件是交换结构（Switching Fabric）、若干个高速输入端口和输出端口以及必要的缓存。

由于 ATM 标准并不对 ATM 交换机的具体交换结构做出规定，因此现在已经出现了多种类型的 ATM 交换结构。限于篇幅，本书不讨论 ATM 交换机的交换结构的具体实现方法。

最简单的 ATM 网络可以只有一个 ATM 交换机，并通过一些点到点链路与各 ATM 端点相连。较小的 ATM 网络只拥有少量的 ATM 交换机，一般都连接成网格状网络以获得较好的连通性。大型 ATM 网络则拥有较多数量的 ATM 交换机，并按照分级的结构连成网络。

（二）ATM 的协议参考模型

制定 ATM 标准的最主要的组织机构有 ITU-T 和 ATM 论坛（ATM Forum）［W-ATM］以及 IETF 等。

ATM 的协议参考模型共有三层，大体上与 OSI 的最低两层相当（但无法严格对应）。

1. 物理层

物理层又分为两个子层。靠下面的是物理媒体相关（Physical Medium Dependent）子层，即 PMD 子层。PMD 子层的上面是传输汇聚（Transmission Convergence）子层，即 TC 子层。

（1）PMD 子层。

负责在物理媒体上正确传输和接收比特流。它完成只和媒体相关的功能，如线路编码和解码、比特定时以及光电转换等。对不同的传输媒体 PMD 子层是不同的。可供使用的传输媒体有铜线（UTP 或 STP）、同轴电缆、光纤（单模或多模）或无线信道等。

（2）TC 子层。

实现信元流和比特流的转换，包括速率适配（空闲信元的插入）、信元定界与同步、传输帧的产生与恢复等。在发送时，TC 子层将上面的 ATM 层交下来的信元流转换成比特流，再交给下面的 PMD 子层。在接收时，TC 子层将 PMD 子层交上来的比特流转换成信元流，标记出每一个信元的开始和结束，并交给 ATM 层。TC 子层的存在使得 ATM 层实现了与下面的传输媒体完全无关。典型的 TC 子层就是 SONET/SDH。

2. ATM 层

主要完成交换和复用功能，与传送 ATM 信元的物理媒体或物理层无关。

每一个 ATM 连接都用信元首部中的两级标号来识别。第一级标号是虚通路标识（Virtual Channel Identifier，VCI），第二级标号是虚通道标识符（Virtual Path Identifier，VPI）。一个虚通路（VC）是在两个或两个以上的端点之间的一个运送 ATM 信元的通信通路。一个虚通道（VP）包含有许多相同端点的虚通路，而这许多虚通路都使用同一个虚通道标识符（VPI）。在一个给定的接口，复用在一条链路上的许多不同的虚通道，用它们的虚通道标识符（VPI）来识别。而复用在一个虚通道（VP）中的不同的虚通路，用它们的虚通路标识符（VCI）来识别。

在一个给定的接口上，属于两个不同的 VP 的两个 VC，可以具有相同的 VCI。

ATM 层的功能是：

（1）信元的复用与分用。

（2）信元的 VPI/VCI 转换（就是将一个信元的 VPI/VCI 转换成新的数值）。

（3）信元首部的产生与提取。

（4）流量控制。

3. ATM 适配层

ATM 传送和交换的是 53 B 固定长度的信元。但是上层的应用程序向下层传递的并不是 53 B 长的信元。例如，在因特网的 IP 层传送的是各种长度的 IP 数据报。因此当 IP 数据报需要在 ATM 网络上传送时，就需要有一个接口，它能够将 IP 数据报装入一个个 ATM 信元，然后在 ATM 网络中传送。这个接口就是在 ATM 层上面的 ATM 适配层，记为 AAL（ATM Adaptation Layer）。

AAL 的作用就是增强 ATM 层所提供的服务，并向上面高层提供各种不同的服务。

ITU-T 的 I.362 规定了 AAL 向上提供的服务是：

（1）将用户的应用数据单元（ADU）划分为信元或将信元重装成为应用数据单元（ADU）。

（2）对比特差错进行检测和处理。

（3）处理丢失和错误交付的信元。

（4）流量控制和定时控制。

ITU-T 最初规定了 ATM 网络可向用户提供 4 种类别（Class）的服务，从 A 类到 D 类。服务类别的划分的根据是，比特率是固定的还是可变的，源站和目的站的定时是否需要同步，是面向连接还是无连接。后来 ITU-T 将 AAL 改分为 4 种类型（Type），并且一种类型的 AAL 可支持不止一种类别的服务。随后 ITU-T 发现没有必要划分开类型 3 和类型 4。于是将这两个类型合并，取名类型 3/4。但实践证明需要增加一种新的类型，即类型 5，用来支持各类服务。从目前 ATM 的使用情况来看，AAL5 是受到计算机界普遍欢迎的一个 ATM 适配层。

为了方便，AAL 层又划分为两个子层，即 CS 和 SAR，CS 在上面。

①汇聚子层（Convergence Sublayer，CS）使 ATM 系统可以对不同的应用（如文件传送、点播视像等）提供不同的服务。每一个 AAL 用户通过相应的服务访问点 SAP（即应用程序的地址）接入到 AAL。在 CS 形成的协议数据单元叫作 CS-PDU。

②拆装子层（Segmentation And Reassembly，SAR）在发送时，将 CS 传下来的协议数据单元 CS-PDU 划分成为长度为 48 B 的单元，交给 ATM 层作为信元的有效载荷。在接收

时，SAR 进行相反的操作，将 ATM 层交上来的 48 字节长的有效载荷装配成 CS -PDU。这样，SAR 就使得 ATM 层与上面的应用无关。

需要强调的是，AAL 的功能只能驻留在 ATM 端点之中，而在 ATM 交换机中只有物理层和 ATM 层。

五、ATM 的应用举例——LANE

LANE（LAN Emulation）：局域网仿真或 LAN 仿真。LANE 是 ATM 的一种技术，是为了在 ATM 网络上传递传统的 LAN 帧，由边缘交换机或接入路由器提供的服务。

LANE 功能是仿真通过 ATM 交换机中的 MAC 层实现的，ATM 功能主要在 MAC 层以下进行，对 LLC 逻辑链路控制层及其高层是透明的，所以传统网络中的所有业务及其软硬件均可不加修改地运行在 ATM 网络上。传统局域网站点不需事先建立连接就可以传送数据，LANE 要为参与仿真的站点提供类似的无连接服务。LANE 的主要目的是使已有的 LAN 上的应用能够通过传统协议栈，如 IP、IPX、Netbios、APPN、Apple Talk 等访问 ATM 网络。由于传统局域网上的这些协议栈都是运行在标准的 MAC 驱动器接口，LANE 服务就提供相同的 MAC 驱动器服务原语，以保证网络层协议不需经过修改就能运行。仿真局域网 Emulated LANS：ELAN。在有些环境中，可能需要在一个网络中配置多个分开的域。ELAN 由一组 ATM 附属设备组成，这组设备的逻辑上与以太网 IEEE 802.3 和令牌环网 IEEE 802.5 的局域网网段类似。

在一个 ATM 网络中可以有多个 ELAN。终端设备属于哪个 ELAN 与它的物理位置无关，一个终端设备可以同时属于多个 ELAN。同一个 ATM 网络中的多个 ELAN 在逻辑上是相互独立的。与传统局域网的互联方面，LANE 不仅提供与 ATM 站点的连接，而且提供与传统局域网站点的连接。因此不仅包括有 ATM 站点与 LAN 站点，同时还包括 LAN 站点通过 ATM 站点与 LAN 站点的连接。在这种 MAC 层的 LANE 中仍然可以采用传统的桥接（Bridging）方法。

LANE 协议栈如下：

ATM 局域网仿真位于 AAL 上面。用于 LANE 的 AAL 协议是 AAL5。在网络边缘设备 ATM 至 LAN 交换器中，LANE 为所有协议解决数据联网问题，其办法是把 MAC 层的 LAN 地址和 ATM 地址桥接起来。LANE 完全独立于其上层的协议、服务和应用软件。由于 LAN 仿真过程发生在边缘设备和终端系统上，所以对于 ATM 网以及以太网和令牌环网的主机来说，它是完全透明的。LAN 仿真把基于 MAC 地址的数据联网协议变成 ATM 虚连接，这样，ATM 网络的作用和表现就像无连接的 LAN 一样。LANE 协议的最基本的功能就是将 MAC 地址解析为 ATM 地址。通过这种地址映射，完成 ATM 上的 MAC 桥接协议，从而使 ATM 交换机更好地完成 LAN 交换器的功能。LANE 的目的就是完成地址映射以确保 LANE 站点之间建立连接并传送数据。

（一）ATM LANE

1. ATM LANE 的构成

（1）LANE 客户端。

LEC（LANE Client）：在 ATM 终端系统上仿真以太网或令牌环网结点，至少得绑定一个 MAC 地址，其功能是封装 IP 数据报交给 ATM 网传送，同时转译 ATM 分组，重新组成 IP 数据报。

（2）LANE 服务器。

LES（LANE Server）：提供 MAC 地址得注册和解析手段，响应 LEC 的上述请求，一个 LANE 中只有一个 LES。

（3）LANE 广播和未知服务器。

BUS（Broadcast&. Unknown Server）：仿真传统 LAN 的广播机制，在 LEC 间直接链路建立前单播 LEC 数据，一个 LANE 中只有一个 BUS。

（4）LANE 配置服务器。

LECS（LANE Configuration Server）：维护一个 ATM 网络中多个 LANE 内的 LEC、LES 和 BUS 的配置信息，为每个 LEC 提供其所属 LES 的 ATM 地址。

2. ATM LANE 中的连接

在 LANE 中，实体之间是使用一系列 ATM 连接进行相互通信的。LEC 将这些通信分为两类：数据通信和控制通信。其中数据通信用来传送已封装的 IEEE 802.3 和 IEEE 802.5 帧，而控制通信用来传送类似于 LE-ARP 的请求。虚通道 VCC 组成了 LEC 与其他 LAN 仿真实体如 LECS、LES 和 BUS 之间的连接网络。

（1）配置直接虚通道（Configuration Direct VCC）。这是一个由 LEC 在连接阶段建立的到 LECS 的双向点对点虚通道。该虚通道用来获得配置信息，包括 LES 的地址。

（2）控制直接虚通道（Control Direct VCC）。这是一个由 LEC 在初始化阶段建立的到 LES 的双向虚通道，以传送控制信息。在 LEC 加盟仿真 LAN 期间，必须一直保持这个通道。

3. ATM LANE 中的实现

在初始化时，LEC 必须首先获得自己的 ATM 地址，是通过地址注册过程得到的。然后，LEC 应建立一条到 LECS 的配置直接虚通道（Configure Direct VCC）。为建立这条虚通道，LEC 必须首先知道 LECS 的地址。可通过 3 种方式实现：

（1）向 ATM 交换机发出 ILMI 临时本地管理接口请求以获取连接在 ATM 交换机上的 LECS 的地址。当 LEC 启动时，它将通过 UNI 用户网络接口发送 ILMI 请求，相连的 ATM 交换机应予以应答。

（2）使用 well-known ATM address 来获取 LECS 的 ATM 地址。

（3）使用一个预先定义好的到 LECS 的永久虚连接 VPI=0、VCI=17 来获取 LECS 的 ATM 地址。

（二）数据的传输

在仿真 LAN 中，使用两种路径进行数据传送，建立在两个 LEC 之间的数据直接虚通道和连接 LEC 与 BUS 的组播发送和转发虚通道。

点对点数据传送：LEC 接到要发送或转发的数据后，首先要查找本地表，以确定它是否已经知道目的 LEC 的 ATM 地址。

广播或组播数据传送：LEC 可以向组播 MAC 地址发送或从组播 MAC 地址接收数据。发送或接收广播或组播数据时，同样要用到 BUS。需广播的数据包要先转发给 BUS，再由

BUS将它们转发给所有的LEC。这就是说，源LEC也能够接收到自己的广播或组播数据包。但有些LAN协议不允许这种情况，所以在广播的数据包前要加上LAN仿真头，其中要包含源LEC的标识符（LEC ID），使该LEC根据这个信息过滤从BUS处收到的所有数据包，从而保证源LEC不会接收到自己发送出的数据包。

当LEC加入ELAN时，通过初始化建立与LECS的ATM连接。LEC可通过ILMI查找LECS地址，或使用默认的LECS地址，或利用默认的VPI/VCI（VPI=0、VCI=17），或利用事先约定好的LEC与LECS的PVC完成初始化。LESC向LEC返回操作参数，如LES地址、局域网类型、最大帧长（MTU）等，LEC依此建立与LES的双向连接。

在LEC的加入请求被接收后，LEC向LES提交自身的ATM地址与MAC地址对的信息。LES同时向LEC提供BUS的ATM地址，LEC建立与BUS的双向连接。

LEC发送MAC帧时，会先查看自己保存的ATM MAC地址对信息。如有该信息，则直接建立与目的端的ATM虚连接，否则向LES发送LE-ARP申请，同时通过BUS发送广播的方式来传送数据帧。

当LES返回目的端的ATM地址后，源端建立与目的端的ATM连接并发送数据；如LES没有该地址信息，LEC将继续使用BUS来广播数据。

第四节　宽带IP网络

随着以IP技术为基础的Internet的爆发式发展、用户数量和多媒体应用的迅速增加，人们对带宽的需求不断增长，不仅需要利用网络实现语言、文字和简单图形信息的传输，同时还要进行图像、视频、音频和多媒体等宽带业务的传输，宽带IP网络技术应运而生。

一、基本概念

所谓宽带IP网络是指Internet的交换设备、中继通信线路、用户接入设备和用户终端设备都是宽带的，通常中继带宽为每秒数吉比特至几十吉比特，接入宽带为1100 Mbit/s。在这样一个宽带IP网络上能传送各种音频和多媒体等宽带业务，同时支持当前的窄宽业务，它集成与发展了当前的网络技术、IP技术，并向下一代网络方向发展。

宽带IP网络包含了好几个方面：宽带IP城域网、宽带IP网络的传输技术、宽带IP网络的接入技术、宽带无线网络、网络协议的改进。

（一）宽带IP城域网

宽带IP城域网——是一个以IP和SDH、ATM等技术为基础，集数据、语音、视频服务为一体的高带宽、多功能、多业务接入的城域多媒体通信网络。

宽带IP城域网的特点：①技术多样，采用IP作为核心技术；②基于宽带技术；③接入技术多样化、接入方式灵活；④覆盖面广；⑤强调业务功能和服务质量；⑥投资量大。

宽带IP城域网提供的业务：①话音业务；②数据业务；③图像业务；④多媒体业务；⑤IP电话业务；⑥各种增值业务；⑦智能业务等。

宽带 IP 城域网的结构分为三层：核心层、汇聚层和接入层。宽带 IP 城域网带宽管理有以下两种方法：在分散放置的客户管理系统上对每个用户的接入宽带进行控制；在用户接入点上对用户接入带宽进行控制。

宽带 IP 城域网的 IP 地址规划：公有 IP 地址和私有 IP 地址。公有 IP 地址是接入 Internet 时所使用的全球唯一的 IP 地址，必须向因特网的管理机构申请。私有 IP 地址是仅在机构内部使用的 IP 地址，可以由本机构自行分配，而不需要向因特网的管理机构申请。

（二）宽带传输技术

1. IP over ATM（POA）

IP over ATM 的概念：IP over ATM（POA）是 IP 技术与 ATM 技术的结合，它是在 IP 路由器之间（或路由器与交换机之间）采用 ATM 网进行传输。

（1）IP over ATM 的优点。

①ATM 技术本身能提供 QoS 保证，具有流量控制、带宽管理、拥塞控制功能以及故障恢复能力，这些是 IP 所缺乏的，因而 IP 与 ATM 技术的融合，也使 IP 具有了上述功能，这样既提高了 IP 业务的服务质量，同时又能够保障网络的高可靠性。

②适应于多业务，具有良好的网络可扩展能力，并能对其几种它网络协议如 IPX 等提供支持。

（2）IP over ATM 的缺点。

①网络体系结构复杂，传输效率低，开销大。

②由于传统的 IP 只工作在 IP 子网内，ATM 路由协议并不知道 IP 业务的实际传送需求，如 IP 的 QoS、多播等特性，这样就不能够保证 ATM 实现最佳的传送 IP 业务，在 ATM 网络中存在着扩展性和优化路由的问题。

2. IP over SDH（POS）

IP over SDH 的概念：IP over SDH（POS）是 IP 技术与 SDH 技术的结合，是在 IP 路由器之间（或路由器与交换机之间）采用 SDH 网进行传输。具体地说，它利用 SDH 标准的帧结构，同时利用点到点传送等的封装技术把 IP 业务进行封装，然后在 SDH 网中传输。

（1）IP over SDH 的优点。

①IP 与 SDH 技术的结合是将 IP 数据报通过点到点协议直接映射到 SDH 帧，其中省掉了中间的 ATM 层，从而简化了 IP 网络体系结构，减少了开销，提供更高的带宽利用率，提高了数据传输效率，降低了成本。

②保留了 IP 网络的无连接特征，易于兼容各种不同的技术体系和实现网络互联，更适合于组建专门承载 IP 业务的数据网络。

③可以充分利用 SDH 技术的各种优点，如自动保护倒换（APS），以防止链路故障而造成的网络停顿，保证网络的可靠性。

（2）IP over SDH 的缺点。

①网络流量和拥塞控制能力差。

②不能像 IP over ATM 技术那样提供较好的服务质量（QoS）保障。

③仅对 IP 业务提供良好的支持，不适于多业务平台，可扩展性不理想，只有业务分级，而无业务质量分级，尚不支持 VPN 和电路仿真。

3. IP over DWDM（POW）

IP over DWDM 的概念：IP over DWDM 是 IP 与 DWDM 技术相结合的标志。首先在发送端对不同波长的光信号进行复用，然后将复用信号送入一根光纤中传输，在接收端再利用解复用器将各不同波长的光信号分开，送入相应的终端，从而实现 IP 数据报在多波长光路上的传输。

（1）IP over DWDM 的优点。

①IP over DWDM 简化了层次，减少了网络设备和功能重叠，从而减轻了网管复杂程度。

②IP over DWDM 可充分利用光纤的带宽资源，极大地提高了带宽和相对的传输速率。

（2）IP over DWDM 的缺点。

①DWDM 极大的带宽和现有 IP 路由器的有限处理能力之间的不匹配问题还不能得到有效的解决。

②如果网络中没有 SDH 设备，IP 数据包就再也不能从每一个 SDH 帧中所包含的信头中找出故障所在，相应地，管理功能将被削弱。

③技术还不十分成熟。

二、在 ATM 上传输 IP

IPOA（IP over ATM）是在 ATM-LAN 上传送 IP 数据包的一种技术。它规定了利用 ATM 网络在 ATM 终端间建立连接，特别是建立交换型虚连接（Switched Virtual Circuit，SVC）进行 IP 数据通信的规范。

在 ATM-LAN 中，ATM 网络可看作一个单一的（通常是本地的）物理网络，如同其他网络一样，人们使用路由器连接所有异构网络，而 TCP/IP 允许 ATM 网络上的一组计算机像一个独立的局域网一样工作，这样的一组计算机被叫作 LIS（Logical IP Subnet）。在一个 LIS 内的计算机共享一个 IP 网络地址（IP 子网地址），LIS 内部的计算机可以互相直接通信，但是当一个 LIS 内的计算机要和其他的 LIS 或网络中的计算机通信时必须经过两个互连的 LIS 路由器，很明显，LIS 的特性与传统 IP 子网相似。

类似以太网，IP 数据包在 ATM 网络上传输也必须进行 IP 地址绑定，ATM 给每一个连接的计算机分配 ATM 物理地址，当建立虚连接时必须使用这个物理地址，但由于 ATM 硬件不支持广播，所以，IP 无法使用传统的 ARP 将其地址绑定到 ATM 地址。在 ATM 网络中，每一个 LIS 配置至少一个 ATMARP SERVER 以完成地址绑定工作。

IPOA 的主要功能有两个：地址解析和数据封装。

地址解析就是完成地址绑定功能。对于 PVC（Permanent Virtual Circuit）来说，因为 PVC 是由管理员手工配置的，因此一个主机可能只知道 PVC 的 VPI/VCI 标识，而不知道远地主机的 IP 地址和 ATM 地址，这就需要 IP 解析机制能够识别连接在一条 PVC 上的远地计算机；对于 SVC 来说，地址解析更加复杂，需要两级地址解析过程。首先，当需要建立 SVC 时，必须把目的端的 IP 地址解析成 ATM 地址；其次，当在一条已有的 SVC 上传输数据包时，目的端的 IP 地址必须映射成 SVC 的 VPI/VCI 标识。

对于 IP 数据包的封装问题，目前有下面两种封装形式可以采用：

（1）VC 封装：一条 VC 用于传输一种特定的协议数据（如 IP 数据和 ARP 数据），传输效率很高；

（2）多协议封装：使用同一条 VC 传输多种协议数据，这样必须给数据加上类型字段，IPOA 中使用缺省的 LLC/SNAP 封装标明数据类型信息。

IPOA 工作过程：

整个系统的工作过程如下：首先是 Client 端的 IPOA 初始化过程，即 Client 加入 LIS 的过程，由 Client 端的 IPOA 高层发出初始化命令，向 SERVER 注册自身，注册成功后，Client 变为 Operational 状态，意味着现在的 Client 可以接收/传输数据了。当主机要发送数据时，它使用通常的 IP 选路，以便找到适当的下一跳（next-hop）地址，然后把数据发送到相应的网络接口，网络接口软件必须解析出对应目的端的 ATM 地址，该地址有两种方法可以获得：①直接从 Client 端的解析表中查到；②通过发送 ATMARP 请求获得。接下去用户可作两种选择：①假如有可利用的连接目的端的 VCC，那么直接把数据发送给 AAL5 层，通过 VCC 传输出去；②假如①不满足，那就通过信令过程建立适合的链路，然后进行传输（实际中的数据传输过程由于牵涉到 QoS 设置问题，所以要比上面的论述复杂一些）。当 Client 接收到 AAL5 的数据时，处理过程比较简单，只需简单地解除封装，根据协议数据类型交给相应模块处理即可。

除了数据传输的任务外，Client 还要维护地址信息，包含定期更新 SERVER 上的地址信息和本地的地址信息。假如 Client 的地址信息不能被及时更新，那么此 Client 就会变成非可用状态，需要重新初始化后才能使用。

在 Client 传输数据时，它可能同时向许多不同的目的端发送和接收数据，因此必须同时维护多条连接。连接的管理发生在 IP 下面的网络接口软件中，该系统可以采用一个链表来实现此功能，链表中的每一数据项包含诸如链路的首/末端地址、使用状态、更新标志、更新时间、QoS 信息和 VCC 等一条链路所必需的信息。

IPOA 在 TCP/IP 协议栈中的位置：ATM 网络是面向连接的，TCP/IP 只是将其作为像以太网一样的另一种物理网络来看待。从 TCP/IP 的协议体系结构来看，除了要建立虚连接之外，IPOA 与网络接口层完成的功能类似，即完成 IP 地址到硬件地址（ATM 地址）的映射过程，封装并发送输出的数据分组，接收输入的数据分组并将其发送到对应的模块。当然，除了以上功能之外，网络接口还负责与硬件通信（设备驱动程序也属于网络接口层）。

在 OSI 模型中，IPOA 位于 IP 层以下，属网络接口层，其建立连接的工作通过 RFC1755 请求 UNI3.1 处理信令消息完成。

IPOA 最大的优点就是其利用了 ATM 网络的 QoS，可以支持多媒体业务，它在网络层上将局域网接入 ATM 网络，既提高了网络带宽，也提升了网络的性能；但同时 IPOA 也存在一些缺点，比如目前的 IPOA 不支持广播和组播业务。另外，由于 ATM-LAN 中一台主机要与所有成员建立 VC 连接，随着网络的增加，VC 连接的数目会呈平方级数的增加，因此 IPOA 技术不适合于大网结构，一般用在企业网、校园网这样的网络中。

三、多协议标签交换

多协议标签交换（Multi-Protocol Label Switching，MPLS）是一种用于快速数据包交换和路由的体系，它为网络数据流量提供了目标、路由、转发和交换等能力。更特殊的是，它具有管理各种不同形式通信流的机制。MPLS 独立于第二和第三层协议，诸如 ATM 和 IP。它提供了一种方式，将 IP 地址映射为简单的具有固定长度的标签，用于不同的包转发和包交换技术。它是现有路由和交换协议的接口，如 IP、ATM、帧中继、资源预留协议（RSVP）、开放最短路径优先（OSPF）等。

在 MPLS 中，数据传输发生在标签交换路径（LSP）上。LSP 是每一个沿着从源端到终端的路径上的结点的标签序列。现今使用着一些标签分发协议，如标签分发协议（LDP）、RSVP 或者建于路由协议之上的一些协议，如边界网关协议（BGP）及 OSPF。因为固定长度标签被插入每一个包或信元的开始处，并且可被硬件用来在两个链接间快速交换包，所以使数据的快速交换成为可能。

MPLS 主要设计来解决网络问题，如网络速度、可扩展性、服务质量（QoS）管理以及流量工程，同时也为下一代 IP 中枢网络解决宽带管理及服务请求等问题。

简要介绍 MPLS 的基本工作过程：

（1）LDP 和传统路由协议（如 OSPF、ISIS 等）一起，在各个 LSR 中为有业务需求的 FEC 建立路由表和标签映射表。

（2）入口节点 Ingress 接收分组，完成第三层功能，判定分组所属的 FEC，并给分组加上标签，形成 MPLS 标签分组，转发到中间节点 Transit。

（3）Transit 根据分组上的标签以及标签转发表进行转发，不对标签分组进行任何第三层处理。

（4）在出口节点 Egress 去掉分组中的标签，继续进行后面的转发。

由此可以看出，MPLS 并不是一种业务或者应用，它实际上是一种隧道技术，也是一种将标签交换转发和网络层路由技术集于一身的路由与交换技术平台。这个平台不仅支持多种高层协议与业务，而且，在一定程度上可以保证信息传输的安全性。

随着 ASIC 技术的发展，路由查找速度已经不是阻碍网络发展的瓶颈，这使得 MPLS 在提高转发速度方面不再具备明显的优势。

但由于 MPLS 结合了 IP 网络强大的三层路由功能和传统二层网络高效的转发机制，在转发平面采用面向连接方式，与现有二层网络转发方式非常相似，这些特点使得 MPLS 能够很容易地实现 IP 与 ATM、帧中继等二层网络的无缝融合，并为流量工程（Traffic Engi-neering，TE）、虚拟专用网（Virtual Private Network，VPN）、服务质量（Quality of Service，QoS）等应用提供更好的解决方案。

四、宽带 IP 网的演进

（一）宽带无线网络

Wi-Fi 俗称无线宽带，Wi-Fi 第一个版本发表于 1997 年，其中定义了介质访问接入控制层（MAC层）和物理层。物理层定义了工作在2.4 GHz的ISM频段上的两种无线调频方式和一种红外传输的方式，总数据传输速率设计为2 Mbit/s。两个设备之间的通信可以自由直接（Ad Hoc）的方式进行，也可以在基站（Base Station，BS）或者访问点（Access Point，AP）的协调下进行。

Wi-Fi的设置至少需要一个Access Point（AP）和一个或一个以上的Client（用户端）。AP每100 ms将SSID（Service Set Identifier）经由Beacons（信号台）封包广播一次，Beacons封包的传输速率是1Mbit/s，并且长度相当地短，所以这个广播动作对网络效能的影响不大。因为Wi-Fi规定的最低传输速率是1Mbit/s，所以确保所有的Wi-Fi Client端都能收到这个SSID广播封包，Client可以借此决定是否要和这一个SSID的AP连线。使用者可以设定要连线到哪一个SSID。Wi-Fi系统总是对用户端开放其连接标准，并支援漫游，这就是Wi-Fi的好处。但亦意味着，一个无线适配器有可能在性能上优于其他的适配器。由于Wi-Fi通过空气传送信号，所以和非交换以太网有相同的特点。近两年，出现一种WI-FI Over Cable的新方案。此方案属于EOC（Ethernet Over Cable）中的一种技术。通过将2.4G Wi-Fi射频降频后在Cable中传输。此种方案已经在中国大陆小范围内试商用。

（二）下一代网际协议IPv6

IPv6的引入：IPv6协议是IP协议第6版本，是为了改进IPv4协议存在的问题而设计的新版本的IP协议。

IPv4存在的问题：①IPv4的地址空间太小；②IPv4分类的地址利用率低；③IPv4地址分配不均；④IPv4数据报的首部不够灵活。

IPv6的特点：①极大的地址空间；②分层的地址结构；③支持即插即用；④灵活的数据报首部格式；⑤支持资源的预分配；⑥认证与私密性；⑦方便移动主机的接入。

IPv4向IPv6过渡的方法：使用双协议栈和使用隧道技术。

（三）物联网技术

1. 物联网的定义

物联网是一个基于互联网、传统电信网等信息承载体，让所有能够被独立寻址的普通物理对象实现互联互通的网络。它具有普通对象设备化、自治终端互联化和普适服务智能化3个重要特征。物联网（Internet of Things）指的是将无处不在（Ubiquitous）的末端设备（De-vices）和设施（Facilities），包括具备“内在智能”的传感器、移动终端、工业系统、楼控系统、家庭智能设施、视频监控系统等和“外在使能”（Enabled）的如贴上RFID的各种资产（Assets）、携带无线终端的个人与车辆等“智能化物件或动物”或“智能尘埃”（Mote），通过各种无线/有线的长距离/短距离通信网络实现互联互通（M2M）、应用大集成（Grand Integra-tion）以及基于云计算的SaaS营运等模式，提供安全可控乃至个性化的实时在线监测、定位追溯、报警联动、调度指挥、预案管理、远程控制、安全防范、远程维保、在线升级、统计报表、决策支持、领导桌面（集中展示的Cockpit Dashboard）等管理和服务功能，实现对“万物”的“高效、节能、安全、环保”的“管、控、营”一体化。

2. 物联网的鲜明特征

和传统的互联网相比，物联网有其鲜明的特征。

首先，它是各种感知技术的广泛应用。物联网上部署了海量的多种类型传感器，每个传感器都是一个信息源，不同类别的传感器所捕获的信息内容和信息格式不同。传感器获得的数据具有实时性，按一定的频率周期性采集环境信息，不断更新数据。

其次，它是一种建立在互联网上的泛在网络。物联网技术的重要基础和核心仍旧是互联网，通过各种有线和无线网络与互联网融合，将物体的信息实时准确地传递出去。在物联网上的传感器定时采集的信息需要通过网络传输，由于其数量极其庞大，形成了海量信息，在传输过程中，为了保障数据的正确性和及时性，必须适应各种异构网络和协议。

还有，物联网不仅仅提供了传感器的连接，其本身也具有智能处理的能力，能够对物体实施智能控制。物联网将传感器和智能处理相结合，利用云计算、模式识别等各种智能技术，扩充其应用领域。从传感器获得的海量信息中分析、加工和处理出有意义的数据，以适应不同用户的不同需求，发现新的应用领域和应用模式。

3. 物联网的用途广泛

物联网用途广泛，遍及智能交通、环境保护、政府工作、公共安全、平安家居、智能消防、工业监测、环境监测、老人护理、个人健康、花卉栽培、水系监测、食品溯源、敌情侦查和情报搜集等多个领域。

应用案例：

（1）物联网传感器产品已率先在上海浦东国际机场防入侵系统中得到应用。系统铺设了 3 万多个传感节点，覆盖了地面、栅栏和低空探测，可以防止人员的翻越、偷渡、恐怖袭击等攻击性入侵。就在之前，上海世博会也与中国科学院无锡高新微纳传感网工程技术研发中心签下订单，购买防入侵微纳传感网 1500 万元的产品。

（2）ZigBee 路灯控制系统点亮济南园博园。ZigBee 无线路灯照明节能环保技术的应用是此次园博园中的一大亮点，园区所有的功能性照明都采用了 ZigBee 无线技术达成的无线路灯控制。

（3）智能交通系统（ITS）是利用现代信息技术为核心，利用先进的通信、计算机、自动控制、传感器技术，实现对交通的实时控制与指挥管理。交通信息采集被认为是 ITS 的关键子系统，是发展 ITS 的基础，成为交通智能化的前提。无论是交通控制还是交通违章管理系统，都涉及交通动态信息的采集，交通动态信息采集也就成为交通智能化的首要任务。

物联网将是下一个推动世界高速发展的“重要生产力”！

第五节　DDN 网络

一、DDN 概述

数字数据网（DDN）是采用数字信道来传输数据信息的数据传输网。数字信道包括用户到网络的连接线路，即用户环路的传输也应该是数字的。

DDN 一般用于向用户提供专用的数字数据传输信道，或提供将用户接入公用数据交换网的接入信道，也可以为公用数据交换网提供交换节点间用的数据传输信道。DDN 一般不包括交换功能，只采用简单的交叉连接复用装置。如果引入交换功能，就成了数字数据交换网。

DDN 是利用数字信道为用户提供话音、数据、图像信号的半永久连接电路的传输网络。半永久性连接是指 DDN 所提供的信道是非交换性的，用户之间的通信通常是固定的。一旦用户提出改变的申请，由网络管理人员，或在网络允许的情况下由用户自己对传输速率、传输数据的目的地以及与传输路由进行修改，但这种修改不是经常性的，所以称为半永久性交叉连接或半固定交叉连接。它克服了数据通信专用链路永久连接的不灵活性，以及以 X. 25 建议为核心的分组交换网络的处理速度慢、传输时延大等缺点。

DDN 向用户提供端到端的数字型传输信道，它与在模拟信道上采用调制解调器（MO-DEM）来实现的数据传输相比，有下列特点：

（一）传输差错率（误比特率）低

一般数字信道的正常误码率在 6 以下，而模拟信道较难达到。

（二）信道利用率高

一条 PCM 数字化路的典型传输速率为 64 kbit/s。通过复用可以传输多路 19. 2 kbit/s 或 9. 6 kbit/s 或更低速率的数据信号。

（三）不需要 MODEM

与用户的数据终端设备相连接的数据电路终接设备（DCE）一般只是一种功能较简单的通常称作数据服务单元（DSU）或数据链接单元（DTU）的基带传输装置，或者直接就是一个复用器及相应的接口单元。

（四）要求全网的时钟系统保持同步

DDN 要求全网的时钟系统必须保持同步，否则，在实现电路的转接、复接和分接时就会遇到较大的困难。

二、DDN 网络结构与互联

（一）DDN 网络的组成

DDN 由用户环路、DDN 节点、数字信道和网络控制管理中心组成。

1. 用户环路

用户环路又称用户接入系统，通常包括用户设备、用户线和用户接入单元。

用户设备通常是指数据终端设备（DTE）（如电话机、传真机、个人计算机以及用户自选的其他用户终端设备）。目前用户线一般采用市话电缆的双绞线。用户接入单元可由多种设备组成，对目前的数据通信而言，通常是基带型或频带型单路或多路复用传输设备。

2. DDN 节点

从组网功能区分，DDN 节点可分为用户节点、接入节点和 E1 节点。从网络结构区分，DDN 节点可分为一级干线网节点、二级干线网节点及本地网节点。

（1）用户节点。

用户节点主要为 DDN 用户入网提供接口并进行必要的协议转换，这包括小容量时分复用设备以及 LAN 通过帧中继互连的桥接器/路由器等。小容量时分复用设备也可包括压缩话音/G3 传真用户接口。

（2）接入节点。

接入节点主要为 DDN 各类业务提供接入功能，主要包括有：①N×64 kbit/s（N=1~31），2048 kbit/s 数字信道的接口；②N×64 kbit/s 的复用；③小于 64 kbit/s 的子速率复用和交叉连接；④帧中继业务用户的接入和本地帧中继功能；⑤压缩话音/G3 传真用户的接入功能。

（3）E1 节点。

E1 节点用于网上的骨干节点，执行网络业务的转接功能，主要有：①2048 kbit/s 数字信道的接口；②2048 kbit/s 数字信道的交叉连接；③N×64 kbit/s（N=1~31）复用和交叉连接；④帧中继业务的转接功能。

E1 节点主要提供 2048 kbit/s（E1）接口，对 N×64 kbit/s 进行复用和交叉连接，以收集来自不同方向的 N×64 kbit/s 电路，并把它们归并到适当方向的 E1 输出，或直接接到 E1 进行交叉连接。

（4）枢纽节点。

枢纽节点用于 DDN 的一级干线网和各二级干线网。它与各节点通过数字信道相连，容量大，因而故障时的影响面大。在设置枢纽节点时，可考虑备用数字信道的设备，同时合理地组织各节点互连，充分发挥其效率。

3. 数字信道

各节点间数字信道的建立要考虑其网络拓扑和网络中各节点间的数据业务量的流量、流向以及网络的安全。网络的安全要考虑到若在网络中任一节点一旦遇到与它相邻的节点相连接的一条数字信道发生故障时，该节点会自动转到迂回路由以保持通信正常进行。

4. 网络控制管理中心

网络控制管理中心是保证全网正常运行，发挥其最佳性能效益的重要手段。网络控制管理中心一般应具有以下功能：①用户接入管理（包括安全管理）；②网络结构和业务的配置；③网络资源与路由管理；④实时监视网络运行；⑤维护、告警、测量和故障区段定位；⑥网络运行数据的收集与统计；⑦计费信息的收集与报告。

（二）DDN 的网络结构

DDN 网按组建、运营和管理维护的责任区域来划分网络的等级，可分为本地网和干线网，干线网又分为一级干线网、二级干线网。

不同等级的网络主要用 2048 kbit/s 数字信道互联，也可用 $N\times64$ kbit/s 数字信道互连。

1. 一级干线网

一级干线网由设置在各省、市、自治区的节点组成，它提供省间长途 DDN 业务，一级干线网可在省会和省内发达城市中设置节点。此外，由电信主管部门根据国际电路的组织和业务要求设置国际出入口节点，国际间的信道应优先使用 2048 kbit/s 数字信道，也允许采用 1544 kbit/s 数字信道，但此时该出入口节点应提供 1544 kbit/s 和 2048 kbit/s 之间的转换功能。为减少备用线的数目，或充分提高备用数字信道的利用率，在一级和二级干线网，应根据电路组织情况、业务量和网络可靠性要求，选定若干节点为枢纽节点。一级干线网的核心层节点互联应遵照下列要求：

（1）枢纽节点之间采用全网状连接。

（2）非枢纽节点应至少与两个枢纽节点相连。

（3）国际出入口节点之间、出入口节点与所有枢纽节点相连。

（4）根据业务需要和电路情况，可在任意两个节点之间连接。

2. 二级干线网

二级干线网由设置在省内的节点组成，它提供本省内长途和出入省的 DDN 业务。二级干线在设置核心层网络时，应设置枢纽节点，省内发达地、县级城市可组建本地网。没有组建本地网的地、县级城市所设置的中、小容量接入节点或用户接入节点，可直接连接到一级干线网节点上或经二级干线网其他节点连接到一级干线网节点。

3. 本地网

本地网是指城市范围内的网络，在省内发达城市可组建本地网，为用户提供本地和长途 DDN 网络业务。本地网可由多层次的网络组成，其小容量节点可直接设置在用户室内。

4. 节点和用户连接

DDN 的一级干线网和二级干线网中，由于连接各节点的数字信道容量大，复用路数多，其故障时影响面广，因此应考虑备用数字信道。

节点间的互联主要采用 2048 kbit/s 数字信道，根据业务量和电路组织情况，也可采用 $N\times64$ kbit/s 数字信道。

两用户之间连接，中间最多经过 10 个 DDN 节点，它们是一级干线网 4 个节点，两边省内网各 3 个节点。在进行规划设计时，省内任一用户到达一级干线网节点所经过的节点数应限制在 3 个或 3 个以下。

（三）DDN 的互联

用户网络与 DDN 互联方式：DDN 作为一种数据业务的承载网络，不仅可以实现用户终端的接入，而且可以满足用户网络的互联，扩大信息的交换与应用范围。用户网络可以是局域网、专用数字数据网、分组交换网、用户交换机以及其他用户网络。

局域网利用 DDN 互联方式：局域网利用 DDN 互联可通过网桥或路由器等设备，其互联接口采用 ITU-TG. 703 或 V. 35、X. 21 标准，这种连接本质上是局域网与局域网的互联。

网桥将一个网络上接收的报文存储、转发到其他网络上，由 DDN 实现局域网之间的互联。网桥的作用就是把 LAN 在链路层上进行协议的转换而使之连接起来。

路由器具有网际路由功能，通过路由选择转发不同子网的取文，通过路由器 DDN 可实现多个局域网互联。

专用 DDN 与公用 DDN 的互联：专用 DDN 与公用 DDN 在本质上没有什么不同，它是公用 DDN 的有益补充。专用 DDN 覆盖的地理区域有限，一般为某单一组织所专有，结构简单，由专网单位自行管理。由于专用 DDN 的局限性，其功能实现、数据交流的广度都不如公用 DDN，所以，专用 DDN 与公用 DDN 互联有深远的意义。

专用 DDN 与公用 DDN 互联有不同的方式，可以采用 V. 24、V. 35、X. 21 标准，也可以采用 G. 703 2048 kbit/s 标准。具体互联时对信道的传输速率、接口标准以及所经路由等方面的要求可按专用 DDN 需要确定。

由于 DDN 采用同步工作为保证网络的正常工作，专用 DDN 应从公用 DDN 来获取时钟同步信号。

分组交换网与 DDN 互联：

分组交换网可以提供不同速率、高质量的数据通信业务，适用于短报文和低密度的数据通信；而 DDN 传输速率高，适用于实时性要求高的数据通信，分组交换网和 DDN 可以在业务上进行互补。

DDN 上的客户与分组交换网上的客户相互进行通信，要实现两网采用 X. 25 或 X. 28 接口规程，DDN 的终端在这里相当于分组交换网的一个远程直通客户，其传输速率满足分组交换网的要求。

DDN 不仅可以给分组交换网的远程客提供数据传输通道，而且还可以为分组交换机局间中继线提供传输通道，为分组交换机互连提供良好的条件。DDN 与分组交换网的互联接口标准采用 G. 703 或 V. 35。

用户交换机与 DDN 的互联：

用户交换网与 DDN 的互联。可分为两个方面。第一，利用 DDN 的语音功能，为用户交换机解决远程客户传输问题（如果采用传统模拟线来传输就会超过传输率限制，影响通话质量），与 DDN 的连接采用音频二线接口；第二，利用 DDN 本身的传输能力，为用户交换机提供所需的局间中继线，此时与 DDN 互联采用 G. 703 或音频二线/四线接口。

三、DDN 网络管理与控制

（一）网管控制中心的设置

（1）全国和各省网管控制中心。

DDN 网络上设置全国和各省两级网管控制中心（NMC），全国 NMC 负责一级干线网的管理和控制，省 NMC 负责本省、直辖市或自治区网络的管理和控制。在节点数量多、网络结构复杂的本地网上，也可以设置本地网管控制中心，负责本地网的管理和控制。

（2）网管控制终端（NMT）。

根据网络管理和控制的需要以及业务组织和管理的需要，可以分别在一级干线网上和二级干线网上设置若干网管控制终端（NMT）。NMT 应能与所属的 NMC 交换网络信息和业务信息，并在 NMC 的允许范围内进行管理和控制。NMT 可分配给虚拟专用网（VPN）的责任用户使用。

（3）节点管理维护终端。

DDN 各节点应能配置本节点的管理维护终端，负责本节点的配置、运行状态的控制、业务情况的监视指示，并应能对本节点的用户线进行维护测量。

（4）上级网管。

上级网管能逐级观察下级网络的运行状态，告警、故障信息应能及时反映到上级网管中心，以便实现统一网管。

（二）网管控制信息通信通路

（1）节点和网管控制中心之间的通信。

网管控制中心和所辖节点之间交换网管控制信息时，使用 DDN 本身网络中专门划出的适当容量的通路，也可以采用经其他例如公用分组网或电话网提供的通路。

（2）网管控制中心之间的通信。

全国 NMC 和各省 NMC 之间，以及 NMC 和所辖 NMT 之间要求能相互通信，交换网管控制信息。实现这种通信的通路应可以采用 DDN 网上配置的专用电路，也可以采用经公用分组网或电话网的连接电路。

第六章　无线网络技术

第一节　无线网络概述

现在，无线通信技术的发展，已经让人们可以通过无线方式收看电视、打移动电话、接收卫星的定位信息、无线上网等，距离期望的“网络无处不在”的目标越来越近。

无线通信技术主要包括卫星通信、微波通信、无线电通信、红外通信等技术。在这些技术的基础上，构建起无线的广域网、城域网、局域网和个域网。人们在不便架设通信线缆的地方、移动的交通工具上，或者行进中，都能完成大量信息的交流。

无线网络按照其覆盖范围，可以分为系统内部互联网络/无线个域网、无线局域网、无线城域网/无线广域网。

系统内部互联网络指的是通过短距离的无线通信技术，将一台设备的各个部分连接起来，比如一台计算机可以通过蓝牙、红外等技术，将无线键盘、鼠标、耳机、手机、打印机、扫描仪等互联成一个系统。部件之间不需要线缆，不需要安装驱动程序，只要摆放在一定的范围内，打开开关就可以使用，减少了由于线缆连接而带来的束缚。这种系统内部无线互联，又可以发展成为无线个域网（PAN）。无线个域网就是应用短距离无线电技术构成的“个人小范围”的信息网络。其中“个人小范围”是指用户个人家庭、办公室或个人携带的信息设备之间，不需要电缆、插销，只需要在互联的设备上加上一个很小的无线电收发芯片，就可以实现个人身边的各种信息电器之间的互联。其覆盖范围一般在 10 m 半径以内，误码率低、可靠性和可用性高。红外无线传输技术（IrDA）、蓝牙（Bluetooth）、ZigBee、家庭射频 HomeRF 及超宽带无线技术（UWB）都可以用于构建无线个域网。

无线局域网（WLAN）是一种建立在无线通信技术上的局域网，主要有两种标准：一种是欧洲电信标准化协会（ETSI）制定的 Hyper LAN，目前是 Hyper LAN 2 标准，采用 Wireless ATM 技术，因此可以将 Hyper LAN 视为无线 ATM 网络，采用 5 GHz 频率，传输速率为 54 Mbit/s。另一种是全球公认的且普遍采用的无线局域网标准——由 IEEE 制定的 802. 11 标准。

无线局域网可以分为两大类：一类是有固定基础设施的；另一类是无固定基础设施的。它们分别对应两种不同的计算机网络结构。前者对应于客户/服务器（Client/Server）的网络结构，后者对应于对等网络（Peer to Peer，P2P）结构。所谓“固定基础设施”

是指预先建设的、能够覆盖一定物理范围的无线通信基站。

有固定基础设施的无线局域网 IEEE 802.11 标准规定：其最小的构件是基本服务集（Basic Service Set，BSS），一个 BSS 包括一个基站和若干个移动的通信站点。在 BSS 内部，基站通常是接入点（Access Point，AP），各站点之间不能直接通信，需要通过 AP 转发，AP 的功能类似有线局域网中的 HUB。一个 BSS 覆盖的地理范围叫作一个基本服务区（Basic Service Area，BSA），BSA 的覆盖通常在半径几十米范围内。

另一类无固定基础设施的无线局域网，又称为自组织网络（Ad Hoc 网络）。网内的移动站点地位平等，没有固定的拓扑结构，无中心站。每一个站点都可以发送数据，同时又为其他站点充当转发节点。严格意义上，Ad Hoc 网络不能算是真正的局域网，因为站点之间的通信可能需要网络层的路由协议支持。由于这种网络没有中心站，网络拓扑可以变化，移动站点可以随时加入和退出网络，所以适合军事领域中应用。不论是单兵还是车辆，可以临时组成通信网络，任何一个站点被毁都不会影响整个网络的生存，其他站点仍然可以通信。同时，由于站点可以转发信息，可以形成多跳网络，通过多条转发延长站点之间的通信距离。

随着第四代移动通信技术（4G，又称蜂窝通信）的应用和普及，结合微波通信和卫星通信，无线网络真正开始应用于城域网和广域网。蜂窝通信由基站和若干移动终端组成一个蜂窝单位，一个蜂窝内的移动终端之间的通信需要通过基站转发，不同蜂窝移动终端之间的通信，需要两个基站及地面有线网络转发。由此，构成了大规模的网络。

应用这些无线网络技术，在应用层面可以构成无线传感器网络、无线 Mesh 网络、无线穿戴网络等。

第二节　无线局域网

在无线局域网技术中，IEEE 802.11 标准应用得最为成熟和广泛。该标准是由 IEEE 802.11 标准任务组提出的一个协议族，目前常用的有 IEEE 802.11、IEEE 802.11a、IEEE 802.11b、IEEE 802.11g、IEEE 802.11n、IEEE 802.11ac 等。

一、无线局域网的特点

相比于有线网络，虽然无线局域网目前的数据速率等性能，不如有线的传统局域网，但有一些传统局域网无法比拟的优势。

（一）无线局域网的优点

无线局域网的优点主要表现在以下方面。

第一，移动性。由于没有线缆的限制，不论是无线站点，还是无线网络设备，都可以移动。站点可以实现无线网络覆盖范围内的静止和移动中通信。网络设备可以不固定位置，或者实现移动中通信，即所谓的“动中通”。

第二，灵活性。网络设备安装方便，组网灵活。无线网络设备可以安装在布设线缆比较困难的地区，很方便地组网，而且可以不依赖基础设施，以 Ad Hoc 方式组建移动自组织网络。网络可以建在地面，也可以临时建在空中。比如，在发生自然灾害的地区，基础设施遭到破坏，可以使用直升机、无人机、飞艇等在空中建立临时的无线局域网，为救灾提供通信支援。

第三，易扩展性。如果需要增加网络的站点容量，可以方便地在适当的地点增加接入点（AP）或者扩展点（EP），实现网络规模的扩展。

第四，容易规划和调整。对于有线网络来说，网络地点的迁移，或者网络拓扑的改变，无异于网络的重建。重新布设通信线缆，既昂贵又费时费力。而无线网络，既不存在拆除，也不存在重新布设连接，网络的调整很容易实现，因而网络规划不需要考虑过多情况。

（二）无线局域网的局限性

目前的无线网络技术还存在很多不完善的地方，不能替代有线网络，它的局限性主要体现在以下方面：

第一，性能。一方面，由于频率资源有限，无线信道数量有限，因此，在通信带宽和系统容量方面，无线网络无法与有线网络相比。另一方面，无线局域网是依靠无线电波进行传输的，无线电波是随着距离增加而衰落的，而且建筑物、车辆、树木和其他障碍物都可能对它的传播造成影响，因而会影响网络的性能。

第二，可靠性。一方面，由于无线信道的开放性，环境中存在各种各样的干扰。另一方面，由于电磁波自身在传播过程中，存在多径衰落、频率选择性衰落等，使得无线信道误码率不稳定，导致网络的吞吐性能不稳定，影响网络系统的可靠性。

第三，安全性。由于无线信道的开放性，容易受到窃听、干扰、篡改、冒充等攻击。另外，目前无线网络的安全协议也存在不足，存在一些安全漏洞。除此之外，无线信号可能对人员有电磁辐射，带来人员的安全问题。

第四，移动性。由于无线信号的多普勒效应等因素，目前对于高速移动的支持还不够完善。另外，对于大范围移动的支持也不够完善。

二、IEEE 802.11 标准

IEEE 在 1997 年为无线局域网制定了第一个版本标准——IEEE 802.11。其中定义了媒体访问控制层（MAC 层）和物理层。物理层定义了工作在 2.4 GHz 的 ISM 频段上的两种扩频调制方式和一种红外线传输方式，总数据传输速率设计为 2 Mbit/s。两个设备可以自行构建临时网络，也可以在基站（Base Station，BS）或者接入点（Access Point，AP）的协调下通信。为了在不同的通信环境下获取良好的通信质量，MAC 层采用 CSMA/CA（Carrier Sense Multiple Access/Collision Avoidance）协议。

到现在，IEEE 802.11 发展出一系列协议标准，其中目前最常用的标准有：

第一，IEEE 802.11a 标准，采用了与原始标准相同的核心协议，工作频率为 5 GHz，使用 52 个正交频分多路复用副载波，最大原始数据传输率为 54 Mbit/s，达到了现实网络中等吞吐量（20 Mbit/s）的要求。

第二，IEEE 802.11b，其载波的频率为 2.4 GHz，可提供 1、2、5.5 及 11 Mbit/s 的多

种传送速度。在2.4 GHz的ISM频段共有11个频宽为22 MHz的频道可供使用，它是11个相互重叠的频段。IEEE 802.11b的后继标准是IEEE 802.11g。

第三，IEEE 802.11g，载波的频率为2.4 GHz（跟IEEE 802.11b相同），共14个频段，原始传送速度为54 Mbit/s，净传输速率约为24.7 Mbit/s。IEEE 802.11g的设备向下与IEEE 802.11b兼容。

第四，IEEE 802.11n，该标准增加了对MIMO的支持，允许40 MHz的无线频宽，最大传输速度理论值为600 Mbit/s。另外，该标准扩大了数据传输范围。

第五，IEEE 802.11ac，其载波频率为5 GHz，俗称5G Wi-Fi。理论上，它能够提供最少1 Gbit/s带宽进行多站式无线局域网通信，或是最少500 Mbit/s的单一连线传输带宽。

三、无线局域网的拓扑结构

（一）无线局域网的组成

无线局域网的物理组成主要包括站点（STA，Station）、无线介质（WM，Wire-less Medium）、基站（BS，Base Station）或接入点（AP）和无线分布式系统（WDS，Wireless Distribution System）。

1. 站点

就是无线局域网中的主机或终端，是无线网络最基本的组成部分。与有线局域网中站点的不同之处在于：无线局域网的站点是移动的或者是可以移动的。站点主要包括如下几部分：

终端设备：可以是台式计算机、便携式计算机、平板电脑、手机等。

无线网络接口：通常是无线网络适配器（无线网卡），功能类似于有线网络的网卡，实现了物理层和MAC层的协议。

网络软件：主要包括网络操作系统、网络通信协议等。

无线局域网中的站点可以分成三类：固定站点、半移动站点和移动站点。固定站点是指位置固定不动的站点；半移动站点指的是经常改变其位置的站点，但在其移动过程中，不要求其与网络保持通信；移动站点则要求其在移动状态下可以与网络保持通信。

2. 无线介质

有无线电波、微波和红外线。

无线电波：是指在自由空间（包括空气和真空）传播的射频频段的电磁波。目前用于无线局域网的通常是免授权的ISM频段，其工作频率为902~928 MHz，2.4~2.4835 GHz，5.725~5.875 GHz。

微波：是指频率为300 MHz至300 GHz的电磁波，是无线电波中一个有限频段的简称，即波长在1mm到1m（不含1m）之间的电磁波，是分米波、厘米波、毫米波的统称。微波频率比一般的无线电波频率高，通常也称为“超高频电磁波”。

红外线：太阳光谱上，红外线的波长大于可见光线，波长为0.75~1000 μm。红外线可分为三部分，即近红外线，波长为0.75~1.50 μm；中红外线，波长为1.50~6.0 μm；远红外线，波长为6.0~1000 μm。红外线用于通信的优点是不易被人发现和截获，保密性强；几乎不会受到电气、天电、人为干扰，抗干扰性强。但是它必须在直视距离内通信，且传播受天气的影响。

3. 无线接入点

AP 就是传统有线网络中的 HUB，也是组建小型无线局域网最常用的设备。其主要作用是将各个无线网络客户端连接到一起，然后将无线网络接入以太网。大多数的无线 AP 都支持多用户接入、数据加密、多速率发送等功能，覆盖范围在 100 m 内。其功能主要有以下方面：

中继：无线局域网内的站点之间的通信，需要通过 AP 中继，在此过程中，AP 还可以实现无线信号的功率放大，可以加大通信距离。同时，AP 还对站点间的通信进行控制和管理。

桥接：实现两个无线 AP 间的数据传输。把两个有线局域网连接起来，一般会选择通过 AP 来桥接。通过 AP 的桥接功能，可以增大无线局域网的覆盖范围。

有线接入：通过与无线分布式系统的连接，可以实现无线局域网的站点接入有线局域网，进而接入广域网。

为了实现以上功能，AP 的主要组成部分包括 4 个部分：

第一，与 WDS 的接口：单纯型 AP 类似有线网络的交换机，扩展型 AP 就是无线路由器，它们都有有线网络接口，可以与 WDS 实现连接。

第二，无线网络接口和相关软件：用于管理和控制站点间的通信。

第三，桥接软件、接入软件等。

第四，无线分布式系统。

WDS 可以通过有线接口和 AP 的桥接功能，实现把多个 BSA 连接起来，形成一个扩展业务区（ESA，Extended Service Area），而 ESA 中的所有主机组成一个扩展业务组，形成一个逻辑上的更大的无线局域网。

（二）无线局域网的拓扑结构

无线局域网的拓扑结构主要有以下几种。

第一，自组网拓扑，是一种独立的 BSS（IBSS），是由两个以上的站点以自发方式构成的单区域网络。站点之间可以相互通信，不需要 AP 转接。网络是无中心的和分布式管理的，站点之间是对等关系。网络可以随时建立，站点可以随时加入网络，也可以随时退出网络，因此，这种网络被称为无线自组织网络（Ad Hoc Network）。

第二，基础结构拓扑，是最常见的无线局域网的部署方式，AP 作为 BSS 的中心，对网内站点的通信进行管理和控制，站点之间不能直接通信，需要通过 AP 转接。相比于 IBSS，基础结构拓扑的抗毁性差，一旦 AP 被破坏，整个网络就会瘫痪。但这种拓扑结构也有很多优点。

①路由简单。由于所有站点之间的通信都是经 AP 转接的，因此类似于有线局域网的星形结构，不需要复杂的路由选择算法，仅需要物理层和数据链路层协议就可以了。

②AP 是网络的中心，可以很方便地对站点进行同步管理、移动管理和功率控制，并且可以将站点的通信限制在一定的范围内。

③AP 可以方便地接入 WDS 或骨干网络。

第三，ESS 拓扑，指多个 AP 及连接它们的无线分布式系统 WDS 组成的基础结构网络，可以看成是由多个中心的 BSA 构成，将多个 BSS 连接成一个扩展服务集 ESS，扩展集中的所有 AP 共享一个扩展服务集标识符 ESSID，其范围可覆盖数千米。

第四，无线桥接和中继，利用无线网桥、无线路由器、无线中继器等，可以将多个无线网络或有线网络连接起来，形成一个覆盖范围更大的无线局域网。

四、IEEE 802.11 协议

（一）物理层

IEEE 802.11 标准中定义了 WLAN 所使用的无线频段和调制方式。目前常用的物理层协议标准有以下几种。

1. IEEE 802.11

定义了三种物理媒介：

第一种，工作在 2.4 GHz 的 ISM 频段上，调制方式为直接序列扩频（DSSS），数据速率为 1 Mbit/s 和 2 Mbit/s，多达 13 个信道。

第二种，工作在 2.4 GHz 的 ISM 频段上，调制方式为跳频扩频（FHSS），数据速率为 1 Mbit/s 和 2 Mbit/s，多达 70 个信道。

第三种，工作在波长为 850~950 nm 的红外波段上，数据速率为 1 Mbit/s 和 2 Mbit/s。

2. IEEE 802.11a

工作在 5 GHz 的 ISM 频段上，采用 OFDM 调制方式，数据速率为 54 Mbit/s。如在美国的标准中，使用了 3 个 ISM 频段，每个频段有 4 个不重叠的信道，每个信道带宽为 20 MHz，每个信道容纳 52 个 OFDM 子载波，中心频率间相隔 312.5 kHz，其中 4 个子载波用作导频，另外 48 个子载波用于承载数据。

3. IEEE 802.11b

工作在 2.4 GHz 的 ISM 频段上，采用直接序列扩频（DSSS）调制，数据速率为 11 Mbit/s。在 2.4~2.484 GHz 频段上，分成了许多带宽为 22 MHz 的相互重叠的信道。美国批准了 11 个信道，欧洲批准了 13 个信道，日本批准了 14 个信道。

4. IEEE 802.11g

工作在 2.4 GHz 的 ISM 频段上，采用 OFDM 调制方式，数据速率为 54 Mbit/s。其 OFDM 的调制和编码方案与 IEEE 802.11a 相同，每个 20 MHz 的信道分成 52 个子信道，4 个子载波用作导频，另外 48 个子载波用于承载数据。

5. IEEE 802.11n

可以选择工作在 2.4 GHz 或 5 GHz 的 ISM 上频段，两个频段上都可自由选择 20 MHz 或 40 MHz 带宽。采用 MIMO（多输入多输出）和 OFDM 技术。在标准带宽（20 MHz）上，使用 4×MIMO 时，理论上数据速率最高为 300 Mbit/s；当使用 40MHz 带宽和 4×MIMO 时，理论上数据速率最高可达 600 Mbit/s。

6. IEEE 802.11ac

工作在 5.0 GHz 的 ISM 频段上，信道宽带为 40 MHz 或者 80 MHz，甚至有可能达到 160 MHz。采用 MIMO 和 OFDM 技术，理论传输速率最高有望达到 1 Gbit/s。

（二）MAC 层

IEEE 802.11 的 MAC 层协议与有线局域网 IEEE 802.3 的 MAC 协议，没有本质差别。IEEE 802.11 的 MAC 层覆盖了三个功能区：可靠的数据传输、接入控制和安全。

1. 可靠的数据传输

在无线网络中，由于媒介的开放性，噪声、干扰和传播衰落等会造成大量误码或者帧丢失，使得数据传输不可靠。为了可靠地传输数据，IEEE 802.11 在 MAC 协议中包括了帧交换协议。当一个站点收到另一个站点发来的数据帧时，向源站点返回一个确认（ACK）帧。此交换帧被作为原子单元处理，不会被其他数据帧打断。如果源站点在一定的时间内没有收到 ACK，则会重发数据帧。

2. 接入控制

IEEE 802.11 的接入控制采用分布基础无线 MAC（DFW MAC）的算法，为本地接入提供竞争服务和无竞争服务。

第一种，竞争服务。

与有线局域网类似，WLAN 也采用载波侦听（CSMA）的方法，来决定数据发送的时机。但由于无线信号的开放性，发送站点很难有效识别是噪声还是信号，也就无法检测冲突，不能使用有线网络的 CSMA/CD 协议，而是采用载波侦听/冲突避免的 CSMA/CA 协议。CSMA/CA 不能完全避免冲突的发生，但是可以降低碰撞的概率。

基本的 CSMA/CA 算法很简单：

第一，当监听到某个信道空闲时间超过一个帧间间隔（Inter-Frame Space，IFS）则立即开始发送。

第二，否则坚持侦听直到信道空闲超过 IFS，选择随机退避时延进入退避；退避结束后如果信道空闲则立即发送，否则继续上述过程，并按二进制指数增加选择退避时延。

第三，接收站点在收到数据后，等信道空闲一个 IFS 后发送 ACK 帧，如果信道忙则选择随机退避后重新尝试。

基本的 CSMA/CA 利用物理层提供的载波监测指示信号（CS）监测信道忙闲。IEEE 802.11 的 MAC 对应有三种接入优先级，IFS 也不同。

SHORT 优先级：需要立即响应业务（如 MAC 的 ACK 帧、PCF 轮询响应帧等控制帧）的优先级，其 IFS 最小，称为 SIFS。

PCF（无竞争方式）优先级：PCF 接入时的优先级，其 IFS 居中，称为 PIFS。

DCF（竞争方式）优先级：DCF 接入时的优先级，其 IFS 最大，称为 DIFS。

第二种，无竞争服务。

无竞争服务采用集中访问控制，AP 以中心协调方式（Point Coordination Func-tion，PCF）优先级向参与无竞争业务的站发送下行数据帧（CF-Down），使用帧头的控制域轮询比特进行轮询，若被轮询到的站有缓冲数据，则检测到 SIFS 后立即发送。若 AP 发出轮询后 PIFS 内没有响应，AP 恢复控制信道，发送下一个轮询。被轮询的站无须对 CF-Down 进行确认。

3. 安全

对于家庭用户、公共场景安全性要求不高的用户，使用 VLAN（Virtual Local Area

Network）隔离、MAC 地址过滤、服务区域认证 ID（ESSID）、密码访问控制和无线静态加密协议 WEP（Wired Equivalent Privacy）可以满足其安全性需求。但对于公共场景中，安全性要求较高的用户，仍然存在着安全隐患，需要将有线网络中的一些安全机制引进到 WLAN 中，在无线接入点 AP 实现复杂的加密解密算法，通过无线接入控制器 AC，利用 PPPOE 或者 DHCP+Web 认证方式对用户进行第二次合法认证，对用户的业务流实行实时监控。这方面的 WLAN 安全策略有待于实践与进一步探讨并完善。

五、无线局域网的组建

要组建一个无线局域网，除了需要配置计算机外，还需要选购无线网卡。对于台式计算机，可以选择 PCI 或 USB 接口的无线网卡。对于笔记本电脑，则可以选择内置的 MiniPCI 接口，以及外置的 PCMCIA 和 USB 接口的无线网卡。为了能实现多台计算机或手机共享上网，需要准备一台无线 AP 或无线路由器，并在运营商处办理好宽带接入，例如 ADSL、小区宽带等。

无线局域网的拓扑结构主要有两种：Ad Hoc 模式和基础设施模式。

（一）Ad Hoc 模式局域网

Ad Hoc 模式局域网的组建，只需要计算机和无线网卡。

（二）使用 ADSL 接入的无线局域网

对于一个家庭来说，台式计算机、笔记本电脑、手机等都希望无线接入互联网，除了需要给计算机配置无线网卡外，还需要有无线路由器。对于光纤入户的家庭，需要有运营商提供的光调制解调器（Modem），俗称光猫。对于使用 ADSL 的用户，需要 ADSL 调制解调器。对于网线入户的家庭来说，墙上安装有双绞线插座，就不需要调制解调器了。

（三）使用 AP 的无线局域网

如果有多个区域需要通过无线的形式接入到 Internet，可以在每个区域设置一个或多个 AP，以有线的形式将 AP 连接到交换机，再连接到路由器上，就可以接入 Internet 了。

六、Wi-Fi

Wi-Fi（Wireless Fidelity）又称作“行动热点”，是 Wi-Fi 联盟制造商的商标，也是产品的品牌认证，是一个基于 IEEE 802. 11 标准的无线局域网技术。基于两套系统的密切相关，也常有人把 Wi-Fi 当作 IEEE 802. 11 标准的同义术语。

Wi-Fi 采用的是 IEEE 802. 11 标准，其主要工作是建立了一套用于验证 IEEE 802. 11b 产品互操作能力的测试程序，经过认证的 IEEE 802. 11b 产品使用的名称是 Wi-Fi。Wi-Fi 联盟针对 IEEE 802. 11a 产品开发了一个认证程序，称为 Wi-Fi 。

人们通常所说的 5G Wi-Fi 并不是指所有运行于 5 GHz 频段上的 Wi-Fi，工作频率 5 GHz 的标准有 IEEE 802. 11a、IEEE 802. 11n 和 IEEE 802. 11ac。而只有采用 IEEE 802. 11ac 标准的 Wi-Fi，才是真正的 5G Wi-Fi，其工作在频率 5 GHz，能同时覆盖 5 GHz

和 2.4 GHz 两大频段，入门级速率是 433 Mbit/s，一些高性能的 5G Wi-Fi 速率能达到 1 Gbit/s 以上。

第三节 移动 Ad Hoc 网络

无线网络的发展，为移动设备的组网提供了技术可能。基于基础设施的无线网络，如基于接入点 AP 的无线局域网和基于基站的 4G、5G 移动通信网络，为行进中的人员、车辆等提供了接入网络的手段，使人们和设备能够随时保持通信状态，带动了移动互联、车联网、动中通等的应用。然而，这类基于基础设施的网络在某些应用场景中，却存在致命的缺陷，如战场环境、灾难现场、空中组网、陌生的室内环境等，一旦基础设施（如基站）被毁，或者无法架设基站，可能造成网络瘫痪，或无法组网。

移动 Ad Hoc 网络，又称为 MANET，是一种多跳、无中心、自组织无线通信网络，无须预先架设基站等固定的基础设施，可提供快速、便捷的组网，支持网络的快速展开，能够快速适应网络的动态拓扑变化（地形障碍、节点移动、链路冲突与干扰），适用于带宽受限（节点的分组处理能力、链路容量可变）和功率受限（小型化节点设备、传输距离有限）的复杂应用环境。

在军事领域，战术 Ad Hoc 网络可以装备到单兵、战车、无人机等战场环境中，在无须基站等基础设施的情况下，为战场提供方便、快捷的通信，实现单兵与单兵之间、单兵与作战平台之间以及不同兵种之间的数字一体化，增强部队之间的协同战斗能力，有效地提升部队战斗力。

在民用领域，如大地震后的现场救援，原有的通信设施被毁，又无法在短期内重建大功率、长距离的通信基站；再比如边远山区的森林防火，由于山高林密、地域广阔，无法通过架设基站，达到整个林区的覆盖。利用移动 Ad Hoc 技术，采用空中和地面结合的方式，可以快速组建多跳的、覆盖大面积的通信网络。

一、移动 Ad Hoc 网络概述

Ad Hoc 网络技术由 ALOHA 项目发展而来。美国国防部的国防高级研究计划局（DARPA）启动了 PR NET 项目计划，研究在战场环境下，采用分组无线网进行数据通信。DARPA 当时所提出的网络是一种军事用途的无线分组网络，其可以支持 30 个通信节点，可提供的最大数据传输速率为 400 kbit/s，在恶劣的战场环境下，不能预先架设固定的通信基础设施，或这些设施已遭到破坏，使得依赖于基础设施的无线通信设备，在战场环境中不可用。因此，能自由移动、无须固定的基础设施、自组织、能快速组网的分组无线网，在军事上得到了认同。

（一）Ad Hoc 网络的特点

第一，网络自主性：无线 Ad Hoc 网络是一种不依赖于现有基础设施，具有自组织、自配置、自管理功能的网络，它可以随时、随地在网络中各个节点之间的相互组织下，快

速、灵活地组建一个移动网络通信。

第二，动态变化的网络拓扑：Ad Hoc 网络中，节点可以任意移动，且由于无线信道间的互相干扰、地形和气候等多种因素的影响，使得网络中的节点通过无线方式形成的网络拓扑随时可能发生变化。

第三，网络中节点对等性：在 Ad Hoc 网络中，采用无中心的网络结构，网络中节点既是移动终端，又具有路由器的功能，节点可以在任意时间加入或者退出网络，使得 Ad Hoc 网络具有更强的抗摧毁性。

第四，多跳路由：在 Ad Hoc 网络中，由于无线节点发射功率的限制，节点覆盖范围是有限的，当节点要与其信号范围之外的节点进行通信时，需要通过中间节点进行转发，即要通过多跳路由实现通信。

（二）Ad Hoc 网络存在的问题

Ad Hoc 网络存在很多优势，但是到目前为止，它仍然存在着很多需要解决的问题。

1. 网络的覆盖范围

理论上讲，由于 Ad Hoc 网络是一个多跳的、自组织的网络，其覆盖范围可以不受限制，网络的规模可以任意扩展。而实际情况是，由于网络无中心、拓扑变化快，站点之间的相互关系不稳定，为了保证通信，网络中的站点在进行数据通信之前和数据通信过程中，站点间需要传送路由信息，用于维护路由表。站点快速移动时，需要更高频率地发送路由信息，其结果是增加了控制开销，减少了网络用于传送数据的有效带宽。同时，还会带来数据传输时延的增大。随着网络规模的增大，路由算法的收敛时间也会增长。因此，在目前的技术下，Ad Hoc 的网络规模不能太大。

2. 带宽有限

相比于有线网络，无线网络的带宽较小，而 Ad Hoc 网络需要使用一定的带宽发送控制信息，如路由信息，因此用于数据传输的有效带宽会更小，这会限制 Ad Hoc 的应用领域。

3. 与外部系统的连接

由于 Ad Hoc 网络更适合于拓扑变化快的移动场景，它的分布式控制机制与传统的无线网络和有线网络的机制，存在着非常大的差异，使得 Ad Hoc 网络很难与其他类型的网络连接。比如路由算法：Ad Hoc 网络无法保证有一个固定站点与外部网络连接，这就使得外部网络无法知道通过哪一个地址，能将数据送入 Ad Hoc 网络。这就好像是在有线网络中，一个相连的路由器的地址是不断变化的，用现有的有线网络的路由算法，是无法进行路由选择的。

4. 应用领域

目前，人们在军事领域看到了 Ad Hoc 应用的前景，但是在民用领域，由于 Ad Hoc 技术的不足，人们还没有发展较多的应用领域，应用领域过小，这将影响 Ad Hoc 技术的发展。

5. 能源受限

移动站点的能源供给依赖于电池，而目前的电池技术对 Ad Hoc 站点来说电力供应非常有限，比如偏远地区由于架设基站困难，适于采用 Ad Hoc 技术，但电池的问题使得站点无法长时间使用。虽然可以采用一些节能控制技术，但仍然无法满足 Ad Hoc 网络的需求。

6. 安全问题

作为一种特殊的无线移动网络，Ad Hoc 网络由于采用无线信道，有限的能量以及分布式控制等技术，使得它更加容易受到被动窃听、欺骗、拒绝服务等网络攻击。此外，许多传统的安全机制和安全策略，由于计算复杂度大等原因，在 Ad Hoc 网络中不再适用，使得 Ad Hoe 网络的安全性较差。

二、移动 Ad Hoc 网络的 MAC 层

对于无线网络来说，通信介质是开放的，通信信道是共享的。其 MAC 协议设计的目的，在于解决网络中多个节点公平访问共享信道的问题，并在此基础上，尽可能地提高信道的利用率。由此可见，MAC 层协议是网络中站点逻辑通信的第一步。因而，也就成为网络协议族中其他网络协议的基础。只有 MAC 协议实现网络中的各个节点都能够公平地、高效地、有序地访问信道资源，才能够保证上层网络协议的正常运行，才能够保证节点数据的有效传输，才能够保证不同需求下相应网络性能的实现。移动 Ad Hoc 网络中的 MAC 协议主要存在以下几方面的问题：

1. 时间同步问题

网络中节点的物理时钟都是通过各自节点的晶振来决定的，而不同节点的晶振之间又或多或少存在着些许的偏差，从而当网络运行时间较长时，这些累积的偏差就会导致网络中节点时钟的不同步，进而有可能造成整个网络数据传输混乱。时钟同步问题在无线网络中一直存在，但是对于有固定设施控制中心的 WLAN 来说，可以通过控制中心定期地发送时钟同步信息，来矫正无线节点的时钟。而对于没有中心控制节点的 Ad Hoc 网络来说，这样的问题就相对难以解决。

2. 隐藏终端问题

隐藏终端是指网络中位于发送节点通信范围之外、接收节点通信范围之内的节点。这类节点因无法接收到发送节点发送的数据分组而可能对信道的状态进行误判，从而造成数据分组的冲突，降低了信道的利用率。

3. 暴露终端问题

暴露终端是指位于发送节点传输范围之内、接收节点传输范围之外的节点。暴露终端节点由于其本身在发送节点的传输范围之内，所以总是能够侦听到发送节点发送数据的消息，从而会在相应的时期内保持静默。但是由于此类节点在接收节点的传输范围之外，所以有时不需要静默的时候节点也保持了静默，从而错过了自己发送数据的时机，减少了数据帧的投递率和整个网络的吞吐率，增加了数据传输的延迟。

4. 节点移动问题

Ad Hoc 网络中，由于节点能以任意的方向和速度运动，因而整个 Ad Hoc 网络的拓扑结构也将一直处于动态变化之中，而网络拓扑的动态变化会引起两个问题。

问题一：节点所拥有的路由信息和网络的实际拓扑结构不对等。

网络的实际拓扑结构是指根据网络中节点的物理位置得到的网络拓扑结构，是网络拓扑本身最真实的反应。但是网络中节点并不是通过这个信息来认知自己所在的网络，网络

中节点是通过各自的路由信息来认知整个网络的拓扑结构。由于路由信息的更新需要一定的时间，所以节点的路由信息相较于实际网络拓扑具有一定的滞后性，即节点所认知的网络结构较实际的网络结构具有一定的滞后性。

问题二：节点移动和信道已分配策略的冲突。

由于移动 Ad Hoc 网络存在着不同于一般无线网络的问题，因而其 MAC 协议需要引入新的机制。目前已有的移动 Ad Hoc 的 MAC 协议可分为三类：竞争协议（Contention Protocol）、分配协议（Allocation Protocol）和混合协议（Hybrid Protocol）。

第一类，竞争协议。这类协议的主要思想是通过网络节点的相互竞争直接决定信道的使用权，并且在竞争的算法中，可以增加一定的策略，使得高优先级节点能够更容易地竞争到信道，从而使得该协议可以支持优先级服务和提供一定的 QoS 保障。这类协议的典型代表有 ALOHA 协议、CSMA/CA 协议 X MAC A 协议等。

第二类，分配协议。这类协议的主要思想是将信道划分为超帧，进而又将超帧划分为时隙，节点在发送数据前，通过特定的策略先发送控制消息，以完成对数据时隙的预留，当预留成功后，才能发送数据。这类协议的典型代表有 FPRP 协议、HRMA 协议、ASAP 协议等。

第三类，混合协议。这类协议的主要思想是将竞争的思想融入预留的方式中，即通过竞争的方法来竞争控制时隙的使用权，然后通过控制时隙发送预留请求，最终发送数据帧。这类协议的典型代表有 ADAPT 协议、AGENT 协议、TMRR 协议、QTDMA 协议等。

另外，根据网络中信道的数量，可以将这些 MAC 协议分为以下三类：

第一类，单信道 MAC 协议适用于只有一个共享信道的自组织网络。在单信道 MAC 协议中，网络中的所有消息都通过相同的信道进行传输，即网络中所有的控制消息和数据帧都是在相同的信道上发送和接收。前面列举的大多数协议都是单信道的 MAC 协议。

第二类，双信道 MAC 协议适用于有两个共享信道的自组织网络。双信道 MAC 协议的双信道一般分为控制信道和数据信道。控制信道只发送与该 MAC 协议有关的控制消息，而数据信道只发送数据帧。双信道通过适当的控制机制，可以避免数据帧的冲突，从而提高网络性能。典型的双信道的 MAC 协议有 BAPU 协议、DCMA 协议、PAM AS 协议和 DBT MA 协议等。

第三类，多信道 MAC 协议适用于拥有多个信道的自组织网络。由于网络中有多个信道，则相邻节点可以使用不同的信道同时进行通信。这种信道接入协议主要注意两个问题：信道分配和接入控制。信道分配主要负责为不同的通信节点分配信道，并消除数据帧之间的冲突，使得尽量多的节点可以同时进行通信。接入控制负责确定节点接入信道的时机、冲突的避免和解决等问题。常见的典型的多信道 MAC 协议有 HRMA 协议、multi-channel CSMA 协议、DCA（Dynamic Channel Assignment）协议、DCA-PC（DCA with Power Control）协议、MMAC（Multi-channel MAC）协议和 DPC（Dynamic Private Channel）协议等。

三、移动 Ad Hoc 网络的网络层

路由协议是网络层的主要功能，Ad Hoc 网络作为一种多跳的自组织网络，传统的路由协议无法适应 Ad Hoc 网络的需求。Ad Hoc 网络中的节点之间是通过多跳数据转发进行

数据交换的，需要路由协议进行分组和数据的转发决策。再者，因为 Ad Hoc 网络采用无线通信且网络中的节点可以随意移动，因而网络拓扑结构频繁变化，这给 Ad Hoc 网络路由协议的设计带来一定的挑战。因此，在选择或者设计 Ad Hoc 网络路由协议的时候，必须考虑到 Ad Hoc 网络的这些特点。

按照不同的标准，Ad Hoc 网络路由协议有不同的分类方式。

（1）从所处的网络逻辑结构角度，Ad Hoc 网络路由协议可以分为：

①平面路由协议。

②分级路由协议。

（2）按照所依据的基本路由算法的不同，Ad Hoc 网络路由协议可以分为：

①源路由协议。

②基于链路状态的路由协议。

③基于距离矢量的路由协议。

④反向链路协议。

（3）按照路由的发现策略，Ad Hoc 网络路由协议可以分为：

①主动式路由协议。

②被动式路由协议。

③混合式路由协议。

（一）主动式路由协议

主动式路由协议，又称为表驱动式路由协议。在这种类型的路由协议中，无论节点是否有通信需求，都需要通过周期性的路由分组广播，交换路由信息，建立和维护一张本节点到网络中其他节点路径的路由表。主动式路由协议一般包括邻居节点探测和路由广播两个过程，节点通过向网络中各通信端口周期性广播“Hello”分组来实现邻居节点的探测。当节点检测到网络中的网络拓扑出现变化时，需要在网络中发送路由更新消息，使网络中的其他节点对路由表进行更新。这种路由协议的优点是当节点需要发送数据时，只需在路由表中查找到达目的节点的路径信息，所需的时延很小。然而由于主动式路由协议需要把网络中拓扑结构的变化通过路由更新信息在网络中传播，以使网络中的节点更新路由表，这就给节点建立和维护路由表带来很大的路由开销；同时由于 Ad Hoc 网络动态的拓扑结构使得网络中传播的路由更新信息有可能是无效的，从而造成路由协议始终处于不收敛的状态。

主动式路由协议的代表协议有优化链路状态路由协议（Optimized Link State Routing，OLSR）、基于目的站编号的距离矢量（Destination-Sequenced Distance-Vector Routing，DSDV）路由协议、无线路由协议（Wireless Routing Protocol，WRP）、FSR（Fisheye State Routing）、TBR PF（Topology Dissemination Based on Reverse-Path Forwarding）等。

1. OLSR 路由协议

优化链路状态路由协议（OLSR）是一种主动式的路由协议，网络中的节点通过周期性广播的 Hello 控制分组和 TC 控制分组实现链路感知、邻居探测和拓扑发现过程，采用 Dijskra 最短路径算法进行路由计算。与传统链路状态路由不同，OLSR 协议引入了多点中继（MPR）策略，节点在其邻居节点中选择一部分节点作为 MPR 节点，只有网络中的

MPR 节点才产生和转发 TC 控制分组，这样大大降低了因 TC 消息洪泛而带来的开销。

OLSR 协议的优点是路由表更新及时、路径查找延时小、支持单向信道，并且 OLSR 路由协议通过引入 MPR 机制有效地减少了控制分组的数量，大大降低了控制开销。然而，由于 OTR 协议需要通过周期性的控制消息构建网路拓扑，因而维护路由表所需的开销仍然很大。同时，由于动态网络拓扑中，网络中的传播控制分组有可能已经过时，导致路由协议不收敛，也使得 OLSR 协议不能很好地适用于快速移动的场景。

2. DSDV 路由协议

DSDV 路由协议是一种基于 Bellman-Ford 算法的主动式路由协议，被认为是最早的自组网路由协议，其特点是利用目的节点序列号解决路由环路和无穷计数问题。在 DSDV 协议中，采用时间驱动和事件驱动来控制路由表的传送，即网络中的每个节点保存一张路由表，路由表维护本节点到网络中其他节点的路径信息。路由条目中保存目的节点的序列号（Sequence Number），用以区别新旧路由。节点通过周期性的广播路由更新分组和邻居交换而使路由表保持连贯性，用于维护和更新路由。若在周期没有到达之前，网络拓扑结构发生变化，节点会及时向邻居节点发送增量更新的路由信息以及时维护和更新路由。

在 DSDV 协议中，每个节点都通过周期性的广播消息向邻居节点通告其当前的路由表，邻居节点接收到该消息后，进行处理，对本身的路由表更新，并在周期到来时向邻居节点通告本身的路由表。通过这种方式而不是洪泛向网络中所有节点进行通告，大大减少了控制开销。

当有新节点加入时，节点告诉其他节点自己的存在。当周围邻居节点收到该消息后，把这一表项加入路由表中，并把该消息作为路由更新条目立即向周围邻居发送。经过一段的时间，每个节点都可以建立一个完整的路由表。

路由表的更新也是基于周期性路由分组和立即路由更新分组来实现的。

在 DSDV 协议中，路由选择的准则为：序列号为新或者度量值（如跳数）小的路由表项。采用这种路由选择的方式能有效地解决由于异步路由信息通告而带来的路由频繁波动。

DSDV 协议的优缺点：

DSDV 协议采用序列号机制来区分路由的新旧程度，防止可能产生的路由环路；同时，作为主动式路由协议，DSDV 协议在发送数据时，查找路由所需的时延小。DSDV 的缺点是不适应拓扑变化速度快的应用环境，同时它还不支持单向信道，且路由收敛慢，路由开销大。

（二）被动式路由协议

被动式路由协议又称按需路由协议，主要包括“路由发现”和“路由维护”两个过程。与主动式路由协议相反，被动式路由认为在动态变化的自组网环境中，没有必要维护网络中其他所有节点的路径信息，仅在当源节点需要获得到目的节点的路径信息，而该路径信息在路由表中又不存在时，路由发现过程将被执行，即拓扑结构和路由表的内容是按需建立的。当需要路由发现时，网络中的节点采用洪泛的方式向整个网络广播路由请求分组，当有路由请求分组到达目的节点后，目的节点向请求节点发出路由应答分组，在源节点和目的节点之间建立起双向的“激活路径”。当激活路径上出现某段链路中断时，路由协议启动路由维护过程，路由维护有断点路径修复和源节点路由重新建立两种策略。

被动式路由协议是自组网特有的协议类型，它采用按需建立和维护路由表的机制。优点是不需要周期性的路由信息广播，节省了一定的网络资源，降低了路由开销，提高了网络的吞吐量。然而，被动式路由协议具有潜在的不确定性，包括：目的节点是否可达的不确定性和路由建立延迟的不确定性；当有数据分组需要发送时，若在路由表中不存在到达该目的节点的可用路径信息，数据分组需要等待路径发现过程的时延较大。

被动式路由协议的代表协议有动态源路由协议（Dynamic Source Routing，DSR）、无线自组网按需平面距离矢量路由协议（Ad Hoc On-Demand Distance Vector，AODV）、ToRA（Temporally ordered Routing Algorithm）、ABR 协议等。

1. AODV 协议

无线自组网按需平面距离矢量路由协议是应用于无线 Ad Hoc 网络中进行路由选择的路由协议，是 Ad Hoc 网络中被动式路由协议的典型协议。

在 AODV 协议中，分为路由请求、路由响应和路由维护三个阶段。

第一阶段，路由请求。在 AODV 协议中，当源节点向目的节点发送数据分组时，若在路由表中没有到达目的节点的路由表项，源节点启动路由请求过程，广播路由请求分组（RREQ 分组）。RREQ 分组主要包含源地址、源节点序列号、广播 ID、目标地址、目标节点序列号和跳计数。

第二阶段，路由响应。当中间节点接收到 RREQ 分组，便在路由表中建立到源节点的反向路径。如果该中间节点具有到达目标节点的有效路径或节点本身是目标节点，则会向源节点单播路由应答分组，否则继续广播路由请求报文。

当 RREQ 分组到达目的节点时，目的节点启动路由响应机制，生成路由应答分组（RREP 分组），RREP 分组根据已建立的反向路径逐跳转发到源节点，网络中每个转发该 RREP 分组的节点，会建立到达目的节点的前向路径。

第三阶段，路由维护。在 AODV 协议中，当节点检测到与某邻居节点之间链路中断时，若与该邻居节点的断开不影响正在活动的路由，则不进行重新路由发现过程，否则，本节点就会广播路由错误分组（RRER 分组）或进行本地链路恢复。

2. AODV 路由协议的优缺点

作为经典的 Ad Hoc 网络被动式路由协议，AODV 路由协议具有控制开销小、吞吐量较大、支持组播路由和 QoS 路由等优点。但是，AODV 协议同时还具有不支持单向链路和查询路径等待时延较大等缺点。

（三）混合式路由协议

混合式路由协议是最早采用按需路由思想的路由协议，是一种基于源路由机制的被动式路由协议，它的主要特点是采用源路由机制转发数据分组，即在分组头部携带要经过的路径节点的信息，中间节点在转发该分组时，按照该分组携带的路径节点序列进行转发。

混合式路由路由协议主要由路由发现过程和路由维护过程两部分组成。路由发现过程主要用于源节点获取到达目的节点的路径信息。当路径由于节点间链路中断而造成该路径无法保证到达目的节点时，当前路径信息就失效了。在混合式路由协议中，通过路由维护过程来监测当前路由可用的状况，当监测到路由失效时，将采用新一轮的路由发现过程。

混合式路由协议的优缺点：

作为被动式路由协议，混合式路由协议具有控制开销较小、吞吐量较大等优点；同时，由于采用源路由机制，所以混合式路由协议中的中间节点不需要维护到全网所有节点的路径信息。但是由于每个数据分组都携带了路径节点信息，因而使得协议开销增大，不适合网络直径大的网络。

第四节　无线个域网

随着计算机、手机、家用电器等越来越多地进入人们的工作和生活，人们希望有一种短距离、低功耗、低成本的无线通信方式，使这些不同功能的设备，实现小范围的自组网。无线个域网（Wireless Personal Area Network，WPAN）就是满足这样需求的覆盖范围相对较小的无线网络。

无线个域网的发展非常迅速，目前主要的技术有蓝牙、IrDA、Home RF、UWB、ZigBee、RFID 和 NFC 等。

蓝牙：一种点到点、一点到多点的语音和数据业务短距离无线通信技术，是目前 WPAN 应用的主流技术。由蓝牙技术构成的网络，由主设备和从设备组成，主设备负责提供时钟同步和跳频序列，从设备可以多达 7 个。

IrDA：采用红外通信技术，两个设备可以相互监测对方并交换数据，支持语音和数据业务。半双工的同步系统，传输速率为 2400～115 200 bit/s，传输范围 1m，传输半角度为 15°～30°。目前，速率已达 4 Mbit/s。

Home RF：采用共享无线应用协议 SWAP，使用 TDMA+CSMA/CA 方式，适合于语音和数据业务，并特别为家庭小型网络进行了优化。工作在 2.4 GHz 的 ISM 频段，有效范围为 50 m，传输速率为 1Mbit/s 或 2 Mbit/s。

UWB：UWB（Ultra Wide Band）是一种无载波通信技术，利用微秒至纳秒的非正弦波窄脉冲传输数据。通过在较宽的频谱上传送极低功率的信号，UWB 能在 10m 左右的范围内实现数百兆比特每秒至数吉比特每秒的数据传输速率。有两个技术阵营，一个是采用脉冲无线电技术；另一个采用 MB-OFDM（Multi banded OFDM）技术，目前没有统一的标准。近年来，UWB 的另一个应用是利用其亚纳秒级超窄脉冲来做近距离精确室内定位。

ZigBee：是一种低速短距离传输的无线网上协议。其特点是近距离、低复杂度、低功耗、低数据速率、低成本、可靠、安全，并支持多种网络拓扑，主要用于传感控制应用。

RFID：又称无线射频识别技术。可通过无线电信号识别特定目标并读写相关数据，而无须在识别系统与特定目标之间建立机械或光学接触。无源 RFID 工作频率有低频 125 kHz、高频 13.56 MHz、超高频 433 MHz、超高频 915 MHz，主要作为电子标签，应用于身份证件和门禁控制、供应链和库存跟踪、资产管理等。有源主要工作频率有超高频 433 MHz、微波 2.45 GHz 和 5.8 GHz，应用于远距离自动识别领域，如智能监狱、智能医院、智能停车场、智能交通、智慧城市、智慧地球及物联网等领域。

NFC：又称近场通信技术，是一种短距离高频无线通信技术，允许电子设备之间进行非接触式点对点数据传输，交换数据。在 13. 56 MHz 频率运行于 20cm 距离内，其传输速度有 106 kbit/s、212 kbit/s 或者 424 kbit/s 3 种。目前主要应用于电子支付、身份认证、票务、数据交换、防伪等。

一、蓝牙

蓝牙是一种支持设备短距离通信（一般是 10m 之内）的无线电技术。由瑞典爱立信公司发明。东芝、爱立信、IBM、Intel 和诺基亚于 1998 年 5 月成立了蓝牙特殊利益集团（SIG），并共同提出了近距离无线数字通信的技术标准。其目标是实现最高数据传输速度 1 Mbit/s（有效传输速度为 721 kbit/s）和最大传输距离为 10 m 的近距离无线数字通信，并且该标准使用户不必申请便可利用的 2. 4 GHz ISM 频带。

目前，已经有 2000 多家设备制造商成为 SIG 会员。IEEE 802. 15 工作组专门研究有关蓝牙技术的兼容和发展问题。从爱立信推出第一部采用蓝牙技术的手机 R520 起，蓝牙技术已经应用于许多消费类电子产品中，包括手机、笔记本电脑、汽车等，众多操作系统也已支持蓝牙技术。

本蓝牙技术的优势：

（1）支持语音和数据传输。

（2）采用无线电技术，传输范围大，穿透性强。

（3）采用跳频展频技术，抗干扰性强，不易窃听。

（4）使用的频谱在各国都不受限制，不干扰其他设备，对人体辐射小。

（5）功耗低，成本低，易于推广使用。

（一）蓝牙协议

蓝牙协议体系结构是一个分层结构，包括核心协议、电缆替代协议、电话控制协议和接纳协议。

第一，核心协议（Core Protocol）：包括无线电（Radio）、规定频率、跳频方式、调制模式和传输功率。

基带（Baseband），微微网中的连接建立、寻址、分组格式、计时和功率控制。

链路管理协议（LMP），建立和管理基带连接，包括链路配置、认证、功率管理等功能。

逻辑链路控制和自适应协议（L2CAP），产生高层协议与基带协议之间的逻辑连接，给信道的每个端节点分配信道标识符（CID），保证服务质量（QoS）要求。

服务发现协议（SDP），用来发现设备中的可用服务，确定可用服务的属性。

第二，电缆替代协议（RFCOMM）：提供一个虚拟串口，在基带层上模拟 EIA-232（RS-232）控制信号，实现二进制数据传输。

第三，电话控制协议（Telephony Control Protocol）：为蓝牙设备间的语音呼叫和数据连接定义控制信令，并定义了移动管理过程。

第四，接纳协议（Adopted Protocol）：定义了与其他无线通信协议的对接，使蓝牙设备可以使用 PPP、TCP/UDP/IP、OBEX（对象交换协议）、WAE/WAP 协议。

（二）蓝牙的应用

一个微微网由一台主设备和1~7台从设备组成。主设备负责确定网中所有设备使用的信道参数，包括跳频序列和相位。从设备只能在主设备授权时与主设备通信，从设备之间不能通信。

一个微微网中的设备也可以作为另一个微微网的一部分，既可以作为主设备，也可以作为从设备。多个微微网如果存在重叠区域，就形成了分散网。

二、ZigBee

蓝牙技术的发展非常迅速，应用也十分广泛，但大多是民用消费产品和安全产品领域。对于工业领域设备联网来说，蓝牙应用的复杂度较高，组网规模小，抗干扰能力弱，成本偏高，而且在使用量最大的传感器信息采集领域，数据传输速率不需要太高。

ZigBee又称为紫蜂，是根据蜜蜂通过飞舞的姿态和声音向同伴传递信息而得名。它是一种低速短距离传输的个域网技术，适用于分布范围较小、传输速率要求较低、要求功耗和成本非常低但对数据的安全性有一定要求的场合。ZigBee的主要特点表现为七方面：

第一，极低的功耗：由于应用于低速率场合，ZigBee在没有数据通信时进入功耗极低的休眠状态，此时的功耗只有正常工作状态的千分之一。因此，其平均功耗很低，可以使用普通干电池工作几个月，甚至数年。

第二。低速率：可以提供的速率分别为250 kbit/s（2.4 GHz）、40 kbit/s（915 MHz）和20 kbit/s（868 MHz）的原始数据吞吐率，可满足低速率传输数据的应用需求。

第三，低成本：网络协议简单，可以在计算能力和存储容量有限的MCU上运行，现有的ZigBee芯片一般都是基于8051单片机内核的，因此适于对成本要求较严苛的应用中。

第四，响应快：不需要同步，节点入网仅需30 ms，从休眠状态转入工作状态也只需15 ms。

第五，安全性高：ZigBee在物理层采用了扩频技术和多信道，能够在一定程度上抵抗干扰；在MAC层使用CSMA/CA及确认和数据校验等措施，保证数据可靠传输；采用自组网和动态路由，网络有很强的自愈能力；提供了三级安全模式，包括安全设定、使用访问控制清单（ACL）防止非法获取数据以及采用高级加密标准（AES 128）的对称密码，可以根据MCU的计算能力选择其一。

第六，灵活组网：采用自组网和动态路由方式，设备安放位置灵活，既适用于固定设备组网，也适用于移动设备组网，同时数据传输可以根据网络状况灵活路由，减少拥塞的发生。

第七，高网络容量：可以使用64位的IEEE地址，也可以使用16位短地址。一个主节点（协调器）可以管理多达254个子节点，一个分层的网络最多可以管理216个节点设备。

三、NFC

NFC（Near Field Communication），即近场通信技术，是一种短距高频的无线电技术，在 13.56 MHz 频率运行于 4cm 距离内，其传输速度有 106 kbit/s、212 kbit/s 和 424 kbit/s 三种。近场通信技术从非接触式射频识别（RFID）及互联互通技术整合演变而来，也是通过频谱中无线频率部分的电磁感应耦合方式传递，但两者之间还是存在很大的区别。近场通信的传输范围比 RFID 小，RFID 的传输范围可以达到 0~1m，但近场通信采取了独特的信号衰减技术，相对于 RFID 来说具有成本低、带宽高、能耗低等特点。

NFC 的工作原理：近场通信分为主动与被动两种模式。在被动模式下，发起近场通信的设备，也称为主设备，在整个通信过程中提供射频场（RF-field），它可以选择 106 kbit/s、212 kbit/s 或 424 kbit/s 其中一种传输速度，将数据发送到目的设备。目的设备又称为从设备，不必产生射频场，而使用负载调制技术，以相同的速度将数据传回主设备。在主动模式下，主设备和从设备都要产生自己的射频场，以进行通信。

NFC 的工作模式可以分为 4 个基本类型：

第一，接触、完成。诸如在门禁管制或交通、活动检票之类的应用中，用户只需将储存有票证或门禁代码的设备靠近阅读器即可。还可用于简单的数据撷取应用，例如从海报上的智能标签读取网址。

第二，接触、确认。移动付费之类的应用，用户必须输入密码确认交易，或者仅接受交易。

第三，接触、连接。将两台支持 NFC 的设备连接，即可进行点对点网络数据传输，例如下载音乐、交换图像或同步处理通信录等。

第四，接触、探索。NFC 设备可能提供不止一种功能，消费者可以探索了解设备的功能，找出 NFC 设备潜在的功能与服务。

NFC 在使用中，有 3 种应用方式：

第一，仿卡模式。在该模式中，近场通信设备（如带有 NFC 功能的手机）可以作为信用卡、借记卡、标识卡或门票使用。仿卡模式可以实现“移动钱包”功能。

第二，读卡器模式。在该模式中，近场通信设备可以读取带有 NFC 芯片的标签，类似条形码的扫描。也可以将数据写入这种标签。

第三，P2P 模式（点对点模式）。在 P2P 模式中，近场通信设备之间可以交换信息。例如，两个有 NFC 功能的手机在相互靠近时，可以交换手机中的数据。这种模式下，数据传输的连接建立快、传输速度快、功耗低。

第七章　网络互联技术

第一节　网络互联概述

网络互联是指将分布在不同地理位置的、相同或不同类型的网络通过网络互联设备（如中继器、网桥、路由器、网关）相互连接，形成一个范围更大的网络系统，以实现各个网段或子网之间的数据传输、通信、交互与资源共享；也可以是为增加网络性能或便于管理，先将一个很大的网络划分成几个子网或网段，然后再将子网互联起来组成大型网络。

由相同或不同类型的子网互联而成的大型网络称为互联网络。实际上，基于 TCP/IP 参考模型的因特网（Internet）就是由全世界无数的网络通过网络互联技术连接起来的，是国际上使用最广泛的一种互联网。

一、网络互联的主要原因

随着计算机应用技术的飞速发展，社会对计算机网络的需求不断增长。在这种背景下，网络之间的互联变得日益重要。归纳起来，网络互联的主要原因有以下几点。

（1）扩展网络覆盖范围的需要。局域网的信息传输距离受到严格的限制。一般来说，从集线器或交换机端口到终端设备之间的实际距离不超过 100 m。通过网络互联，可以增加局域网的通信距离，扩展局域网的覆盖范围。

（2）扩大资源共享范围的需要。单个局域网内的资源是有限的，如果不连入 Internet，它就会成为一个“信息孤岛”，无法与外部交流信息、共享资源，就发挥不出网络应有的作用。例如，全球性的企业集团带来了全球性的市场，要增强企业的竞争力，就需要将分布在世界各地的企业局域网互联起来。

（3）网络分割的需要。随着局域网中设备接入数量的增加和网络覆盖范围的扩大，网络中广播信息的数目也会随之增加，这会导致网络性能降低，安全性变差。为了解决这一问题，需要将一个大的局域网分割成多个子网，不同的子网之间再通过互联设备进行连接，以提高网络的可靠性和安全性，使网络更易于管理和维护。

二、网络互联的类型

计算机网络从覆盖范围上可以分为局域网、城域网和广域网 3 类。其中，局域网与城域网的基本特征是相同的，只是规模上有差别。所以网络互联的类型主要有以下 4 种。

（1）局域网（LAN）—局域网（LAN）互联。在实际应用中，局域网与局域网之间的互联是最常见的一种网络互联类型。它包括两种情况：一是相同类型局域网之间的互联，如以太网与以太网之间的互联；二是不同类型局域网之间的互联，如以太网与令牌网互联、以太网与 ATM 网互联。

（2）局域网（LAN）—广域网（WAN）互联。局域网和广域网互联也是常见的网络互联类型。例如，企业网、校园网通过电信网络接入 Internet。

（3）局域网（LAN）—广域网（WAN）—局域网（LAN）互联。这种类型是指两个分布在不同地理位置的局域网通过广域网互联。众多全球型企业的专用网就是局域网—广域网—局域网互联的典型例子。

（4）广域网（WAN）—广域网（WAN）互联。Internet 是广域网互联的典型例子。

三、实现网络互联的基本要求

不同的网络有着不同的寻址方式、分组限制、网络连接方式等。两个网络要实现互联，并达到相互之间信息交流与资源共享的目的，必须满足以下几个基本要求。

（1）在互联网络之间至少有一条在物理上连接的链路及对这条链路的控制规程。

（2）在不同网络节点的应用程序间提供适当的路径来传输数据。

（3）协调各个网络的不同特性，不对参与互联的某个网络的硬件、软件、网络结构或协议做大的修改。

（4）不能为提高整个网络的传输性能而影响各子网的传输性能。

（5）向互联的网络提供不同层次的服务功能，包括协议转换、报文重定向、差错检测等。

第二节　网络互联介质

网络互联介质是连接各网络节点，承载网络中数据传输功能的物理实体。如果将网络中的计算机比作货站，数据比作汽车的话，那么网络互联介质就是不可缺少的公路。根据介质的物理特征，网络互联介质分为有线传输介质和无线传输介质两大类。目前常用的有线传输介质有双绞线、同轴电缆和光纤等，常用的无线传输介质有无线电波、微波和红外线等。

一、双绞线

1. 双绞线的组成结构

双绞线（又称双扭线）是当前应用最普遍的传输介质，其电缆中封装着一对或多对双绞线，每对双绞线通常由两根具有绝缘保护层的铜导线组成。这两根铜导线按一定密度相互缠绕在一起可降低信号干扰的程度，这是因为一根铜导线在传输中辐射的电波会被另一根铜导线辐射出的电波抵消。与其他传输介质相比，双绞线在传输距离、信道带宽和数据传输速率等方面均受到一定限制，但价格较为低廉。

2. 双绞线的传输特性

双绞线主要是用来传输模拟信号的，但在短距离时同样适用于数字信号的传输。双绞线在传输数据时，信号的衰减比较大，并且容易产生波形畸变。采用双绞线的局域网的带宽取决于所用双绞线的质量、长度及传输技术。当距离很短且采用特殊的传输技术时，采用双绞线的局域网的传输速率可达 100~1000 Mbit/s。

3. 双绞线的分类

双绞线可分为非屏蔽双绞线（Unshielded Twisted Pair，UTP）和屏蔽双绞线（Shielded Twisted Pair，STP）两大类。

（1）非屏蔽双绞线（UTP）。

非屏蔽双绞线保护层较厚，包皮上通常标有类别号码。例如，“CAT 5”字样表示为 5 类非屏蔽双绞线。最常用的非屏蔽双绞线为 5 类非屏蔽双绞线，适用于语音和多媒体等 100 Mbit/s 的高速和大容量数据的传输，常用于 10 Base-T 和 100 Base-T 等以太网。

此外，超 5 类双绞线也属于非屏蔽双绞线，与 5 类双绞线相比，它在传送信号时的衰减更小、抗干扰能力更强。例如，在 100 Mbit/s 的网络中，超 5 类双绞线受到的干扰只有普通 5 类双绞线的 1/4。

非屏蔽双绞线电缆外面只需一层绝缘胶皮，因而价格便宜、重量轻、易弯曲、易安装，组网灵活，非常适用于结构化布线。所以，在无特殊要求的计算机网络中常使用非屏蔽双绞线。

（2）屏蔽双绞线 STP。

由于双绞线传输信息时会向周围辐射，信息很容易被窃听，因此需要花费额外的代价加以屏蔽。屏蔽双绞线（STP）的外面有一层金属材料的屏蔽层，可减小辐射，防止信息被窃听。屏蔽双绞线具有较高的数据传输速率，如 5 类 STP 在 100 m 内可达到 155 Mbit/s，而 UTP 只能达到 100 Mbit/s。但屏蔽双绞线的价格相对较高，安装时要比非屏蔽双绞线困难，必须使用特殊的连接器，技术要求也比非屏蔽双绞线高。

4. 双绞线联网时的特点

双绞线一般用于室内星型网络的布线，每条双绞线通过两端安装的 RJ-45 连接器（俗称水晶头）与网卡和集线器（或交换机）相连，两个网络端口之间的最大距离为 100 m。如果要加大网络的范围，在两段双绞线电缆间可安装中继器；但最多只能安装 4 个中继器，因此网络的最大范围为 500 m。这种连接方法也称为级连。

二、同轴电缆

同轴电缆（Coaxialcable）由一根空心的圆柱体和其所包围的单根内导线组成，是初期网络中最常用的具有保护套的传输介质。如图 7-1 所示，同轴电缆从里到外依次是中心铜线、绝缘层、网状导体和塑料封套，这 4 个部分具有同一个轴心，因此称为同轴。同轴电缆的屏蔽性能好、抗干扰能力强，与双绞线相比具有更高的带宽和噪声抑制特性。

图 7-1　同轴电缆的结构

广泛使用的同轴电缆有两种：一种是阻抗为 50 Ω 的基带同轴电缆，另一种是阻抗为 75 Ω 的宽带同轴电缆。

（1）基带同轴电缆：只用于传输数字信号，可以作为局域网的传输介质。基带同轴电缆的带宽取决于电缆长度。电缆增长，其数据传输速率将会下降。当传输距离小于 1km 时，传输速率可达到 50 Mbit/s。

（2）宽带同轴电缆：既可用于传输模拟信号，也可用于传输数字信号。宽带电缆技术使用标准的闭路电视技术，可以使用的频带高达 900 MHz，在传输模拟信号时可传输近 100 km，对信号的要求也远没有像对数字信号那样高。宽带同轴电缆的性能比基带同轴电缆好很多，但需附加信号处理设备，适用于长途电话网、电缆电视系统及宽带计算机网络。

三、光纤

光纤是光导纤维（Optical Fiber）的简写，它是一种利用光在玻璃或塑料制成的纤维中的全反射原理传递光脉冲，实现光信号传输的新型材料。因为它携带的是光脉冲，不受外界的电磁干扰或噪声影响，在有大电流脉冲干扰的环境下也能保持较高的数据传输速率并提供良好的数据安全性。因此，光纤是电气噪声环境中最好的传输介质，常用于以极快的速度传输巨量数据的场合。

1. 光纤的结构与传导原理

光纤是由透明材料做成的纤芯，由比纤芯的折射率稍低的材料做成的包层及护套共同构成的多层介质结构的对称圆柱体，如图 7-2 所示。

（1）纤芯直径为 5~75 μm，材料主体是二氧化硅，里面掺极微量的其他材料，如二氧化锗、五氧化二磷等。掺杂的作用是提高材料的光折射率。

（2）纤芯外面有包层，包层有一层、二层或多层。包层的材料一般用纯二氧化硅，也可以掺极微量的三氧化二硼，最新的方法是掺微量的氟。掺杂的作用是降低材料的光折射率。

（3）光纤最外面通常还有一层护套，用来防止光的泄露，对光纤起保护作用。

光在光纤中传播主要是依据全反射原理，如图 7-3 所示。当光从高折射率的介质进入低折射率的介质时，其折射角大于入射角（见图 7-3 中①）。因此，如果入射角足够大，就会出现全反射，即光碰到包层时便会折回纤芯（见图 7-3 中②），这样光就沿光纤一直传输下去。实际上，只要进入光纤表面的光的入射角大于某一个临界角度，光就可以产生全反射。

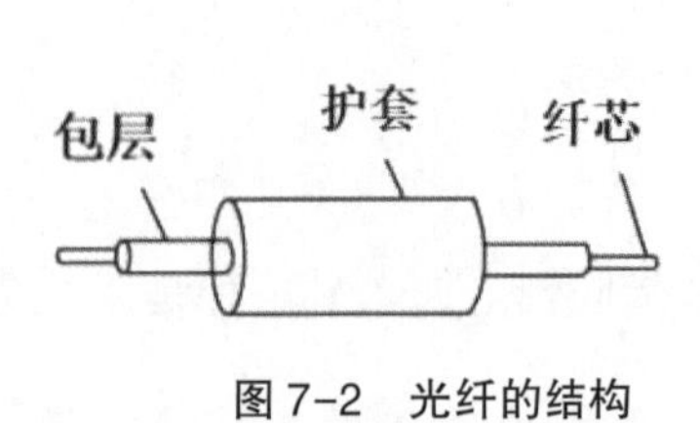

图 7-2　光纤的结构

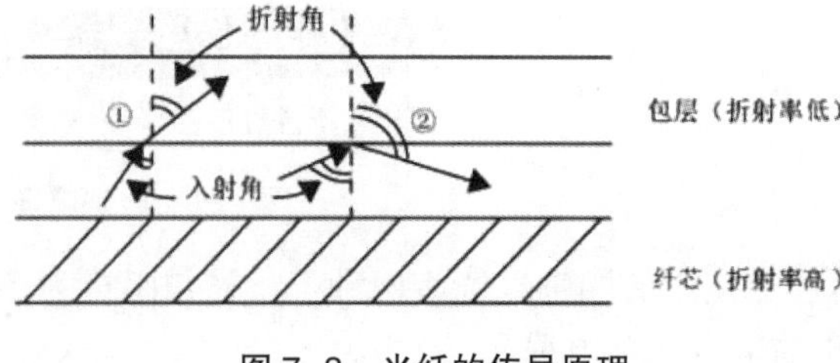

图 7-3　光纤的传导原理

2. 光纤的分类

光纤的种类繁多，根据不同的分类标准可将其划分为不同的种类。

（1）按工作波长，可将光纤分为短波长光纤与长波长光纤。

（2）按光纤剖面折射率分布，可将光纤分为阶跃（SI）型、近阶跃型、渐变（GI）型、其他型（如三角形、W 形、凹陷型等）光纤。

（3）按光在光纤中的传输模式，可将光纤分为单模光纤和多模光纤。

（4）按制造原材料，可将光纤分为石英玻璃光纤、多成分玻璃光纤、塑料光纤、复合材料（如塑料包层、液体纤芯等）光纤。

实际应用中，最常见的是单模光纤和多模光纤。

①单模光纤（Single Mode Fiber，SMF）。

当光纤的几何尺寸（主要是纤芯直径）可以与光波波长相比拟时，光纤只允许一种模式（基模 HE11）在其中传播，其余的高次模全部截止，这样的光纤叫作单模光纤。单模光纤传输时只有一个光斑（主模），即光只沿着光纤的轴心传输，如图 7-4（a）所示。这种光纤具有较宽的频带，传输损耗小，因此允许做无中继的长距离传输。但由于这种光纤难与光源耦合，连接较困难，价格昂贵，故主要用作邮电通信中的长距离主干线。

②多模光纤（Multi Mode Fiber，MMF）。

当光纤的几何尺寸远远大于光波波长时，光纤中会存在着几十种乃至几百种传播模式，这样的光纤称为多模光纤。多模光纤传输时有多个光斑，如图 7-4（b）所示。不同的传播模式会有不同的传播速度与相位，因此经过长距离的传输之后会产生时延，导致光脉冲变宽，这种现象叫作光纤的模式色散（又叫模间色散）。模式色散会使多模光纤的带宽变窄，而且随距离的增加会更加严重。因此多模光纤仅适用于容量较小、传输距离比较短的光纤通信。

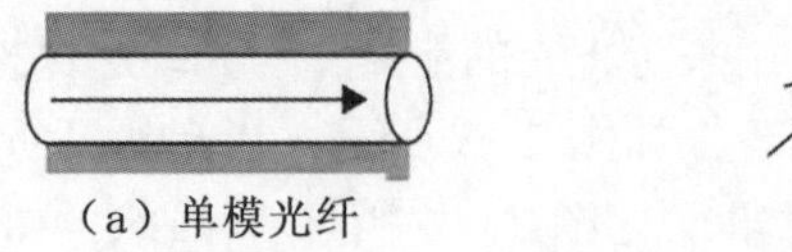

（a）单模光纤　　（b）多模光纤

图 7-4　光传输模式

3. 光纤通信技术

光纤通信是利用光波作为载波，以光纤作为传输介质实现信息传输，达到通信目的的一种新型通信技术。光纤通信是以光纤传输系统方式实现的。光纤传输系统主要由光发送机、光接收机、光纤传输线路、中继器和各种光器件构成。

通信过程中，由一端的光发送机将电信号转变成光信号，并将光信号导入光纤。光信号在光纤中传播，在另一端由光接收机负责接收并进一步将其还原为发送前的电信号。为了防止长距离传输引起的光能衰减，在大容量、远距离的光纤通信中每隔一定的距离需设置一个中继器。

光纤通信与传统的电气通信相比有很多优点：传输频带宽、通信容量大；传输损耗低、中继距离长；线径细、重量轻；原料为石英，节省金属材料，有利于资源合理使用；绝缘、抗电磁干扰性能强；抗腐蚀能力强、抗辐射能力强、可绕性好、无电火花、泄漏小、保密性强，可在特殊环境或军事方面使用。

四、无线传输介质

随着信息时代的到来，移动电话、PDA（掌上电脑）等移动设备已广泛应用于人们的日常工作和生活中，人们希望随时随地都可以依赖网络来实现通信、信息共享、协同工作等，而有线传输介质约束了网络的可移动性。在这种背景下，无线网络得以迅速发展。

无线网络是通过无线传输介质来传输数据的。无线传输是指信号通过空气（或真空）传输，其载体介质主要包括无线电波、微波、红外线等，这些载体都属于电磁波，它们之间是通过电磁波的频率来加以区分的。人们将电磁波按照各自应用的特性定义了不同的波段名称，依照频率由低向高次序分别为无线电波、微波、红外线、可见光、紫外线（UV）、伦琴射线（X 射线）与伽马射线（γ 射线）。

（1）无线电波。

中低频无线电波的频率在 1MHz 以下，它们沿着地球表面传播。该波段上的无线电波很容易穿过一般建筑物，但其电磁波强度随着传播距离的增大而急剧递减。利用中低频无线电波进行数据通信的主要问题是通信带宽较低，传输距离较短，很容易受到其他电子设备的各种电磁干扰。

高频、甚高频和特高频无线电波的频率为 1~1000 MHz，这些波段上的无线电波会被地球表面吸收，但是到达离地球表面 100~500 km 高度的带电粒子层的无线电波将被反射回地球表面。我们可以利用无线电波的这种特性来进行数据通信。这类无线电波传输距离较远，传输质量与气候有密切关系，存在很大的不稳定性，很容易受到其他电子设备的各种电磁干扰。

（2）微波。

微波是指频率为 300~300 000 MHz 的无线电波，是计算机网络中最早使用的无线介质类型。微波通信是利用微波进行信息传输的一种通信方式，其典型的工作频率为 2 GHz、4 GHz、8 GHz 和 12 GHz。

微波只能沿直线传播，因此微波的发射天线和接收天线必须精确对准。由于地球是一个不规则球体，因此其传播距离受到限制，一般只有 50 km。为了增加传输距离，每隔一段距离就需要一个中继站，两个中继站之间的距离一般为 30~80 km。为了避免地面上的遮挡，中继站的天线一般架设得比较高。微波通信具有较高的传输速率和较强的可靠性，可同时传输大量数据，常用于卫星通信、电视转播和军事领域。

（3）红外线。

红外线广泛应用于短距离通信，如家用电器的遥控器、移动设备的红外线传输器。虽然红外线传输具有方向性好、便宜、易于制造等优点，但是红外线不能通穿过固体物质，这一问题的存在严重影响了它的发展前景。

第三节　网络互联设备

网络的互联实质上是对应各层次的互联。根据 OSI 参考模型的层次结构，网络互联的层次与相应的互联设备如图 7-5 所示。

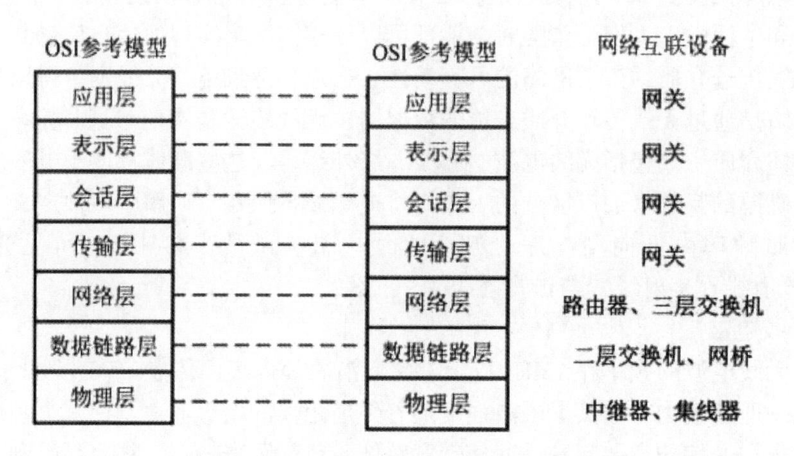

图 7-5　网络互联层次与相应的互联设备

一、中继器、集线器

物理层与物理层之间的互联属于同一个局域网内的计算机之间的互联，可以通过中继器和集线器实现。

1. 中继器

中继器（Repeater，RP）又称转发器，是最简单的网络互联设备。中继器常用于在两个网络节点的物理层之间按比特位双向传递物理信号，完成信号的复制、调整和放大功能，以扩大数据的传输距离。

由于中继器只是在物理层内进行比特流的复制并补偿信号衰减，它仅将比特流从一个物理网段复制到另一个物理网段，而完全不关注封装在其中的任何地址或路由信息，因此中继器的两端连接的只是网段，而不是子网。中继器不能用于隔离网段之间的不必要的流量，也不能互联不同类型的网络。另外，中继器在放大了网络上有用信息的同时，也放大了有害的噪声。

目前，中继器主要用于延长光纤的传输距离，因此也称为光纤信号中继器，如图 7-6 所示。光纤信号中继器主要实现光信号在单模光纤与单模光纤、多模光纤与多模光纤等介质之间的透明传输，支持 100 Mbit/s、155 Mbit/s、1000 Mbit/s 以太网，可广泛应用于局域网、广域网的互联及数据通信领域。例如，亚太直达海底光缆系统连接了中国、日本、韩国、越南、泰国、马来西亚、新加坡，全长约 10 900 km，其间使用了很多的光纤信号中继设备。

2. 集线器

集线器（Hub）也称为集中器（图 7-7），是一种特殊的多端口中继器，用于连接多个设备和网段。集线器的主要功能是对接收到的信号进行再生、整形、放大，以扩大网络的传输距离，同时把所有节点集中在以它为中心的节点上。

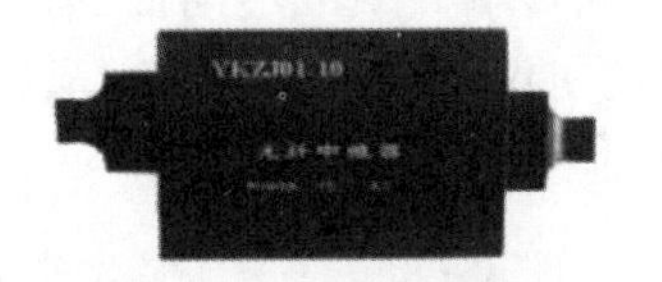

图 7-6 光纤信号中继器

图 7-7 集线器

当以集线器为中心设备时，网络中某条线路产生故障时并不影响其他线路的工作，所以集线器最初在局域网中得到了广泛的应用。但是，集线器会把收到的任何数字信号经过再生或放大后从集线器的所有端口广播发送出去，这种广播信号很容易被窃听，降低了网络的安全性和可靠性；并且，所有连到集线器的设备共享端口带宽，设备越多每个端口的带宽就越低。因此，由于以上种种原因，加之交换机的价格有所降低，大部分集线器已被交换机取代。

二、网桥和二层交换机

网桥和二层交换机都是数据链路层的网络互联设备，它们具有物理层和数据链路层两层的功能，既可以用于局域网的延伸、节点的扩展，也可以用于将负载过重的网络划分为较小的网段，以达到改善网络性能和提高网络安全性的目的。

1. 网桥

网桥（Bridge）也叫桥接器，是连接两个或多个在数据链路层以上具有相同或兼容协议的局域网的一种存储转发设备，如图 7-8 所示。

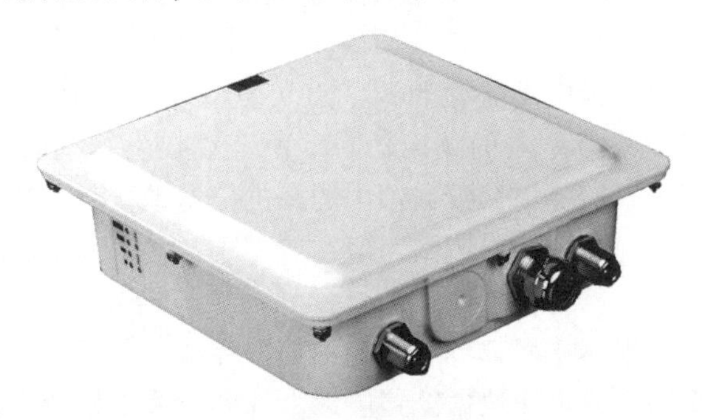

图 7-8 网桥

（1）网桥的功能和特点。

在由集线器连接的网络中，从集线器某一端口上接收到的数据帧会被广播到集线器的所有端口，这样会使冲突域急剧扩大，导致网络传输效率降低。这种情况在网桥上就不会发生。与集线器相比，网桥具有如下的功能和特点。

①网桥能将一个较大的局域网分割为多个较小的局域网，进而分隔较小局域网之间的广播通信量，有利于提高互联网络的性能与安全性。

②网桥能将两个以上相距较远的局域网互联成一个大的逻辑局域网，使局域网上的所有用户都可以访问服务器，扩大网络的覆盖范围。

③网桥可以互联两个采用不同数据链路层协议、不同传输介质或不同传输速率的网络，但这两个网络在数据链路层以上应采用相同或兼容的协议。

④网桥以“存储—转发”的方式实现互联网络之间的通信。

（2）网桥的分类。

根据网桥工作原理的不同，可以将网桥分为透明网桥和源路由网桥。

①透明网桥：是指网桥对于通信双方完全是透明的。在透明网桥中，所有的路由选择全部由网桥自己确定，局域网上各节点不负责路由选择。

透明网桥是一个具有“自学”功能的智能化设备，采用“学习、泛洪、过滤、转发和老化”的方式处理数据帧。

学习：当数据帧进入网桥以后，网桥读取数据帧的帧头信息，将源 MAC 地址与发出这个帧的端口号的对应关系记录到自己的 MAC 地址表中。这张表最大能存储 4096 条记录。

老化：如果 MAC 地址表中已经存在这个源 MAC 地址的记录，它就会刷新这个条目的老化计时器。

泛洪：网桥检查帧头中的目标 MAC 地址后，如果发现这个地址是一个广播地址、多播地址或者是未知的单播地址，就将这个数据帧转发到除了接收到这个数据帧的端口之外的所有端口。

转发：如果 MAC 地址表中有目标 MAC 地址的相应条目，网桥就从 MAC 地址表中找到相应的端口，然后将数据帧从相应端口转发给目标 MAC 地址。

过滤：当数据帧中的目标地址和源地址处于同一个端口上时，网桥会丢弃这个数据帧，这个过程称为过滤。

②源路由网桥：路由选择由发送帧的源节点负责，即源路由网桥要求信息源（不是网桥本身）提供传递帧到终点所需的路由信息。源节点在发送帧时，需要将详细的路由信息放在帧的首部，网桥只需要根据数据帧中的路由信息进行存储和转发即可。源路由网桥在理论上可用于连接任何类型的局域网，但主要用于互联令牌环网。

（3）网桥的局限性。

实际应用中，网桥在很多方面都具有一定的局限性。

①网桥互联的多个网络要求在数据链路层以上的各层采用相同或兼容的协议。

②网桥要处理接收到的数据信息，需要先存储，再查找 MAC 地址与端口的对应记录，因此增加了时延及数据的传输时间，降低了网络性能。

③网桥不能对广播分组进行过滤，因此对于避免广播风暴，网桥无能为力。

④网桥没有路径选择能力，不能对网络进行分析并选择数据传输的最佳路由。

随着先进的交换技术和路由技术的发展，网桥技术已经远远地落伍了。一般来说，现在很难再见到把网桥作为独立设备的情况，而是使用二层交换机来实现网桥的功能。

2. 二层交换机

二层交换机（图 7-9）工作在 OSI 参考模型的数据链路层，其本质是网桥。但网桥一般只有两个端口，而交换机通常有多个端口，如 12 口、24 口、48 口等，所以又可称二层交换机为多端口网桥。网桥在发送数据帧前，通常要对接收到的完整的数据帧执行帧检验（FCS），而交换机在一个数据帧接收结束前就可以发送该数据帧了。

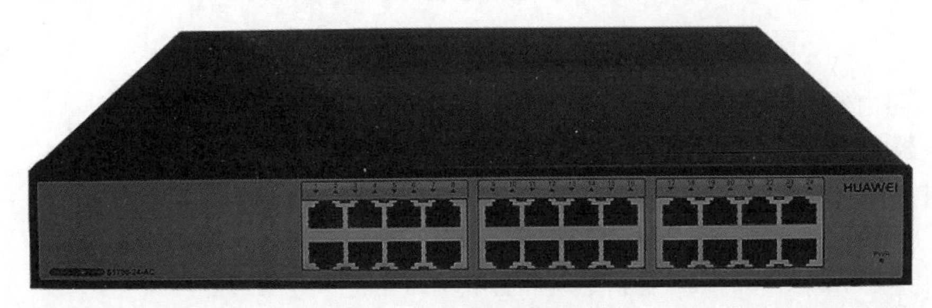

图 7-9　二层交换机

二层交换机的功能包括物理编址、构建网络拓扑结构、错误校验、传输数据帧序列及流量控制。在选择路由的策略上，二层交换机和透明网桥是类似的，但在交换数据帧时有着不同的处理方式。

交换机在外形上与集线器很相似，在实际应用中也很容易弄混。我们可以从以下几个方面来区分它们。

工作层次不同：集线器属于 OSI 参考模型的物理层设备，而交换机属于数据链路层设备。

工作方式不同：集线器采用的是广播模式，当集线器的某个端口工作时，其他所有端口都会收到信息，容易产生广播风暴；而交换机在工作时，只有发出请求的端口和目的端口之间进行通信，并不会影响其他端口，这种方式隔离了冲突域，有效抑制了广播风暴的产生。

端口带宽使用方式不同：集线器的所有端口共享带宽，在同一时刻只能有两个端口传送数据；而交换机的每个端口独享自己的固定带宽，既可以工作在半双工模式下，也可以工作在全双工模式下。

三、路由器和三层交换机

工作在 OSI 参考模型网络层的互联设备主要有路由器与三层交换机。随着网络的不断发展，路由器已成为不同网络之间互相连接的枢纽，路由器系统构成了基于 TCP/IP 国际互联网（Internet）的主体骨架，而三层交换机构成了交换式以太网的主体骨架。

1. 路由器

路由器（Router）是一种连接多个相同或不同类型网络的网络互联设备，如图 7-10 所示。它具有按某种准则自动选择一条到达目的子网的最佳传输路径的能力，用来连接两个及以上复杂网络。

图 7-10　路由器

（1）路由器的组成。

路由器由硬件和软件两部分组成。硬件主要由中央处理器、内存、接口、控制端口等物理硬件和电路组成。从硬件的角度看，路由器是一台连接两个或多个网络的专用高性能计算机，虽然它没有显示器与硬盘，但它有内存和处理器。

软件主要由路由器的 IOS 操作系统和各种网络运行参数所组成。

（2）路由器的功能。

路由器将各个子网在逻辑上看作独立的整体。路由器的作用就是完成这些子网之间的数据传输，它从一个子网接收输入的数据报，然后向另一个子网转发。

路由选择：路由是指路由器接收到数据时，选择最佳路径将数据穿过网络传递到目的地址的行为。路由器为经过它的每个数据报都进行路由选择，寻找一条最佳的传输路径将其传递到目的地址。

连接网络：路由器既可以将相同类型的网络连接起来，又可以将局域网连接到 Internet。例如，在银行系统中，各个部门的局域网一般通过路由器连接成一个较大规模的企业网或城域网，并将其连接到 Internet。

划分子网：路由器可以从逻辑上把网络划分成多个子网，对数据转发实施控制。例如，可以规定外网的数据不能转发到内部子网，从而避免外网黑客对内部子网的攻击。

隔离广播：路由器可以自动过滤网络广播，避免广播风暴的产生。

（3）路由器的工作原理。

①路由表。

路由器的主要工作就是为经过路由器的每个数据报寻找一条最佳传输路径，并将该数据报有效地传送到目的地址。由此可见，选择最佳路径的策略，即路由算法是路由器的关键所在。为了完成这项工作，在路由器中保存着各种传输路径的相关数据——路由表（Routing Table），供路由选择时使用。

路由表是工作在网络层实现子网之间数据转发的一个核心组件，它的具体格式随操作系统的不同而有所不同，但基本都包含目的地址、掩码、转发地址、接口和标识。

目的地址和掩码：是整个表的关键字段，两个字段共同指出目的网络地址。

转发地址：如果目的 IP 地址所在的网络和当前路由器不直接相连，则路由表项中会出现下一跳路由器的地址。对于与主机或者路由器直接相连的网络，转发地址字段可能是连接到网络的接口地址。

接口：指出数据转发所使用的路由器接口信息，一般为端口号或其他逻辑标识符。

标识：用于说明路由的类型和情况。例如，H 表示该路由是主机路由，即该路由表项指向一台具体的主机；G 则表示转发地址是一个有效的下一跳路由器地址；C 表示下一跳是与当前路由器直接相连的；S 表示该路由表项是静态的；O 表示该路由表项是通过 OSPF 路由协议得到的；R 表示该路由表项是通过 RIP 协议得到的。

在查找路由表时，要求使用最佳匹配原则。因为在路由表中每条路由的掩码长度不同，如果有多条成功匹配的路由表项，则选择掩码最长的表项所对应的路由作为最佳匹配。实际上，路由器一般都是按照掩码的长度从长到短排序。这样，在查找路由表的时候，自然就从掩码最长的路由开始搜索。默认路由的掩码长度为 0，所以它应该是整个路由表的最后一项。

②IP 数据报的转发过程。

一个 IP 数据报在从源节点到目的节点的过程中，一般要经历若干路由器。因此，数据转发也是路由器的一大基本功能。下面用实例说明路由器数据转发的特性及转发流程，如图 7-11 所示。假设主机 A 要发送数据给主机 B，其途中需经过路由器 R1、R2 和 R3，数据报的转发过程分析如下。

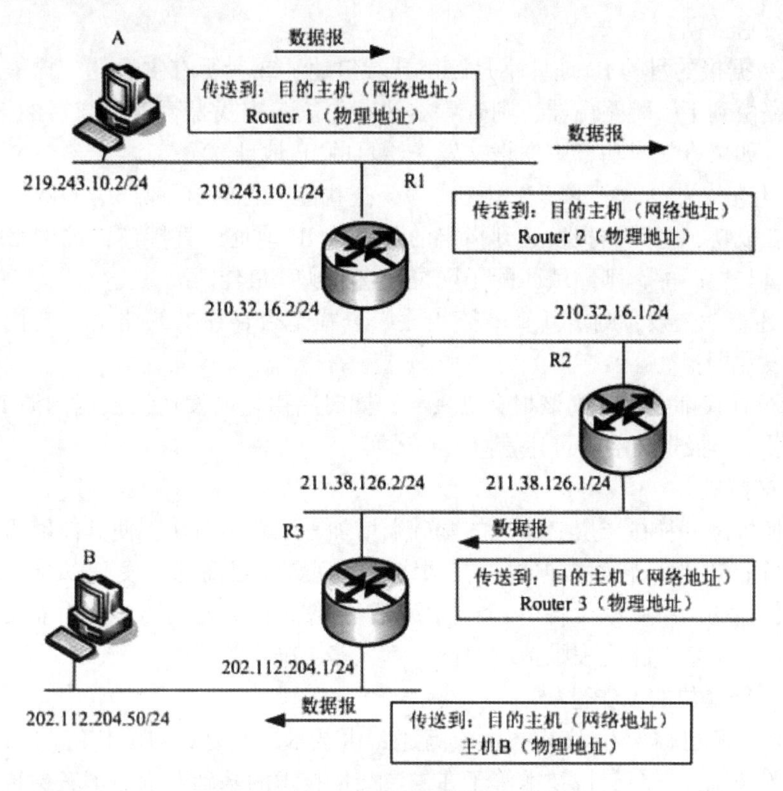

图 7-11　IP 数据报的转发过程

主机 A 向主机 B 发送数据时，已经知道自身的网关 R1 的 IP 地址（219.243.10.1）和 MAC 地址（已提前配置或由 ARP 获得），于是 A 首先把数据报发送给它的网关 R1。

R1 在收到主机 A 发送给主机 B 的数据报后，交由 IP 协议去处理。IP 协议第一步先检验 IP 数据报报头中各个域的正确性，包括版本号、校验和及长度等。如果发现错误，则丢弃该数据报。如果数据报报头信息正确无误，则进行 TTL 处理：首先把 TTL 域的值减 1，然后查看 TTL 值。如果 TTL 值为“0”，表明该数据报在网络中的生存时间已到，应该丢弃。如果 TTL 大于“0”，则继续进行路由。

然后，R1 根据 IP 数据报中的目的地址查询路由表。如果路由表中没有到达主机 B 的路由信息，则丢弃该数据报。如果路由表中有相关路由信息，则把该数据报转发给下一跳路由器。在图 7-11 中，R1 的下一跳路由器地址是 R2 的一个端口，其 IP 地址为 210.32.16.1. R1，根据这个 IP 地址，从 ARP 表中查找 R2 的 MAC 地址，并将 IP 数据报转发给 R2。

R2 从 R1 接收数据报后做与 R1 同样的处理，然后再将数据报转发给 R3，依次进行下去，直到把数据报转发到主机 B，最终完成数据报的转发。

IP 数据报转发的过程可以总结如下：

a. 当路由器从端口接收到数据帧时，首先检查目的地址字段中的数据链路标识，如果标识符是路由器端口标识符或广播标识符，则从数据帧中去掉帧封装，将剥离出来的数据报传递给网络层。然后，路由器检查数据报的目的 IP 地址，如果目的 IP 地址是路由器端口地址或者所有主机的广播地址，则继续检查报文协议字段，根据其代表的协议向相应的内部进程发送数据。

b. 如果数据报的目的 IP 地址不是路由器端口地址或者所有主机的广播地址，即数据报需要继续路由到下一跳路由器，则查看本地路由表，查找是否存在与目的 IP 地址完全相同的条目。如果查找成功，则把报文发送给目的 IP 地址。

c. 若上述查找失败，则重新查看路由表，查找能与目的 IP 地址中的网络号相同的条目。如果查找成功，把数据报发送到指定的下一跳 IP 地址或直接连接的网络接口。如果多于一项条目与之匹配，则继续匹配子网位，直到实现最佳匹配。

d. 若上述查找失败，则重新查看路由表，查找是否存在默认路由。查找成功，按照默认路由转发数据报。

e. 若上述查找都失败，则该报文被丢弃；同时路由器向发送该数据的源 IP 地址主机发送 ICMP 报文，报告网络不可达信息。

2. 三层交换机

三层交换机是一种在二层交换机的基础上增加三层路由模块，使其能够检查数据报信息，并根据目的 IP 地址转发数据报，在网络层实现数据报高速转发，以及在多个局域网间完成数据传输的网络互联设备。三层交换机对数据报的处理与传统路由器相似，它可以实现路由信息的更新、路由表维护、路由计算、路由确定等功能。

(1) 三层交换机的工作过程。

三层交换技术也称为 IP 交换技术或高速路由技术，它是相对于传统的二层交换概念提出的。简单来说，三层交换技术等于在二层交换技术的基础上增加了三层转发技术。这是一种利用第三层协议中的信息来加强二层交换功能的机制。三层交换机实质上就是将二层交换机与路由器结合起来的网络设备，但它是二者的有机结合，并不是简单地把路由器设备的硬件及软件叠加在二层交换机上。

三层交换机既可以完成数据交换功能，又可以完成数据路由功能。

①当某个信息源的第一个数据进入三层交换机时，三层交换机需要分析、判断其中的

目的 IP 地址与源 IP 地址是否在同一网段内。

②如果目的 IP 地址与源 IP 地址在同一网段，三层交换机会通过二层交换模式直接对数据进行转发。

③如果目的 IP 地址与源 IP 地址分属不同网段，三层交换机会将数据交给三层路由模块进行路由。三层路由模块在收到数据后，首先要在内部路由表中查看该数据中目的 MAC 地址与目的 IP 地址间是否存在对应关系，如果有，则将其转回二层交换模块进行转发。

④如果两者没有对应关系，三层路由模块会对数据进行路由处理，将该数据的 MAC 地址与 IP 地址映射添加至内部路由表中，然后将数据传回二层交换模块进行转发。

这样一来，当相同信息源的后续数据再次进入三层交换机时，交换机能够根据第一次生成并保存的 MAC 地址与 IP 地址映射，直接从二层由源 IP 地址转发到目的 IP 地址，而不需要再经过三层路由模块处理；这种方式实现了"一次路由，多次交换"，从而消除了路由选择造成的网络延迟，提高了数据的转发效率，解决了不同网络间传递信息时产生的网络瓶颈。

（2）三层交换机与路由器的区别。

虽然三层交换机也具有"路由"功能，与传统路由器的路由功能总体上是一致的，但三层交换机并不等于路由器，同时也不可能取代路由器。三层交换机与路由器存在着相当大的区别，主要体现在以下 3 个方面。

①主要功能不同。路由器的主要功能是路由功能，它的优势在于选择最佳路由、负荷分担、链路备份及与其他网络进行路由信息的交换等。其他功能只是其附加功能，其目的是使设备适用面更广、实用性更强。而三层交换机虽然同时具备了数据交换和路由转发两种功能，但它的主要功能仍是数据交换。

②处理数据的方式不同。路由器由基于微处理器的软件路由引擎执行数据交换，一般采用最长匹配的方式，实现复杂，转发效率较低。三层交换机通过硬件执行数据交换，在对第一个数据进行路由后，它将会产生一个 MAC 地址与 IP 地址的映射表，当来自同一数据源的数据再次通过时，将根据此表直接从二层转发数据而不是再次路由，从而消除了路由器进行路由选择而造成的网络延迟，提高了数据转发的效率。同时，三层交换机的路由查找是针对数据流的，它利用缓存技术，可以大大节约传输成本。

③用途不同。在数据交换方面，三层交换机的性能要远优于路由器，但三层交换机接口非常简单，只能支持单一的网络协议，一般适用于数据交换频繁的相同协议局域网的互联。路由器的接口类型非常丰富，它的路由功能更多地体现在不同类型网络之间的互联上，如局域网与广域网之间的连接、不同协议的网络之间的连接等。

（3）三层交换机的应用。

三层交换机作为核心交换设备，广泛应用于校园网、城域教育网中。在实际应用中，三层交换机将一个大的交换网络划分为多个较小的 VLAN，各个 VLAN 之间再采用三层交换技术互相通信。它解决了局域网中网段划分之后，各网段必须依赖第三层路由设备进行通信和管理的局面，解决了路由器传输速率低、结构复杂所造成的网络瓶颈问题。

需要注意的是，三层交换机最重要的作用是加快大型局域网内部数据的交换速度，其所具备的路由功能也主要是围绕这一作用而开发的，没有同档次的专业路由器强，如在安全、协议等方面还有欠缺，并不能完全取代专业路由器。

在实际应用中的典型做法是：同一个局域网中各个子网的互联及 VLAN 间的路由使用三层交换机；而局域网与 Internet 之间的互联，则使用专业路由器。

四、网关

网关（Gateway）又称网间连接器或协议转换器，是将两个或多个在 OSI 参考模型的传输层以上层次使用不同协议的网络连接在一起，并在多个网络间提供数据转换服务的软件和硬件一体化设备。

1. 网关的作用

在互联的、不同结构的网络中的主机之间相互通信时，由网关完成这两种网络数据格式的相互转换，以实现不同网络协议的翻译和转换工作。例如，如果要将使用 TCP/IP 协议簇的 WindowsNT 系统与使用 SNA 协议的银行系统互联，则这两个网络系统之间需要用网关进行转换。

当局域网中的 WindowsNT 客户机向 SNA 网的 Mai frame 主机发送数据时，这个数据在发到 Mai frame 主机之前，要先经过 SNA 网关进行处理。具体就是在 WindowsNT 客户机送出的数据上加上必要的控制信息，并将其转换成 SNA 网中主机能理解与识别的数据格式。同理，当 SNA 网中的主机向 WindowsNT 系统中的客户机发送数据时，也要先经过 SNA 网关，将数据翻译成符合 WindowsNT 操作系统要求的数据格式。

网关能够连接多个高层协议完全不同的局域网。因此，网关是连接局域网和广域网的首选设备。

2. 网关的分类

按照网关的应用功能不同，可将其分为协议网关、应用网关和安全网关 3 种类型。

（1）协议网关。

协议网关通常在多个使用不同协议及数据格式的网络间提供数据转换功能。

（2）应用网关。

应用网关是在使用不同数据格式的环境中进行数据翻译的专用系统。它能够在接收到一种格式的数据后，将其翻译成新的格式并进行发送。例如，大家熟悉的 VoIP 网络电话就是通过一种叫作 VoIP 语音网关的设备来实现的。普通电话通过 VoIP 语音网关与计算机连接后，用户即可使用普通电话机通过 Internet 与其他网络电话用户（甚至普通电话用户）进行语音通信。又例如，邮件服务器也是一种典型的具有应用网关功能的系统。因为邮件服务器需要与多种使用其他数据格式的邮件服务器进行交互，这就要求邮件服务器要具备多个网关接口，便于不同数据格式间的相互转换。

（3）安全网关。

安全网关是综合运用多种技术手段，能够对网络上的信息进行安全过滤及控制的安全设备的总称。它能够对网络中的数据进行多方面的检查和保护，防范网络中产生的安全威胁。代理服务器就是一种典型的安全网关。

第四节 路由协议

路由器的主要工作就是为经过路由器的数据寻找一条最佳传输路径。为了找出最佳传输路径，需要使用路由选择算法来实现。路由选择算法将收集到的不同信息填入路由表中，并通过不断更新和维护路由表使之正确反映网络拓扑结构，最终根据路由表中的度量值来确定最佳路径。路由协议就是指实现路由选择算法的协议。

路由器获取路由信息的方式有两种：静态路由和动态路由。

（1）静态路由。静态路由是在路由器中设置的固定的路由。除非网络管理员干预，否则静态路由不会发生变化。由于静态路由不能对网络的改变做出反应，一般用于网络规模不大、拓扑结构固定的网络。静态路由的优点是简单、高效、可靠。在所有的路由中，静态路由的优先级最高。当动态路由与静态路由发生冲突时，以静态路由为准。

（2）动态路由。动态路由能实时地适应网络结构的变化：当网络拓扑发生变化时，路由选择软件就会重新计算路由，并发出路由更新信息；这些信息会经过各个网络，促使各路由器重新启动其路由算法，并更新各自的路由表。动态路由适用于网络规模大、网络拓扑复杂的网络。

动态路由是基于某种协议实现的，常见的路由协议有内部网关协议（IGP）和边界网关协议（BGP）。其中，内部网关协议又分为路由信息协议（RIP）和开放最短路径优先（OSPF）协议。

一、路由信息协议（RIP）

路由信息协议（Routing Information Protocol，RIP）是最先得到广泛应用的内部网关协议。RIP 采用距离向量算法，即路由器根据距离选择最佳路径，所以也称为距离向量协议。

1. RIP 的工作原理

RIP 使用跳数来衡量到达目的地的距离，即使用跳数作为路由度量值。跳数是指数据从源地址到达目的地址之间经过的路由器个数。从路由器到直接连接的网络的跳数定义为 1，每经过一个路由器则数值加 1。RIP 允许的跳数最大为 15 跳，超过 15 跳的网络将无法到达，因此 RIP 一般适用于规模较小的同构网络。

RIP 中的路由更新是通过定时广播实现的。默认情况下，使用 RIP 的路由器每隔 30 s 就向与其相连的网络广播自己的路由表，收到广播的路由器会将收到的信息与自己的路由表进行比较，判断是否将其中的路由条目加入自己的路由表。

（1）如果收到的路由表中的路由条目是自己的路由表中不存在的，路由器会将该路由条目添加到自己的路由表中。

（2）如果收到的路由表中的路由条目已经存在于自己的路由表中，则比较两条路由条目，当新的路由条目拥有更小的跳数时，用来替换原有路由条目。

（3）如果收到的路由表中的路由条目已经存在于自己的路由表中，并且新的路由条目的跳数大于或等于原有路由条目时，则判断两条路由条目是否来自同一路由器，如果是，则使用新路由条目替换原有路由条目并重置自己的更新计时。否则，不更新原有路由条目。RIP 使用一些计时器来保证它所维持的路由表的有效性与及时性，这些计时器包括路由更新计时、路由无效计时、保持计时器和路由清理时间。

2. RIP 的分类

目前，RIP 共有 3 个版本：RIP V1、RIP V2 和 RIPng。其中 RIPng 应用于 IPv6 的网络环境中，而 RIP V1 和 RIP V2 则应用用于 IPv4 的网络环境中。RIP V1 属于有类路由协议，由于限制较多而逐渐被淘汰。RIP V2 是在 RIP V1 的基础上改进而来的，属于无类路由协议。

3. RIP 的缺点

RIP 虽然简单易行，但也存在如下一些缺点。

（1）RIP 以跳数作为度量值，得到的路径有时并非最佳路径。

（2）RIP 允许的跳数最大仅为 15 跳，不适合大型网络。

（3）路由器接收其他任何设备的路由更新，导致可靠性差。

（4）路由器之间的信息交互占用了很多网络带宽。

（5）每隔 30 s 一次的路由信息广播是造成广播风暴的重要原因之一。

二、开放最短路径优先（OSPF）协议

开放最短路径优先（Open Shortest Path First，OSPF）协议是一种基于链路状态的路由协议，因此也可称为链路状态协议。

1. OSPF 协议的工作原理

对于一个路由器而言，它的链路状态是指这个路由器与哪些路由器相连，以及它们之间链路的度量。

配置 OSPF 协议的路由器首先必须收集有关的链路状态信息，并根据一定的算法计算出到达其他路由器的最短路径。OSPF 协议采用的算法是 SPF 算法（又称 Dijkstra 算法），它将每个路由器作为根（Root）来计算其到其他目的路由器的距离，每个路由器根据一个统一的链路状态数据库（Link State Data Base，LSDB）计算出路由域的拓扑结构图，该结构图类似于一棵树，称为最短路径树。在 OSPF 协议中，最短路径树的树干长度，即配置 OSPF 协议的路由器至其他目的路由器的距离，这个距离又称为 OSPF 协议的开销（Cost）。

配置 OSPF 协议的路由器组建自己路由表的过程如下。

（1）路由器通过组播发送 Hello 包，以此来发现邻居并与其建立邻接关系。这些邻接关系构成的邻居表，是路由器之间进行路由信息交换的前提。

（2）建立好基本邻居表后，路由器比较收到的 Hello 包的优先级，优先级最高的被选举为指定路由器（Designated Router，DR），次高的为备份指定路由器（Backup Designated Router，BDR）。比较后，网络中所有非指定路由器只能与 DR 和 BDR 形成邻接关系。此时，网络的邻接关系将大大简化。

例如，4 台路由器在选举 DR 和 BDR 之前，两两之间都具有邻接关系，即总共有 6 个邻接关系，整个网络就形成网状的邻接关系，如图 7-12（a）所示。假设选举 Router 1 为 DR，Router 2 为 BDR，则邻接关系简化为图 7-12（b）。

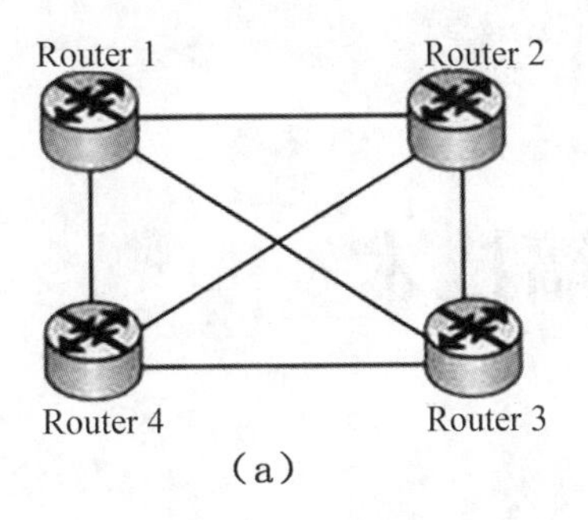

（a）

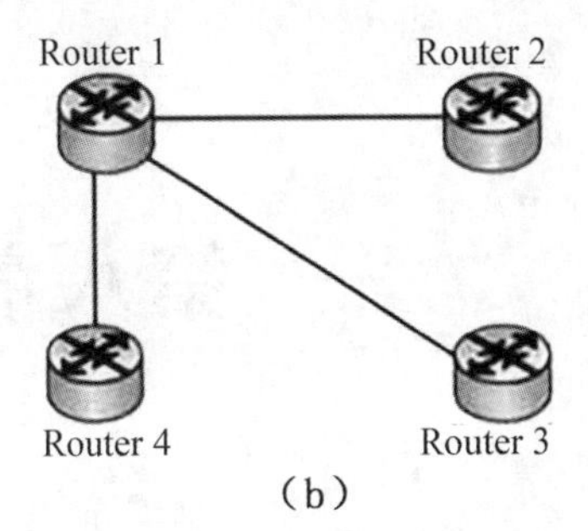

（b）

图 7-12 选举 DR 和 BDR 前后的邻接关系对比

（3）建立了邻居表后，路由器将使用链路状态广播（Link State Advertisement，LSA）与其他路由器交换自己的网络拓扑信息，建立统一的链路状态数据库，从而形成网络拓扑表。在同一个区域中，所有的路由器形成的网络拓扑表都是相同的。

（4）完整的网络拓扑表建立完成后，路由器将使用 SPF 算法从网络拓扑表中计算出最佳路由，并将其添加到自身的路由表中。至此，配置 OSPF 协议的路由器完成自己路由表的组建。

2. OSPF 协议的优点

与 RIP 相比，OSPF 协议具有如下优点。

（1）OSPF 协议虽然也用跳数作为度量值，但其路径开销与链路的带宽相关，不受物理跳数的限制。

（2）OSPF 协议中，只有当网络链路状态发生变化时，路由器才会以组播的形式发送更新的链路状态信息，减少了对网络带宽的占用，提高了系统效率。

（3）OSPF 协议将一个自治系统（AS）划分为区，相应地有两种类型的路由选择方式：当源和目的地在同一区时，采用区内路由选择；当源和目的地在不同区时，则采用区间路由选择。这就大大减少了网络开销，并增加了网络的稳定性。当某个区内的路由器出现故障时，也不会影响其他区路由器的正常工作，这给网络的管理、维护带来了方便。

（4）OSPF 协议采用的 SPF 算法避免了路由环路的产生。

三、边界网关协议（BGP）

边界网关协议（Border Gateway Protocol，BGP）是为 TCP/IP 互联网设计的外部网关协议，用于多个自治系统之间。目前使用最多的版本是 BGP-4，简写为 BGP。BGP 既不是基于纯粹的链路状态算法，也不是基于纯粹的距离向量算法。它的主要功能是与其他自治系统的 BGP 交换网络可达信息。各个自治系统可以运行不同的内部网关协议。

两个运行 BGP 的自治系统之间首先建立一条会话连接，然后彼此初始化交换所有 BGP 路由，即整个 BGP 路由表。初始化交换完成后，只有当路由表发生变化时，才会发出 BGP 更新信息，这样有利于节省网络带宽和减少路由器的开销。

内部网关协议（IGP）的功能是完成数据在自治系统内部的路由选择，只作用于本地自治系统内部；而外部网关协议（BGP）的功能是完成数据在自治系统之间的路由选择，只关心自治系统的整体结构，而不必了解每个自治系统内部的拓扑结构。

第八章　防火墙技术

第一节　防火墙技术概述

防火墙是一种将内部网络和外部网络（例如 Internet）分开的方法，是提供信息安全服务、实现网络和信息系统安全的重要基础设施，主要用于限制被保护的内部网络与外部网络之间进行的信息存取及信息传递等操作。防火墙可以作为不同网络或网络安全域之间信息的出入口，能根据安全策略控制出入网络的信息流，且本身具有较强的抗攻击能力。在逻辑上，防火墙是一个分离器、一个限制器，也是一个分析器，可有效地监控内部网络和外部网络之间的任何活动，保证内部网络的安全。

一、防火墙的概念

防火墙的本意是指古时候人们在住所之间修建的墙，这道墙可以在火灾发生时防止火势蔓延到其他住所。

在计算机网络上，如果一个内部网络与 Internet 连接，内部网络就可以访问外部网络并与之通信。但同时，外部网络也同样可以访问该网络并与之交互。为安全起见，人们就希望在内部网络和 Internet 之间设置一个功能类似于古代防火墙的安全屏障。该安全屏障的作用是阻断来自外部网络对内部网络的威胁和入侵，提供扼守本网络的安全的第一道关卡。由于这样的安全屏障的作用与古代的防火墙类似，因此人们习惯性地将其称为“防火墙”。

防火墙是位于被保护网络和外部网络之间执行访问控制策略的一个或一组系统，包括硬件和软件，它构成一道屏障，以防止发生对被保护网络的不可预测的、潜在破坏性的侵扰。它对两个网络之间的通信进行控制，通过强制实施统一的安全策略，限制外界用户对内部网络的访问，管理内部用户访问外部网络，防止对重要信息资源的非法存取和访问，以达到保护内部网络系统安全的目的。

防火墙配置在不同网络（如可信任的单位内部网络和不可信的公共网络）或网络安全域之间。本质上，它遵循的是一种允许或阻止业务来往的网络通信安全机制，也就是提供可控的过滤网络通信，只允许授权的通信，能根据单位的安全政策控制（允许、拒绝、监测）出入网络的信息流，尽可能地对外部屏蔽网络内部的信息、结构和运行状况，以此来实现内部网络的安全运行。

二、防火墙的功能

防火墙是网络安全策略的有机组成部分，它通过控制和监测网络之间的信息交换和访问行为来实现对网络安全的有效管理。从基本要求上看，防火墙还是在两个网络之间执行控制策略的系统（包括硬件和软件），目的是不被非法用户侵入。它遵循的是一种允许或禁止业务来往的网络通信安全机制，也就是提供可控的过滤网络通信，只允许授权的通信。因此，对数据和访问的控制、对网络活动的记录，是防火墙发挥作用的根本和关键。

无论何种类型的防火墙，从总体上看，都应具有五大基本功能：过滤进、出网络的数据；管理进、出网络的访问行为；封堵某些禁止的业务；记录通过防火墙的信息内容和活动；对网络攻击的检测和告警。

（一）过滤进、出网络的数据

防火墙是任何信息进出网络的必经之路，它检查所有数据的细节，并根据事先定义好的策略允许或禁止这些数据进行通信。这种强制性的集中实施安全策略的方法，更多的是考虑内部网络的整体安全共性，不为网络中的某一台计算机提供特殊的安全保护，简化了管理，提高了效率。

（二）管理进、出网络的访问行为

网络数据的传输更多的是通过不同的网络访问服务而获取的，只要对这些网络访问服务加以限制，包括禁止存在安全脆弱性的服务进出网络，也能够达到安全目的。即通过将动态的、应用层的过滤能力和认证相结合，实现 WWW、HTTP、FTP 和 Telnet 等广泛的服务支持。

（三）封堵某些禁止的业务

传统的内部网络系统与外界相连后，往往把自己的一些本身并不安全的服务，比如 NFS 和 NIS 等完全暴露在外，使它们成为外界主机侦探和攻击的主要目标，可利用防火墙对相应的服务进行封堵。

（四）记录通过防火墙的信息内容和活动

对一个内部网络已经连接到外部网络上的机构来说，重要的问题并不是网络是否会受到攻击，而是何时会受到攻击。网络管理员必须审计并记录所有通过防火墙的重要信息。如果网络管理员不能及时响应报警并审查常规记录，防火墙就形同虚设。

（五）对网络攻击的检测和告警

如果一个单位没有设置传达室和门卫，任何人都可以长驱直入地到各房间去，特别是单位规模较大，更难保证每个房间都有较高的安全度。况且，随着失误变得越来越普遍，很多“入侵”是由于配置或密码错误造成的，而不是故意和复杂的攻击。防火墙的作用就是提高主机整体的安全性，主要包括以下 5 点：

1. 控制不安全的服务

防火墙可以控制不安全的服务，因为只有授权的协议和服务才能通过防火墙，这就大大降低了内部网络的暴露度，提高了网络的安全度，从而使内部网络免于遭受来自外界的基于某协议或某服务的攻击。防火墙还能防止基于路由的攻击策略，拒绝这种攻击试探并将情况通知系统管理员。

2. 站点访问控制

防火墙还提供了对站点的访问控制。比如，从外界可以访问某些主机，却不能非法地访问另一些主机，即在网络的边界上形成一道关卡。一般而言，一个站点应该对进来的外部访问有所选择，至于邮件服务和信息服务肯定是要开放的。如果一个用户很少提供网络服务，或几乎不跟别的站点打交道，防火墙就是他保护自己的最好选择。

3. 集中安全保护

如果一个内部网络中大部分需要维护的软件，尤其是安全软件能集中放在防火墙系统上，而不是分散到每个主机中，会使整体的安全保护相对集中，也相对便宜，简化网络的安全管理，提高网络的整体安全性。例如对于密码口令系统或其他的身份认证软件等，放在防火墙系统中更是优于放在每个 Internet 能访问的计算机上。

4. 强化私有权

对一些站点而言，私有性是很重要的，因为某些看似不重要的信息往往会成为攻击者灵感的源泉。使用防火墙系统，站点可以防止 finger 及 DNS 域名服务。finger 会列出当前使用者的名单、他们上次登录的时间以及是否读过邮件等，但 finger 同时也会不经意地告诉攻击者该系统的使用频率、是否有用户正在使用以及是否可能发动攻击而不被发现。防火墙还能封锁域名服务信息，从而使 Internet 外部主机无法获取站点名和 IP 地址。通过封锁这些信息，可以防止攻击者从中获得另一些有用的信息。

5. 网络连接的日志记录及使用统计

通过防火墙可以很方便地监视网络的安全性，并产生报警信号。当防火墙系统被配置为所有内部网络与外部 Internet 连接均须经过的安全系统时，防火墙系统就能够对所有的访问进行日志记录。日志是对一些可能的攻击进行分析和防范的十分重要的信息。另外，防火墙系统也能够对正常的网络使用情况做出统计。通过对统计结果的分析，可以使网络资源得到更好的使用。网络管理员必须经常审查并记录所有通过防火墙的重要信息。

为实现防火墙系统的以上功能，在防火墙产品的开发中，人们广泛应用网络拓扑技术、计算机操作系统技术、路由技术、加密技术、访问控制技术和安全审计技术等。

虽然防火墙是保证内部网络安全的重要手段，但防火墙也有其局限性，市场上每个防火墙产品几乎每年都有安全脆弱点被发现。

三、防火墙的局限性

防火墙的局限性主要体现在以下几方面：

1. 网络的安全性通常是以网络服务的开放性和灵活性为代价

在网络系统中部署防火墙，通常会使网络系统的部分功能被削弱。

第一，由于防火墙的隔离作用，在保护内部网络的同时使它与外部网络的信息交流受到阻碍。

第二，由于在防火墙上附加各种信息服务的代理软件，增大了网络管理开销，减慢了信息传输速率，在大量使用分布式应用的情况下，使用防火墙是不切实际的。

2. 防火墙只是整个网络安全防护体系的一部分，而且防火墙并非万无一失

第一，只能防范经过其本身的非法访问和攻击，对绕过防火墙的访问和攻击无能为力。

第二，不能解决来自内部网络的攻击和安全问题。

第三，不能防止受病毒感染的文件的传输。

第四，不能防止策略配置不当或错误配置引起的安全威胁。

第五，不能防止自然或人为的故意破坏。

第六，不能防止本身安全漏洞的威胁。

第二节　防火墙的实现技术

防火墙的实现技术主要是数据包过滤与应用层代理。这两种技术可以单独使用，也可以结合起来使用，使得防火墙产品可以向内部网络用户同时提供数据包过滤与应用层代理功能。一般情况下，在使用防火墙产品时，对使用较为频繁、信息可共享性高的服务采用应用层代理，如 WWW 服务；而对于实时性要求高、使用不频繁及用户自定义的服务可以采用数据包过滤机制，如 Telnet 服务。

一、数据包过滤

数据包过滤是防火墙最基本的过滤技术，在网络层实现。数据包过滤技术就是对内、外网络之间传输的数据包按照某些特征事先设置一系列的安全规则（或称安全策略），进行过滤或筛选，使符合安全规则的数据包通过，而丢弃那些不符合安全规则的数据包。安全规则以其接收到的数据包报头信息为基础，判断的依据有（只考虑 IP 数据包）以下几方面：

（1）源 IP 地址和目的 IP 地址。

（2）封装协议类型，如 TCP、UDP 和 ICMP 等。

（3）源端口号和目的端口号。

（4）TCP 选项，如 SYN、ACK、FIN、RST 等。

（5）数据包流向，如进（In）或出（Out）。

数据包过滤技术的优点如下：

第一，数据包过滤技术不针对特殊的应用服务，不要求客户端或服务器提供特殊软件接口。

第二，数据包过滤技术对用户基本透明，降低了对用户的使用要求。

数据包过滤技术的缺点如下：

第一，数据包过滤规则配置较为复杂，对网络管理人员要求较高，并且数据包过滤规则配置的正确性难以检测，在规则较多时，逻辑上的错误较难发现。

第二，缺乏用户日志和审计信息，多数的数据包过滤技术无法支持用户的概念，无法支持用户级的访问控制。

第三，采用数据包过滤技术的防火墙由于过滤负载较重，容易成为网络访问的瓶颈。

二、应用层代理

数据包过滤无法提供完善的数据保护措施，如果访问控制中的地址更换了，这时数据包过滤就失效了，此时如果使用应用层代理就可以解决这个问题。应用层代理是指在应用层上为转发数据的客户端服务，防火墙会根据应用层的协议来进行访问控制，防火墙不仅能够看到下面几层的内容，还可以看到应用层的信息。防火墙根据应用层的信息来做出是否进行转发和阻止的决定。

内网用户将应用层协议请求发送给应用层代理（防火墙），由防火墙代理需要访问的网络资源，并将结果返回给用户。内部网络用户与外部网络资源之间需要借助应用层代理这个中介来进行通信。作为防火墙的设备，可以认为是一个代理服务器。

应用层代理的优点如下：

第一，使用应用层代理技术，用户不需要直接与外部网络连接，内部网络安全性较高。

第二，应用层代理的 Cache 机制可以通过用户信息共享的方式提高信息访问率。

第三，采用应用层代理的防火墙没有网络层与传输层的过滤负载，同时代理只有当用户有请求时才会去访问外部网络，防火墙成为瓶颈的可能性较小。

第四，应用层代理支持用户概念，可以提供用户认证等用户安全策略。

第五，应用层代理可以实现基于内容的信息过滤。

应用层代理的缺点如下：

第一，在新的应用产生后，必须设计对应的应用层代理软件，这使得代理服务的发展永远滞后于应用服务的发展。

第二，必须对每种服务提供应用代理，每开通一种服务，就必须在防火墙上添加相应的服务进程。

第三，代理服务器需要对客户端软件添加客户端代理模块，增加了系统安装与维护的工作量。

第四，代理服务对实时性要求太高的服务不合适。

三、状态检测技术

对于某一通信连接，前面两类防火墙为了提供可靠的安全性，必须跟踪它的所有通信信息来控制各种数据流。而用状态检测技术，防火墙可以检测到当前的通信数据是否属于同一连接状态下的信息，若是就直接放行。它采用了一个在网关上执行网络安全策略的软件引擎，称之为检测模块，通过其抽取部分网络数据（状态信息），并动态保存起来作为以后安全决策的参考，对于无连接的协议（如 RPC 和基于 UDP 的应用），使用它可以为之提供虚拟的会话信息。

状态检测技术的优点如下：

第一，一旦某个连接建立起来，就不用再对这个连接做更多工作，系统可以去处理别的连接，执行效率明显提高。

第二，通过防火墙的数据包都在低层处理，而不需要协议栈的上层处理任何数据包，这样减少了高层协议栈的开销。

第三，状态检测防火墙不区分每个具体的应用，只是根据从数据包中提取的信息、对应的安全策略和过滤规则处理数据包，当有一个新的应用被检测到时，它能动态地产生新的应用的对应规则。

第三节　防火墙技术

从工作原理角度看，防火墙主要可以分为网络层防火墙和应用层防火墙。这两种类型防火墙的具体实现技术主要有包过滤技术、代理服务技术、状态检测技术和 NAT 技术等。

一、包过滤技术

包过滤防火墙工作在网络层，通常基于 IP 数据包的源地址、目的地址、源端口和目的端口进行过滤。它的优点是效率比较高，对用户来说是透明的，用户可能不会感觉到包过滤防火墙的存在，除非他是非法用户被拒绝了。缺点是对于大多数服务和协议不能提供安全保障，无法有效地区分同一 IP 地址的不同用户，并且包过滤防火墙难于配置、监控和管理，不能提供足够的日志和报警。

数据包过滤（Packet Filtering）技术是在网络层对数据包进行选择，选择的依据是系统内设置的过滤逻辑，被称为访问控制列表（Access Control List，ACL）。通过检查数据流中每个数据包的源地址、目的地址、所用的端口号和协议状态等因素或它们的组合，来确定是否允许该数据包通过。

数据包过滤防火墙逻辑简单，价格便宜，易于安装和使用，网络性能和透明性好，它通常安装在路由器上。路由器是内部网络与 Internet 连接必不可少的设备，因此在原有网络上增加这样的防火墙几乎不需要任何额外的费用。数据包过滤防火墙的缺点有两个：一是非法访问一旦突破防火墙，即可对主机上的软件和配置漏洞进行攻击；二是数据包的源地址、目的地址及 IP 的端口号都在数据包的头部，很有可能被窃听或假冒。分组过滤或包过滤是一种通用、廉价、有效的安全手段。之所以通用，是因为它不针对各个具体的网络服务采取特殊的处理方式；之所以廉价，是因为大多数路由器都提供分组过滤功能；之所以有效，是因为它能很大程度地满足企业的安全要求。过滤所根据的信息来源于 IP、TCP 或 UDP 报头。包过滤的优点是不用改动客户机和主机上的应用程序，因为它工作在网络层和传输层，与应用层无关。但其弱点也是明显的：用来过滤判别的只有网络层和传输层的有限信息，因而各种安全要求不可能被充分满足；在许多过滤器中，过滤规则的数目是有限制的，且随着规则数目的增加，性能会受到很大的影响；由于缺少上下文关联信息，不能有效地过滤如 UDP 或 RPC 一类的协议；另外，大多数过滤器中缺少审计和报警机制，且管理方式和用户界面较差；对安全管理人员素质要求高，建立安全规则时，必须对协议本身及其在不同应用程序中的作用有较深入的理解。因此，过滤器通常是和应用网关配合使用，共同组成防火墙系统。

（一）包过滤模型

包过滤型防火墙一般有一个包检查模块，可以根据数据报头中的各项信息来控制站点与站点、站点与网络、网络与网络之间的相互访问，但不能控制传输的数据内容，因为内容是应用层数据。

包检查模块应该深入操作系统的核心，在操作系统或路由器转发包之前拦截所有的数据包。当包过滤型防火墙安装在网关上之后，包过滤检查模块深入系统的网络层和数据链路层之间，即 TCP 层和 IP 层之间，抢在操作系统或路由器的 TCP 层对 IP 包的所有处理之前对 IP 包进行处理。因为数据链路层事实上就是网卡（NIC），网络层是第一层协议堆栈，所以包过滤型防火墙位于软件层次的最低层。

通过检查模块，防火墙能拦截和检查所有进出的数据。防火墙检查模块首先验证这个数据包是否符合过滤规则，不管是否符合过滤规则，防火墙一般要记录数据包情况，不符合规则的数据包要进行报警或通知管理员。对于丢弃的数据包，防火墙可以给发送方一个消息，也可以不发，这取决于包过滤策略。如果返回一个消息，攻击者可能会根据拒绝包的类型猜测包过滤规则的大致情况。

（二）包过滤的工作过程

数据包过滤技术可以允许或不允许某些数据包在网络上传输，主要依据如下：

（1）数据包的源地址。

（2）数据包的目的地址。

（3）数据包的协议类型（TCP、UDP、ICMP 等）。

（4）YCP 或 UDP 的源端口。

（5）TCP 或 UDP 的目的端口。

（6）ICMP 消息类型。

大多数包过滤系统判决是否传送数据包时都不关心包的具体内容。包过滤系统只能进行类似以下情况的操作：

①不让任何用户从外部网用 Telnet 登录。

②允许任何用户使用 SMTP 往内部网发电子邮件。

③只允许某台计算机通过 NNTP 往内部网发新闻。

但包过滤不能允许进行如下的操作：

第一，允许某个用户从外部网用 Telnet 登录而不允许其他用户进行这种操作。

第二，允许用户传送一些文件而不允许用户传送其他文件。

包过滤系统不能识别数据包中的用户信息，同样包过滤系统也不能识别数据包中的文件信息。包过滤系统的主要特点是可在一台计算机上提供对整个网络的保护。以 Telnet 为例，假定为了不让使用 Telnet 而将网络中所有计算机上的 Telnet 服务器关闭，即使这样做了，也不能保证在网络中新增计算机时，新计算机的 Telnet 服务器也被关闭或其他用户不重新安装 Telnet 服务器。如果有了包过滤系统，只要在包过滤中对此进行设置，也就无所谓计算机中的 Telnet 服务器是否存在问题了。

包过滤路由器为所有进出网络的数据流提供了一个有用的阻塞点。有些类型的保护只能由放置在网络中特定位置的过滤路由器来提供。比如，设计这样的安全规则，让网络拒绝任何含有内部地址的包——就是那种看起来好像来自内部主机而其实是来自外部网的包，这种包经常被作为地址伪装入侵的一部分。入侵者总是用这种包把它们伪装成来自内部网。要用包过滤路由器来实现设计的安全规则，唯一的方法是通过参数设置网络上的包过滤路由器。

包过滤方式有许多优点，而其主要优点之一是仅用一个放置在重要位置上的包过滤路由器就可保护整个网络。如果站点与外部网络间只有一台路由器，那么不管站点规模有多大，只要在这台路由器上设置合适的包过滤，站点就可获得很好的网络安全保护。

包过滤不需要用户软件的支持，也不要求对客户机进行特别的设置，也没有必要对用户进行任何培训。当包过滤路由器允许包通过时，它表现得和普通路由器没有任何区别。这时，用户甚至感觉不到包过滤功能的存在，只有在某些包被禁入或禁出时，用户才认识到它与普通路由器的不同。包过滤工作对用户来讲是透明的，这种透明就是可在不要求用户进行任何操作的前提下完成包过滤。

（三）包过滤路由器的配置

在配置包过滤路由器时，首先要确定哪些服务允许通过而哪些服务应被拒绝，并将这些规定翻译成有关的包过滤规则。对包的内容一般并不需要多加关心。比如，允许站点接收来自外部网的邮件，而不关心该邮件是用什么工具制作的。路由器只关注包中的一小部分内容。下面给出将有关服务翻译成包过滤规则时非常重要的几个概念。

1. 协议的双向性

协议总是双向的，协议包括一方发送一个请求而另一方返回一个应答。在制定包过滤规则时，要注意包是从两个方向来到路由器的，比如，只允许往外的 Telnet 包将键入信息送达远程主机，而不允许返回的显示信息包通过相同的连接，这种规则是不正确的。同时，拒绝半个连接往往也是不起作用的。在许多攻击中，入侵者往内部网发送包，他们甚至不用返回信息就可完成对内部网的攻击，因为他们能对返回信息加以推测。

2. “往内”与“往外”的含义

在制定包过滤规则时，必须准确理解“往内”与“往外”的包和“往内”与“往外”的服务这几个词的语义。一个往外的服务（如上面提到的 Telnet）同时包含往外的包（键入信息）和往内的包（返回的屏幕显示的信息）。虽然大多数人习惯于用“服务”来定义规定，但在制定包过滤规则时，一定要具体到每一种类型的包。在使用包过滤时也一定要弄清“往内”与“往外”的包和“往内”与“往外”的服务这几个词之间的区别。

3. “默认允许”与“默认拒绝”

网络的安全策略中有两种方法：默认拒绝（没有明确地被允许就应被拒绝）与默认允许（没有明确地被拒绝就应被允许）。从安全角度来看，用默认拒绝应该更合适。就如前面讨论的，首先应从拒绝任何传输来设置包过滤规则，然后再对某些应被允许传输的协议设置允许标志。这样系统的安全性会更好一些。

（四）包过滤处理内核

过滤路由器可以利用包过滤作为手段来提高网络的安全性。许多商业路由器都可以通过编程来执行过滤功能。路由器制造商，如 Cisco、华为等提供的路由器都可以通过编写访问控制列表（ACL）来执行包过滤功能。

1. 网络安全策略

包过滤还可以用来实现大范围内的网络安全策略。网络安全策略必须清楚地说明被保护的网络和服务的类型、它们的重要程度和这些服务要保护的对象。

一般来说，网络安全策略主要集中在阻截入侵者，而不是试图警戒内部用户。其工作的重点是阻止外来用户的突然侵入和故意暴露敏感性数据，而不是阻止内部用户使用外部网络服务。这种类型的网络安全策略决定了过滤路由器应该放在哪里和怎样通过编程来执行包过滤。网络安全策略的一个目标就是要提供一个透明机制，以便于这些策略不会对用户产生障碍。

2. 包过滤策略

包过滤器通常置于一个或多个网段之间。网络段区分为外部网段或内部网段。外部网段是通过网络将用户的计算机连接到外部的网络上，内部网段用来连接公司的主机和其他网络资源。

包过滤器设备的每一端口都可用来完成网络安全策略，该策略描述了通过此端口可访问的网络服务类型。如果连在包过滤设备上的网络段的数目很大，那么包过滤所要完成的服务就会变得很复杂。一般来说，应当避免对网络安全问题采取过于复杂的解决方案，大多数情况下包过滤设备只连两个网段，即外部网段和内部网段。包过滤用来限制那些它拒绝服务的网络流量。因为网络策略是应用于那些与外部主机有联系的内部用户的，所以过滤路由器端口两边的过滤器必须以不同的方式工作。

3. 包过滤器操作

几乎所有的包过滤设备（过滤路由器或包过滤网关）都按照如下方式工作：

第一，包过滤标准必须由包过滤设备端口存储起来，这些包过滤标准称为包过滤规则。

第二，当包到达端口时，对包的报头进行语法分析，大部分的包过滤设备只检查 IP、TCP 或 UDP 报头中的字段，不检查数据的内容。

第三，包过滤器规则以特殊的方式存储。

第四，如果一条规则阻止包传输或接收，此包便不允许通过。

第五，如果一条规则允许包传输或接收，该包可以继续处理。

第六，如果一个包不满足任何一条规则，该包被丢弃。

从第六个方式可以看到，在为网络安全设计过滤规则时，应该遵循自动防止故障的原理为未明确表示允许的便被禁止，此原理是为包过滤设计的。因此，随着网络应用的深入，会有新应用（服务）的增加，这样就需要为新服务调整过滤规则，否则新的服务就不能通过防火墙。

(五) 包过滤技术的缺陷

虽然包过滤技术是一种通用廉价的安全手段，许多路由器都可以充当包过滤防火墙，满足一般的安全性要求，但是它也有一些缺点及局限性。

1. 不能彻底防止地址欺骗

大多数包过滤路由器都是基于源 IP 地址和目的 IP 地址而进行过滤的。而数据包的源地址、目的地址及 IP 的端口号都在数据包的头部，很有可能被窃听或假冒（IP 地址的伪造是很容易、很普遍的），如果攻击者把自己主机的 IP 地址设成一个合法主机的 IP 地址，就可以很轻易地通过报文过滤器。所以，包过滤最主要的弱点是不能在用户级别上进行过滤，即不能识别不同的用户和防止 IP 地址的盗用。

过滤路由器在这点上大都无能为力。即使绑定 MAC 地址，也未必是可信的。对于一些安全性要求较高的网络，过滤路由器是不能胜任的。

2. 无法执行某些安全策略

有些安全规则是难于用包过滤系统来实施的。比如，在数据包中只有来自某台主机的信息而无来自某个用户的信息，因为包的报头信息只能说明数据包来自什么主机，而不是什么用户，若要过滤用户就不能用包过滤。再如，数据包只说明到什么端口，而不是到什么应用程序，这就存在着很大的安全隐患和管理控制漏洞。因此，数据包过滤路由器上的信息不能完全满足用户对安全策略的需求。

3. 安全性较差

过滤判别的只有网络层和传输层的有限信息，因而各种安全要求不可能充分满足。在许多过滤器中，过滤规则的数目是有限制的，且随着规则数目的增加，性能会受到很大的影响。由于缺少上下文关联信息，不能有效地过滤如 UDP、RPC 一类的协议。非法访问一旦突破防火墙，即可对主机上的软件和配置漏洞进行攻击。大多数过滤器中缺少审计和报警机制，通常它没有用户的使用记录，这样，管理员就不能从访问记录中发现黑客的攻击记录；而攻击一个单纯的包过滤式的防火墙对黑客来说是比较容易的，他们在这一方面已经积累了大量的经验。

4. 一些应用协议不适合于数据包过滤

即使在系统中安装了比较完善的包过滤系统，也会发现对有些协议使用包过滤方式不太合适。比如，对 UNIX 的 r 系列命令（rsh、rlogin）和类似于 NFS 协议的 RPC，用包过滤系统就不太合适。

5. 管理功能弱

数据包过滤规则难以配置，管理方式和用户界面较差；对安全管理人员素质要求高；建立安全规则时，必须对协议本身及其在不同应用程序中的作用有较深入的理解。

从以上的分析可以看出，包过滤防火墙技术虽然能确保一定的安全保护，并且也有许多优点，但是包过滤毕竟是早期防火墙技术，本身存在较多缺陷，不能提供较高的安全性。因此，在实际应用中，很少把包过滤技术当作单独的安全解决方案，通常是把它与应用网关配合使用或与其他防火墙技术糅合在一起使用，共同组成防火墙系统。

二、代理服务技术

代理服务（Proxy）技术是一种较新型的防火墙技术，它分为应用层网关和电路层网关。

（一）代理服务的原理

所谓代理服务器，是指代表客户处理连接请求的程序。当代理服务器得到一个客户的连接意图时，它将核实客户请求，并用特定的安全化的 Proxy 应用程序来处理连接请求，将处理后的请求传递到真实的服务器上，然后接受服务器应答，并进行进一步处理后，将答复交给发出请求的最终客户。代理服务器在外部网络向内部网络申请服务时发挥了中间转接和隔离内、外部网络的作用，所以又叫代理防火墙。

代理防火墙工作于应用层，且针对特定的应用层协议。代理防火墙通过编程来弄清用户应用层的流量，并能在用户层和应用协议层间提供访问控制，而且还可用来保持一个所有应用程序使用的记录。记录和控制所有进出流量的能力是应用层网关的主要优点之一。

（二）应用层网关防火墙

1. 原理

应用层网关（Application Level Gateway）防火墙是传统代理型防火墙，它的核心技术就是代理服务器技术，它是基于软件的，通常安装在专用工作站系统上。这种防火墙通过代理技术参与到一个 TCP 连接的全过程，并在网络应用层上建立协议过滤和转发功能，所以被称为应用层网关。当某用户（不管是远程的还是本地的）想和一个运行代理的网络建立联系时，此代理（应用层网关）会阻塞这个连接，然后在过滤的同时，对数据包进行必要的分析、登记和统计，形成检查报告。如果此连接请求符合预定安全策略或规则，代理防火墙便会在用户和服务器之间建立一个“桥”，从而保证其通信；对不符合预定安全规则的，则阻塞或抛弃。换句话说，“桥”上设置了很多控制。

同时，应用层网关将内部用户的请求确认后送到外部服务器，再将外部服务器的响应回送给用户。这种技术对 ISP 很常见，被用于 Web 服务器上高速缓存信息，并且扮演 Web 客户和 Web 服务器之间的中介角色。它主要保存 Internet 上那些最常用和最近访问过的内容，在 Web 上，代理首先试图在本地寻找数据，如果没有，再到远程服务器上去查找。这为用户提供了更快的访问速度，并且提高了网络安全性。

2. 优点

应用层网关防火墙最突出的优点就是安全，这种类型的防火墙被网络安全专家和媒体公认为是最安全的防火墙。由于每一个内外网络之间的连接都要通过 Proxy 的介入和转换，通过专门为特定的服务（如 HTTP）编写的安全化的应用程序进行处理，然后由防火墙本身提交请求和应答，没有给内外网络的计算机以任何直接会话的机会，从而避免了入侵者使用数据驱动类型的攻击方式入侵内部网络。从内部发出的数据包经过这样的防火墙处理后，就好像是源于防火墙外部网卡一样，从而可以达到隐藏内部网结构的作用。包过滤类型的防火墙是很难彻底避免这一漏洞的。

应用层网关防火墙同时也是内部网与外部网的隔离点，起着监视和隔绝应用层通信流的作用，它工作在 OSI 模型的最高层，掌握着应用系统中可用于安全决策的全部信息。

3. 缺点

代理防火墙的最大缺点就是速度相对比较慢，当用户对内外网络网关的吞吐量要求比较高时（如要求达到 75～100 Mbit/s 时），代理防火墙就会成为内外网络之间的瓶颈。所幸的是，目前用户接入 Internet 的速度一般都远低于这个数值。在现实环境中，要考虑使用包过滤类型防火墙来满足速度要求的情况，大部分是高速网（ATM 或千兆位 Intranet 等）之间的防火墙。

（三）电路层网关防火墙

另一种类型的代理技术称为电路层网关（Circuit Level Gateway）或 TCP 通道（TCP Tunnels）。这种防火墙不建立被保护的内部网和外部网的直接连接，而是通过电路层网关中继 TCP 连接。在电路层网关中，包被提交到用户应用层处理。

电路层网关是建立应用层网关的一个更加灵活的方法。它是针对数据包过滤和应用网关技术存在的缺点而引入的防火墙技术，一般采用自适应代理技术，也称为自适应代理防火墙。在电路层网关中，需要安装特殊的客户机软件。组成这种类型防火墙的基本要素有两个：自适应代理服务器（Adaptive Proxy Server）与动态包过滤器（Dynamic Packet Filter）。在自适应代理与动态包过滤器之间存在一个控制通道。在对防火墙进行配置时，用户仅仅将所需要的服务类型和安全级别等信息通过相应 Proxy 的管理界面进行设置就可以了。然后，自适应代理就可以根据用户的配置信息，决定是使用代理服务从应用层代理请求还是从网络层转发数据包。如果是后者，它将动态地通知包过滤器增减过滤规则，满足用户对速度和安全性的双重要求。所以，它结合了应用层网关型防火墙的安全性和包过滤防火墙的高速度等优点，在毫不损失安全性的基础之上将代理型防火墙的性能提高 10 倍以上。

电路层网关防火墙的特点是将所有跨越防火墙的网络通信链路分为两段。防火墙内外计算机系统间应用层的“链接”由两个终止代理服务器上的“链接”来实现，外部计算机的网络链路只能到达代理服务器，从而起到了隔离防火墙内外计算机系统的作用。此外，代理服务也对过往的数据包进行分析、注册登记，形成报告，同时当发现被攻击迹象时会向网络管理员发出警报，并保留攻击痕迹。

（四）代理技术的优点

1. 代理易于配置

代理因为是一个软件，所以它较过滤路由器更易配置，配置界面十分友好。如果代理实现得好，可以对配置协议要求较低，从而避免了配置错误。

2. 代理能生成各项记录

因代理工作在应用层，它检查各项数据，所以可以按一定准则让代理生成各项日志、记录。这些日志、记录对于流量分析、安全检验是十分重要和宝贵的。当然，也可以用于计费等应用。

3. 代理能灵活、完全地控制进出流量、内容

通过采取一定的措施，按照一定的规则，用户可以借助代理实现一整套的安全策略，

比如可以控制“谁”和“什么”，还有“时间”和“地点”。

4. 代理能过滤数据内容

用户可以把一些过滤规则应用于代理，让它在高层实现过滤功能，例如文本过滤、图像过滤（目前还未实现，但这是一个热点研究领域）、预防病毒或扫描病毒等。

5. 代理能为用户提供透明的加密机制

用户通过代理进出数据，可以让代理完成加解密的功能，从而方便用户，确保数据的机密性。这点在虚拟专用网中特别重要。代理可以广泛地用于企业外部网中，提供较高安全性的数据通信。

6. 代理可以方便地与其他安全手段集成

目前的安全问题解决方案很多，如认证（Authentication）、授权（Authorization）、账号（Accounting）、数据加密和安全协议（SSL）等。如果把代理与这些手段联合使用，将大大增加网络安全性，这也是近期网络安全的发展方向。

（五）代理技术的缺点

1. 代理速度比路由器慢

路由器只是简单查看 TCP/IP 报头，检查特定的几个域，不进行详细分析、记录。而代理工作于应用层，要检查数据包的内容，按特定的应用协议（如 HTTP）进行审查、扫描数据包内容，并进行代理（转发请求或响应），故其速度较慢。

2. 代理对用户不透明

许多代理要求客户端进行相应改动或安装定制客户端软件，这给用户增加了不透明度。由于硬件平台和操作系统都存在差异，要为庞大的互异网络的每一台内部主机安装和配置特定的应用程序既耗费时间，又容易出错。

3. 对于每项服务代理可能要求不同的服务器

可能需要为每项协议设置一个不同的代理服务器，因为代理服务器不得不理解协议以便判断什么是允许的和不允许的，并且还要装扮对真实服务器来说是客户、对代理客户来说是服务器的角色。挑选、安装和配置所有这些不同的服务器也可能是一项较大的工作。

4. 代理服务不能保证免受所有协议弱点的限制

作为一个安全问题的解决方法，代理取决于对协议中哪些是安全操作的判断能力。每个应用层协议，都或多或少存在一些安全问题，对于一个代理服务器来说，要彻底避免这些安全隐患几乎是不可能的，除非关掉这些服务。

代理取决于在客户端和真实服务器之间插入代理服务器的能力，这要求两者之间交流的相对直接性，而且有些服务的代理是相当复杂的。

5. 代理不能改进底层协议的安全性

因为代理工作于 TCP/IP 之上，属于应用层，所以它就不能改善底层通信协议的能力，如 IP 欺骗、伪造 ICMP 消息和一些拒绝服务的攻击；而这些方面，对于一个网络的健康发展是相当重要的。

三、状态检测技术

（一）状态检测技术的工作原理

基于状态检测技术的防火墙是由 Check Point 软件技术有限公司率先提出的，也称为动态包过滤防火墙。基于状态检测技术的防火墙通过一个在网关处执行网络安全策略的检测引擎而获得非常好的安全特性。检测引擎在不影响网络正常运行的前提下，采用抽取有关数据的方法对网络通信的各层实施检测。它将抽取的状态信息动态地保存起来作为以后执行安全策略的参考。检测引擎维护一个动态的状态信息表并对后续的数据包进行检查，一旦发现某个连接的参数有意外变化，则立即将其终止。

状态检测防火墙监视和跟踪每一个有效连接的状态，并根据这些信息决定是否允许网络数据包通过防火墙。它在协议栈底层截取数据包，然后分析这些数据包的当前状态，并将其与前一时刻相应的状态信息进行对比，从而得到对该数据包的控制信息。

检测引擎支持多种协议和应用程序，并可以方便地实现应用和服务的扩充。当用户访问请求到达网关操作系统前，检测引擎通过状态监视器要收集有关状态信息，结合网络配置和安全规则做出接纳、拒绝、身份认证及报警等处理动作。一旦有某个访问违反了安全规则，该访问就会被拒绝，记录并报告有关状态信息。

状态检测防火墙试图跟踪通过防火墙的网络连接和数据包，这样防火墙就可以使用一组附加的标准，以确定是否允许或拒绝通信。它是在使用了基本包过滤防火墙的通信上应用一些技术来做到这点的。

在包过滤防火墙中，所有数据包都被认为是孤立存在的，不关心数据包的历史或未来，数据包的允许或拒绝的决定完全取决于包自身所包含的信息，如源地址、目的地址和端口号等。状态检测防火墙跟踪的则不仅仅是数据包中所包含的信息，还包括数据包的状态信息。为了跟踪数据包的状态，状态检测防火墙还记录有用的信息以帮助识别包，例如已有的网络连接、数据的传出请求等。

状态检测技术采用的是一种基于连接的状态检测机制，将属于同一连接的所有包作为一个整体的数据流看待，构成连接状态表。通过规则表与状态表的共同配合，对表中的各个连接状态因素加以识别。

（二）状态检测防火墙可提供的额外服务

状态检测防火墙可提供的额外服务如下：

第一，将某些类型的连接重定向到审核服务中去。例如，到专用 Web 服务器的连接，在 Web 服务器连接被允许之前，可能被发到审核服务器（用一次性口令来使用）。

第二，拒绝携带某些数据的网络通信，如带有附加可执行程序的传入电子消息，或包含 Active X 程序的 Web 页面。

（三）状态检测技术跟踪连接状态的方式

状态检测技术跟踪连接状态的方式取决于数据包的协议类型。

1. TCP 包

当建立起一个 TCP 连接时，通过的第一个包被标有包的 SYN 标志。通常情况下，防火墙丢弃所有外部的连接企图，除非已经建立起某条特定规则来处理它们。对内部主机试图连到外部主机的数据包，防火墙标记该连接包，允许响应及随后在两个系统之间的数据包通过，直到连接结束为止。在这种方式下，传入的包只有在它是响应一个已建立的连接时，才会被允许通过。

2. UDP 包

UDP 包比 TCP 包简单，因为它们不包含任何连接或序列信息。它们只包含源地址、目的地址、校验和携带的数据。UDP 包信息的缺乏使得防火墙确定包的合法性很困难，因为没有打开的连接可利用，以测试传入的包是否应被允许通过。可是，如果防火墙跟踪包的状态，就可以确定。对传入的包，若它所使用的地址和 UDP 包携带的协议与传出的连接请求匹配，该包就被允许通过。和 TCP 包一样，没有传入的 UDP 包会被允许通过，除非它是响应传出的请求或已经建立了指定的规则来处理它。对其他种类的包，情况和 UDP 包类似。防火墙仔细地跟踪传出的请求，记录下所使用的地址、协议和包的类型，然后对照保存过的信息核对传入的包，以确保这些包是被请求的。

（四）状态检测技术的特点

状态检测防火墙结合了包过滤防火墙和代理服务器防火墙的长处，克服了两者的不足，能够根据协议、端口以及源地址、目的地址的具体情况决定数据包是否允许通过。状态检测防火墙具有如下优点：

1. 高安全性

状态检测防火墙工作在数据链路层和网络层之间，它从这里截取数据包，因为数据链路层是网卡工作的真正位置，网络层是协议栈的第一层，这样防火墙确保了截取和检查所有通过网络的原始数据包。

2. 高效性

状态检测防火墙工作在协议栈的较低层，通过防火墙的数据包都在低层处理，不需要协议栈的上层处理任何数据包，这样减少了高层协议的开销，执行效率提高了很多。

3. 可伸缩性和易扩展性

状态检测防火墙不像代理防火墙那样，每一个应用对应一个服务程序，这样所能提供的服务是有限的。状态检测防火墙不区分具体的应用，只是根据从数据包中提取的信息、对应的安全策略及过滤规则来处理数据包，当有一个新的应用时，它能动态产生新规则，而不用另写代码。

4. 应用范围广

状态检测防火墙不仅支持基于 TCP 的应用，还支持无连接协议的应用，如 RPC 和 UDP 的应用。对于无连接协议，包过滤防火墙和应用代理要么不支持，要么开放一个大范围的 UDP 端口，这样就会暴露内部网，降低安全性。

在带来高安全性的同时，状态检测防火墙也存在着不足，主要体现在对大量状态信息的处理过程可能会造成网络连接的某种迟滞，特别是在同时有许多连接被激活时或者是有大量的过滤网络通信的规则存在时。不过，随着硬件处理能力的不断提高，这个问题将变得越来越不易被察觉。

四、NAT 技术

（一）NAT 技术的工作原理

网络地址转换（Network Address Translation，NAT），是一个 Internet 工程任务组（Internet Engineering Task Force，IETF）的标准，允许一个整体机构以一个公用 IP 地址出现在互联网上。顾名思义，它是一种把内部私有 IP 地址翻译成合法网络 IP 的技术。简单地说，NAT 就是在局域网内部网络中使用内部地址，而当内部节点要与外部网络进行通信时，就在网关处将内部地址替换成公用地址，从而在外部公网上正常使用。NAT 可以使多台计算机共享互联网连接，这一功能很好地解决了公共 IP 地址紧缺的问题。通过这种方法，可以只申请一个合法 IP 地址，就把整个局域网中的计算机接入互联网中。这时，NAT 屏蔽了内部网络，所有内部网络计算机对于公共网络来说是不可见的，而内部网络计算机用户通常不会意识到 NAT 的存在。

NAT 功能通常被集成到路由器、防火墙 ISDN 路由器或者单独的 NAT 设备中。比如 Cisco 路由器中已经加入这一功能，网络管理员只需在路由器的 IOS 中设置 NAT 功能，就可以实现对内部网络的屏蔽。再比如防火墙将 Web Server 的内部地址 192. 168. 1. 1 映射为外部地址 202. 96. 23. 11，外部访问 202. 96. 23. 11 地址实际上就是访问内部地址 192. 168. 1. 1。

（二）NAT 技术的类型

NAT 有三种类型：静态 NAT（Static NAT）、动态地址 NAT（Pooled NAT）和网络地址端口转换 NAPT（Port-Level NAT）。

其中，静态 NAT 是设置起来最为简单和最容易实现的一种，内部网络中的每个主机都被永久映射成外部网络中的某个合法的地址。动态地址 NAT 则是在外部网络中定义了一系列的合法地址，采用动态分配的方法映射到内部网络。NAPT 则是把内部地址映射到外部网络的一个 IP 地址的不同端口上。根据不同的需要，三种 NAT 方案各有利弊。

动态地址 NAT 只是转换 IP 地址，它为每一个内部的 IP 地址分配一个临时的外部 IP 地址，主要应用于拨号，对于频繁的远程连接也可以采用动态 NAT。当远程用户连接上之后，动态地址 NAT 就会分配给它一个 IP 地址，用户断开时，这个 IP 地址就会被释放而留待以后使用。网络地址端口转换 NAPT 是人们比较熟悉的一种转换方式。NAPT 普遍应用于接入设备中，它可以将中小型的网络隐藏在一个合法的 IP 地址后面。NAPT 与动态地址 NAT 不同，它将内部连接映射到外部网络中的一个单独的 IP 地址上，同时在该地址上加上一个由 NAT 设备选定的 TCP 端口号。

在互联网中使用 NAPT 时，所有不同的信息流看起来好像来源于同一个 IP 地址。这个优点在小型办公室内非常实用。通过从 ISP 处申请的一个 IP 地址，将多个链接通过 NAPT 接入互联网。

（三）NAT技术的特点

1. NAT技术的优点

第一，所有内部的IP地址对外面的人来说是隐蔽的。因此，网络之外没有人可以通过指定IP地址的方式直接对网络内的任何一台特定的计算机发起攻击。

第二，如果因为某种原因导致公共IP地址资源比较短缺的话，NAT技术可以使整个内部网络共享一个IP地址。

第三，可以启用基本的包过滤防火墙安全机制，因为所有传入的数据包如果没有专门指定配置到NAT，那么就会被丢弃。内部网络的计算机就不可能直接访问外部网络。

2. NAT技术的缺点

NAT技术的缺点和包过滤防火墙的缺点类似，虽然可以保障内部网络的安全，但也存在一些类似的局限。此外，内部网络利用现在流传比较广泛的木马程序可以通过NAT进行外部连接，就像它可以穿过包过滤防火墙一样容易。

第四节　防火墙的安全防护技术

防火墙自开始部署以来，已保护无数的网络躲过窥探的眼睛和恶意的攻击者，然而它们还远远不是确保网络安全的灵丹妙药。每种防火墙产品几乎每年都有安全脆弱点被发现。更糟糕的是，大多数防火墙往往配置不当且无人维护和监视。

如果不犯错误，从设计到配置再到维护都做得很好的防火墙几乎是不可渗透的。事实上大多数的攻击者都知道这一点，因而他们往往通过发掘信任关系和最薄弱环节上的安全脆弱点来绕过防火墙，或者经由拨号账号实施攻击来避开防火墙。总之，大多数攻击者尽最大努力绕过强壮的防火墙，而防火墙的拥有者的目标是确保自己的防火墙强壮。

知道攻击者为绕过防火墙而采取的最初几个步骤，将有助于对攻击进行检测并做出反应。下面介绍现今的攻击者用于发现和侦察防火墙的典型技巧，并讨论他们试图绕过防火墙的一些方法。对于一些技巧，将讨论如何能够检测并预防相应的攻击。

一、防止防火墙标识被获取

几乎每种防火墙都会有其独特的电子特征。也就是说，凭借端口扫描和标识获取等技巧，攻击者能够有效地确定目标网络上几乎每个防火墙的类型、版本和规则。这种标识之所以重要，是因为一旦标识出目标网络的防火墙，攻击者就能确定它们的脆弱点所在，从而尝试攻击它们。

（一）防止通过直接扫描获取防火墙标识的对策

查找防火墙最容易的方法是对特定的默认端口执行扫描。市场上有些防火墙会在简单的端口扫描下独特地标记自己，只需知道应扫描哪些端口。例如，Check Point 的 Fire-wall-1 在256、257和258号TCP端口上监听，Microsoft 的 Proxy Server 则通常在1080和

1745 号 TCP 端口上监听。掌握这一点后，使用像 nmap 这样的端口扫描程序来搜索这些类型的防火墙就轻而易举了：

nmap-n-w-po-p 256，1080，1745192.168.50.1-60.254

只有愚蠢的和鲁莽的攻击者才会以这种方式对目标网络执行大范围扫描，以此搜索这些防火墙。攻击者可使用多种技巧以躲避目标网络管理员的注意，包括对 Ping 探测分组、目标端口、目标地址和源端口进行随机编排，使用欺骗性源主机地址，执行分布式源扫描（Source Scan）等。

为防止来自外部网络的防火墙端口扫描，可以在防火墙前面的路由器上阻塞这些端口。

当然，如果在边界路由器上阻塞了 Check Point 防火墙的端口（256~258），将不能通过外部网络（例如因特网）管理防火墙。

通过部署入侵检测系统也能够检查出这些攻击者。但是大多数 IDS 默认情况下，不能检测单个的端口扫描，因此在能够依赖它们进行检测之前，须调理它们的敏感性。要准确地检测使用随机处理和欺骗性主机的端口扫描，需要精心调整每个端口扫描检测特征。具体细节参见 IDS 厂家提供的文档。

（二）防止防火墙标识被获取的对策

许多流行的防火墙只要简单地连接它们就会声明自己的存在。举例来说，许多代理性质防火墙会声明它们作为防火墙的功能，有的还通告自己的类型和版本。

补救这种信息泄露脆弱点的办法就是限制给出标识信息。好的标识可能包含合法性通告，警告说任何连接尝试都会被记录下来。修改默认标识的具体过程取决于所用的防火墙，需要跟其厂商联系确定。

（三）防止利用 nmap 推断获取防火墙标志的对策

nmap 在发现防火墙信息上是个比较好的工具。使用 nmap 扫描一台主机时，它不光告知哪些端口打开或关闭，还告知哪些端口被阻塞。从端口扫描取得的数据能够得出关于防火墙配置的一些信息。

使用 nmap 时被过滤掉的探测分组对应的端口表明发生了以下三种事情之一。

第一，没有接收到 SYN/ACK 分组。

第二，没有接收到 RST/ACK 分组。

第三，接收到类型为 3（Destination Unreachable，目的地不可达）且代码为 13（Communication Administratively Prohibited，通信由管理手段禁止）的 ICMP 分组。

nmap 将把所有这些条件合在一起作为“过滤掉的（Fitered）”端口报告。

通过分析端口扫描报告可以分析出防火墙及其访问控制规则。

为了防止攻击者使用 nmap 技巧查找路由器和防火墙的 ACL 规则，应该禁止路由器响应类型为 3、代码为 13 的 ICMP 分组的能力。在 Cisco 路由器上通过阻止它们对 IP 不可到达消息做出响应可做到这一点，命令为 no ip unreachables。

二、防止穿透防火墙进行扫描

透过防火墙从而发现隐藏在防火墙后面的目标，这是网络黑客和网络入侵者梦寐以求的事情。下面讨论一些黑客在防火墙附近徘徊的技巧，并汇集关于穿透和绕过防火墙各种途径的一些关键信息。

（一）防止利用原始分组传送进行穿透防火墙扫描的对策

由 Salvatore Sanfilippo 编写的 hping 通过向一个目的端口发送 TCP 分组并报告由它引回的分组进行工作。依据多种条件，hping 返回各种各样的响应。每个分组部分或全面地提供了防火墙具体访问控制相当清晰的细节。例如，hping 可以发现打开、被阻塞、被丢弃或者被拒绝的分组。

（二）防止利用源端口扫描进行穿透防火墙扫描的对策

传统的分组过滤（也称包过滤）防火墙，比如 Cisco 的 IOS，有一个主要的缺点，它们不能维持连接状态。如果防火墙不能维持连接状态，则它就不能分辨出连接是源于防火墙内还是外。换句话说，它不能完全控制一些传输。因此，就可以将源端口设置为通常允许通过的 TCP 53（区域传送）和 TCP 20 端口（FTP），从而可以扫描（或攻击）核心的内容。

为了发现防火墙是否允许通过源端口扫描（比如 TCP 20，FTP 数据通道），可以用 nmap 的-g 特性：

nmap-sS-po-g 20-pl39 10-1-1-1

如果端口是打开的，就很可能是碰到了一个比较脆弱的防火墙。如果发现防火墙不能保持连接状态，就可以利用这一点攻击防火墙后面脆弱的系统了。利用一个经修改的端口重定向工具，比如 Foundstone 的 Fpipe，就可以将源端口设为 20，在突破防火墙后可运行漏洞挖掘工具。

对此弱点的解决办法比较简单，但也不那么令人满意。要么是禁止那些需要多个端口组合（比如系统的 FTP）的通信，要么是切换到一个基于状态或应用的代理防火墙，从而对进出的连接进行更好的控制。

三、克服分组过滤的脆弱点

诸如 Check Point 的 Firewall-1、Cisco 的 PIX 和 Cisco 的 IOS（Cisco 的 IOS 也能设置成防火墙）之类的分组过滤防火墙，依赖于 ACL 规则确定各个分组是否有权出入内部网络。大多数情况下，这些 ACL 规则是精心设计的，难以绕过。然而有些情况下会碰到，按 ACL 规则设计不完善的防火墙，允许某些分组不受约束地通过。

（一）针对不严格的 ACL 规则的对策

不严格的 ACL 规则频繁光顾防火墙，因此在这里必须谈及。考虑一个机构可能希望自己的 ISP 执行区域传送的例子。“允许来自 53 号 TCP 源端口的所有活动”这样不严格的 ACL 规则可能会被采用，而不是严格的“允许来自 ISP 的 DNS 服务器的源和目的端口号都为 53 的活动”。这些误配置造成的危险可能真正具有破坏性，允许攻击者从外部扫描整个目标网络，这些攻击大多数从扫描目标网络防火墙后一台主机并冒充 53 号 TCP 源端口（DNS 端口）开始。

必须确保自己的防火墙规则严格限制谁能连接到哪儿。例如，如果某个 ISP 要求区域传送能力，那就在规则中显式地说明，需要一个源 IP 地址和硬编码的目的 IP 地址（内部 DNS 服务器主机地址）。

如果使用的是 Check Point 防火墙，那么可以使用以下规则来限制只允许从 53 号源端口（DNS）到自己 ISP 的 DNS 服务器的分组。例如，如果某个 ISP 的 DNS 服务器的主机地址为 172. 30. 140. 1，其内部 DNS 服务器的主机地址为 192. 168. 66. 2，那么可以使用以下规则：

Source Destination Service Action Track

192. 168. 66. 2172. 30. 140. 1domain-tcp Accept Short

（二）针对 ICMP 和 UDP 隧道的对策

ICMP 隧道（ICMP Tunneling）有能力在 ICMP 分组头部封装真正的数据。许多允许 ICMP 回射请求、JCMP 回射应答和 UDP 分组出入的路由器和防火墙会遭受这种攻击的侵害。与 Check Point 的 DNS 脆弱点很相似，ICMP 和 UDP 隧道攻击也依赖于防火墙之后已有一个受害的系统。

Jeremy Ranch 和 Mike Shiffman 把这种隧道概念付诸实施，编写了发掘它的工具 loki 和 lokid（分别是客户和服务器程序）。在允许 ICMP 回射请求和回射应答分组穿行的防火墙后面的某个系统上运行 lokid 服务器工具。它将允许攻击者运行 loki 客户工具，而 loki 把待执行的每个命令包裹在 ICMP 回射请求分组中发送给 lokid。lokid 解出命令后在本地运行它们，再把结果包裹在 ICMP 回射应答分组中返回给攻击者。使用这种技巧，攻击者就能完全绕过防火墙。

防止这种类型攻击的办法既可以是完全禁止通过防火墙的 ICMP 访问，也可以是对 ICMP 分组提供小粒度的访问控制。举例来说，Cisco 路由器上的以下 ACL 规则将因管理上的目的而禁止通过不是来往于 172. 29. 10. 0 子网（DMZ 区域）的所有 ICMP 分组：

Access-list 101permiticmpany 172. 29. 10. 00. 255. 255. 2558！ echo

Access-list 101permiticmpany 172. 29. 10. 00. 255. 255. 2550！ Echo-reply

Access-list 102denyipanyanylog！ deny and log all else

四、克服应用代理的脆弱点

总体来说，应用代理脆弱点极为少见。一旦加强了防火墙的安全并实施了稳固的代理规则，代理防火墙就难以绕过。然而不幸的是，误配置并不少见。

（一）针对主机名 localhost 的对策

用户在使用某些较早期的 UNIX 代理时，很容易忘了限制本地访问。尽管内部用户访问因特网时存在认证要求，却有可能获取防火墙本身的本地访问权。当然，这种攻击需要知道防火墙上的一个有效用户名和密码，然而有时候猜测起来又令人惊奇地容易。要检查自己的代理防火墙是否存在这种脆弱点，可使用 netcat 工具，在收到登录提示符后，按下列步骤操作：

C：\ >nc-v-n192. 168. 51. 12923

(UNKN0WN) [192. 168. 51. 129] 23 (?) open

Eagle Secure Gateway.

Hostname

第一，输入 localhost。

第二，输入已知的或猜测的用户名和密码（可以猜测若干次）。

第三，如果认证通过，你就拥有了该防火墙的本地访问权，这时运用一个本地的缓冲区溢出（例如 rdist）或类似的漏洞发掘获取 root 访问权。

这种误配置的预防措施很大程度上取决于特定的防火墙产品。总的来说，你可以提供一个只允许从某个特定站点访问的限制规则。理想的对策是不允许本地主机（localhost）登录。如果需要本地主机登录就需要根据 IP 地址限制允许连接的主机。

（二）针对未加认证的外部代理访问的对策

这种情形在应用透明代理的防火墙上较为常见，不过在其他防火墙上也不鲜见。防火墙管理员可能极大地加强了防火墙的安全，建立起了强壮的访问控制规则，但忘了阻止外部的访问。这种危险是两方面的：攻击者可能使用这样的代理服务器在外部网上（如因特网）匿名地跳来跳去，使用诸如 CGI 脆弱点和 Web 欺骗之类的基于 Web 的攻击手段攻击 Web 服务器；攻击者可能获取通达整个内部网的 Web 访问权。

通过把浏览器的代理设置改为指向有嫌疑的代理防火墙，就能检查它是否存在这种脆弱点。在 InternetExplorer（IE）中执行的步骤如下：

(1) 选择菜单“工具”。

(2) 选择“Internet 选项”。

(3) 切换到“连接”选项卡。

(4) 单击“局域网配置”按钮。

(5) 把有嫌疑的防火墙地址加到代理服务器地址中，并设置它的监听端口（通常是 80、81、8000 或 8080，但差异很大，应使用 nmap 或类似的工具扫描出正确的端口）。

(6) 把浏览器指向某个偏爱的 Web 网站，留意状态栏上的活动。

如果该浏览器的状态栏显示所设置的代理服务器被访问了，并且所访问网页也出来了，那么它有可能是一个未加认证的代理服务器。

如果有某个内部 Web 网站的 IP 地址，你就可以接着以同样的方式尝试访问。这种内部 IP 地址有时可通过查看 HTTP 源代码取得。Web 设计人员往往会在网页的 HREF 中硬编码主机名和 IP 地址。

预防攻击这种脆弱点的措施是禁止从防火墙的外部接口进行代理访问。既然这么做的方法高度依赖于厂家，一般应该与防火墙厂家联系以获取更深入的信息。

这种攻击的网络解决办法是在边界路由器上限制外来的访问代理的分组。在这些路由器上使用一些坚固的 ACL 规则就能很容易地做到这一点。

总之，现实世界中配置得当的防火墙要想绕过可能难以置信的困难，然而使用诸如traceroute、hping和nmap之类的信息汇集工具，攻击者可以发现（或者至少能够推断）经由目标站点的路由器和防火墙的访问通路，并确定所用防火墙的类型。当前发现的许多脆弱点的根源在于防火墙的误配置和缺乏管理性监视，这两种情况一旦被发掘，所导致的后果可能是毁灭性的。

代理和分组过滤这两种防火墙中都存在一些特定的脆弱点，包括未加认证的Web和Telnet访问，以及本地主机登录。对于其中大多数脆弱点，可采取相应的对策防止对它们的发掘，然而有些脆弱点只能检测是否有人在发掘它们而已。

第五节　瑞星个人防火墙的应用

个人版的防火墙安装在个人用户的PC系统上，用于保护个人系统，在不妨碍用户正常上网的同时，能够阻止Internet上的其他用户对计算机系统进行非法访问。瑞星个人防火墙针对目前流行的黑客攻击、钓鱼网站等做了针对性的优化，采用未知木马识别、家长保护、反网络钓鱼、多账号管理、上网保护、模块检查、可疑文件定位、网络可信区域设置、IP攻击追踪等技术，可以帮助用户有效抵御黑客攻击、网络诈骗等安全风险。

一、界面与功能布局

瑞星个人防火墙的主界面包含了产品名称、菜单栏、操作按钮、选项卡以及升级信息等，对防火墙所做的操作与设置都可以通过主界面来实现。

第一，菜单栏：用于进行菜单操作的窗口，包括“设置”“更改外观”“上报可疑文件”“帮助”4个菜单。

第二，操作按钮：位于主界面右侧，包括“启动/停止保护”“连接/断开网络”“软件升级”“查看日志”。

第三，选项卡：位于主界面上部，包括“工作状态”“系统信息”“网络安全”“访问控制”“安全资讯”5个选项卡。

第四，升级信息：位于主界面下方，显示防火墙当前版本。

二、常用功能

以下为瑞星个人防火墙的主界面及菜单、按钮、托盘中经常会用到的功能。

（1）设置安全级别。

（2）切换工作模式。

（3）切换语言/皮肤。

（4）显示日志。

（5）账户管理。

（6）启动/停止保护。

（7）连接/断开网络。

（一）设置安全级别

此部分介绍如何设置瑞星个人防火墙在网络中的安全级别。

操作方法如下：

（1）打开瑞星个人防火墙主程序。

（2）在“工作状态”标签下的“安全级别”栏中，单击高、中、低进行级别设置。以下为关于安全级别的定义及规则。

①高：系统直接连接 Internet，除非规则放行，否则全部拦截。

②中：系统在局域网中，默认允许共享，但是禁止一些较危险的端口。

③低：系统在信任的网络中，除非规则禁止的，否则全部放过。

（二）切换工作模式

此部分介绍如何对瑞星个人防火墙的工作模式进行设置。操作方法一如下：

（1）打开瑞星个人防火墙主程序。

（2）在“工作状态”标签下的“工作模式”栏中，可单击常规模式、交易模式、静默模式进行防火墙模式设置。

操作方法二如下：

（1）使用鼠标右键单击瑞星个人防火墙的托盘图标。

（2）在弹出的快捷菜单中选择“切换工作模式”命令，再选择需要的模式。

（三）切换语言/皮肤

此部分介绍如何切换瑞星个人防火墙支持的语言以及界面皮肤。

1. 切换语言

瑞星个人防火墙可以选择多种语言，目前支持中文简体、中文繁体、英文 3 种语言。操作方法如下：

（1）打开瑞星个人防火墙主程序。

（2）在主界面中依次选择“设置”→“高级设置”→“切换语言”。

（3）在弹出的窗口中选择一种需要的语言，并按“确定”按钮。

2. 切换皮肤

可以选择多种皮肤，目前支持怀旧情调、海阔天空、香草薰衣 3 种皮肤。操作方法如下：

（1）打开瑞星个人防火墙主程序。

（2）在主界面中单击“更改外观”按钮。

（3）在弹出的窗口中选择一种皮肤，并按“确定”按钮。

（四）显示日志

此功能可以显示防火墙在发生 7 类事件下的日志，可以通过“显示日志”功能了解到相关事件的详细信息并可以对日志进行清除、备份等操作。

查看方法如下：

方法一：在主界面上单击“查看日志”按钮。

方法二：使用鼠标右键单击防火墙托盘图标，在弹出的快捷菜单上选择“查看日志”命令。

日志的说明如下：

防火墙会自动统计计算机的防护日志，即攻击事件、IP 事件、应用程序联网事件、出站攻击事件、ARP 欺骗事件、攻击最多的 IP 等信息，以及防火墙的升级。

单击“操作”选项卡，其中的相关操作菜单说明如下：

备份数据：可以使用此功能备份所有的日志信息。

导出数据：可以使用此功能导出所有的日志信息，以便进一步分析。

清空数据：清除当前已经存在的日志信息。

查看日志：查看日志信息。

（五）账户管理

瑞星个人防火墙提供了两种账户：管理员账户和普通账户。

有两种方法可以切换账户。

方法一如下：

(1) 使用鼠标右键单击瑞星个人防火墙的托盘图标。

(2) 在弹出快捷菜单中选择“切换账户”命令，再选择需要的账户。

方法二如下：

打开瑞星个人防火墙主程序，依次单击“设置”→“高级设置”→“软件安全”，在“系统启动时账户模式”中选择其需要设置的账户。

（六）启动/停止保护

本部分介绍瑞星个人防火墙的启用或停止保护操作方法。

操作方法一如下：

(1) 打开瑞星个人防火墙主程序。

(2) 单击主界面中的“启动保护”→“停止保护”按钮。

操作方法二如下：

使用鼠标右键单击防火墙托盘图标，在弹出的快捷菜单中选择“启动/停止保护”命令。

（七）连接/断开网络

此部分介绍如何使用瑞星个人防火墙来连接或断开网络。

操作方法一如下：

(1) 打开瑞星个人防火墙主程序。

(2) 单击主界面中的“连接/断开网络”按钮。

操作方法二如下：

使用鼠标右键单击防火墙托盘图标，在弹出的快捷菜单中选择“连接/断开网络”

命令。

三、网络监控

在“网络监控”选项中，可以对计算机的网络安全监控进行设置。同时，可以选择规则匹配的顺序。

（一）IP 包过滤

可以针对端口地址，对相应范围的 IP 包做出处理。

在瑞星个人防火墙的主界面中，依次选择“设置”→“网络监控”→“IP 包过滤”。

可对 IP 包过滤规则进行设置与管理。

1. 增加规则

单击“增加”按钮或通过在使用右键单击后弹出的快捷菜单中选择“增加”命令，打开“IP 规则设置”窗口，输入规则名称，选择规则应用类型和如何处理触发本规则的 IP 包。单击“下一步”按钮，输入通信的本地计算机 IP 地址和远程计算机 IP 地址。单击“下一步”按钮继续，选择协议和端口号，并指定内容特征或 TCP 标志、设置是否指定内容特征等。单击“下一步”按钮继续，选择规则匹配成功后的报警方式，并单击“完成”按钮。

最后选择的匹配成功后的报警方式分别为托盘动画、气泡通知、弹出窗口、声音报警和记录日志。

2. 编辑规则

选中待修改的规则。规则加亮显示，单击“编辑”按钮，打开“IP 规则设置”窗口，修改对应项目，修改方法与“增加规则”相同。

3. 删除规则

选中待删除的规则，规则加亮显示，单击“删除”按钮，确认删除后即可删除选中的规则。

4. 导入规则

单击“导入”按钮，在弹出的文件选择窗口中选中已有的规则文件（*.fwr），再单击“打开”按钮，如果列表中已有规则，导入时会询问是否删除现有规则。单击“是”按钮会先删除现有规则后再导入规则文件中的规则；单击“否”按钮，会保留现有规则，同时导入规则文件中的规则。

5. 导出规则

单击“导出”按钮，在弹出的保存窗口中输入文件名，再单击“保存”按钮。

6. 黑白名单设置

打开“黑白名单设置”界面后，单击“增加”按钮，在此用户可以为新规则命名，并指定 IP 地址或 IP 范围。同样，用户可以单击“导入”按钮，导入已保存过的黑白名单规则文件。

7. 可信区设置

打开“可信区设置”界面后，单击“增加”按钮，在此用户可以为新规则命名，并指定本地以及远程的 IP 地址或 IP 范围。单击“删除”按钮，可以删除不需要的规则。

(二) 恶意网址拦截

恶意网址拦截依托瑞星“云安全”计划，每日随时更新恶意网址库，阻断网页木马、钓鱼网站等对计算机的侵害。可以通过这个功能屏蔽不适合青少年浏览的网站，给孩子创建一个绿色健康的上网环境。恶意网址拦截中包含了“网站黑白名单设置”，可以根据自己的要求添加网址到网站黑白名单当中。

可以选中“启用家长保护”复选框来启用恶意网址拦截，这样可以防止受到钓鱼和病毒等恶意网站的侵害。在设置网站黑白名单后，也同样需要选中“启用家长保护”复选框才能生效。

启用恶意网址拦截后，可以单击“增加”“删除”按钮，来选择增加或删除代理服务器的 IP 地址与端口号。

另外，还可以对程序进行设置，防止程序访问网络时受到恶意网站的攻击。可选择“排除程序”或“监控程序”标签，前者用于用户添加不进行监控的程序，后者用于用户添加需要监控的程序。

(三) ARP 欺骗防御

ARP 欺骗是通过发送虚假的 ARP 包给局域网内的其他计算机或网关，通过冒充别人的身份来欺骗局域网中的其他计算机，使得其他计算机无法正常通信，或者监听被欺骗者的通信内容。可通过设置 ARP 欺骗防御，保护计算机的正常通信。

在瑞星个人防火墙主程序界面中，依次单击“设置”→“网络监控”→“ARP 欺骗防御”，在出现的页面中进行 ARP 欺骗防御设置。

“提示对话框显示时间”：设置提示对话框的显示时间。

“发现可疑或欺骗 APR 包时如何提示用户”：在此选择发现攻击时弹出提示的两种方式，分别是“气泡通知”和“托盘动画”。

同时，可以选择“记录日志”“声音报警”。

“防御范围”中有两个单选按钮可供选择。

“防御局域网中的所有电脑”：选中此单选按钮，ARP 欺骗防御功能将对所有局域网中的计算机进行保护。

“防御指定的电脑地址和静态地址”：选中此单选按钮，ARP 欺骗防御功能将对局域网中指定的计算机进行保护。单击“增加网关地址”按钮，添加网关地址到防护列表中。通过单击“增加”按钮增加需要保护的 IP 地址，也可以单击“删除”按钮删除某个 IP 地址。当检测到收到的 ARP 数据包中的 IP/MAC 地址和本机的 IP/MAC 地址产生冲突时，会提示用户，并在提示的对话框中显示冲突的 IP 地址和 MAC 地址，此时需要选择一个信任的地址到 ARP 静态表中，从而保证计算机的正常通信。

(四) 网络攻击拦截

入侵检测规则库每日随时更新，以拦截来自互联网的黑客、病毒攻击，包括木马攻击、后门攻击、远程溢出攻击、浏览器攻击、僵尸网络攻击等。

网络攻击拦截作为一种积极主动的安全防护技术，在系统受到侵害之前拦截入侵，在不影响网络性能的情况下能对网络进行监控。网络攻击拦截能够防止黑客/病毒利用本地系统或程序的漏洞，对本地计算机进行控制。通过使用此功能，可以最大限度地避免因为系统漏洞等问题而遭受黑客/病毒的入侵攻击。

（五）网络攻击拦截设置

在瑞星个人防火墙主程序菜单中，依次单击“设置”→“网络监控”→“网络攻击拦截”，选中需要进行拦截的项目后，单击“确定”按钮进行保存。

（六）出站攻击防御

出站攻击防御阻止计算机被黑客操纵，防止变为攻击互联网的“肉鸡”，保护带宽和系统资源不被恶意占用，避免成为“僵尸网络”成员。

通过使用“出站攻击防御”功能，可以对本地与外部连接所收发的 SYN、ICMP、UDP 报文进行检测。在“出站攻击防御”设置界面，可对网络协议数据包的类型做设置，最后单击“确定”按钮进行保存。

四、访问控制

通过自定义应用程序规则、模块规则和修改选项中的内容，可以对程序、模块访问网络的行为进行监控。

（一）程序规则

程序规则即程序访问网络时所遵循的规则，可以通过在单击鼠标右键后弹出的快捷菜单中选择“编辑”功能来设置相应程序的规则，通过选中复选框的方式确定，该规则是否生效。

“程序规则”设置界面显示的项目主要有程序名称、状态、程序路径等。

相关操作如下：

1. 增加

单击“增加”按钮或在右键快捷菜单中选择“增加”命令，打开“选择文件”窗口添加文件即可。

2. 修改

选中待修改的规则，规则加亮显示，在右键快捷菜单中选择“编辑”命令，打开“应用程序访问规则设置”窗口。修改对应项目，单击“确定”按钮完成修改，或单击“取消”按钮放弃此次修改。单击“高级”按钮对规则可以进行高级设置。

3. 删除

选中待删除的规则，规则加亮显示，单击“删除”按钮或在右键快捷菜单中选择“删除”命令。也可以选中项目然后按 Delete 键来删除规则。

选择规则时可配合 Ctrl 键与 Shift 键进行多选。

4. 导入与导出

可以分别单击“导入”与“导出”按钮来为本功能添加或从本功能导出另存为指定的规则。

5. 清理无效规则

在右键快捷菜单中选择“清理无效规则”命令，可以清空程序规则中无用的规则。

（二）模块规则

模块规则即模块访问网络时所遵循的规则，可以通过该功能设置特定模块访问网络动作的规则。

“模块规则”设置界面显示的项目主要有模块名称、状态、模块路径等。

相关操作如下：

1. 增加

单击“增加”按钮或在右键快捷菜单中选择“增加”命令，打开“选择文件”窗口添加文件即可。

2. 修改

选中待修改的规则，规则加亮显示，在右键快捷菜单中选择“编辑”命令，打开“模块规则编辑”窗口修改对应项目，单击“确定”按钮完成修改，或单击“取消”按钮放弃此次修改。

3. 删除

选中待删除的规则，规则加亮显示，单击“删除”按钮或在右键快捷菜单中选择“删除”命令，也可以选中项目然后按 Delete 键来删除规则。

选择规则时可配合 Ctrl 键与 Shift 键进行多选。

4. 导入与导出

可以分别单击“导入”与“导出”按钮来为本功能添加或从本功能导出另存为指定的规则。

5. 清理无效规则

在右键快捷菜单中选择“清理无效规则”命令，可以清空模块规则中无用的规则。

（三）选项

选项中包含了对程序或模块的功能设置，以及对访问网络默认动作的设置。

“选项”界面显示的项目主要有如下几个：

1. 功能选项

有“启用瑞星信任程序智能识别模式”“程序连接网络被拒绝时提示用户”“启动模块访问检查”等复选框可供选择。

2. 不在访问规则中的程序访问网络的默认动作

（1）屏保模式：在屏保模式下对于应用程序网络访问请求的策略，默认是自动拒绝。

（2）锁定模式：在屏幕锁定状态下对于应用程序网络访问请求的策略，默认是自动拒绝。

（3）交易模式：在交易模式下对于应用程序网络访问请求的策略，默认是自动拒绝。

（4）未登录模式：在未登录模式下对于应用程序网络访问请求的策略，默认是自动放行。

（5）静默模式：不与用户交互的模式。在静默模式下对于应用程序网络访问请求的策略，默认是自动拒绝。

用户可根据自身情况进行设置。

3. 程序访问网络的 3 种默认动作

（1）自动拒绝：不提示用户，自动拒绝应用程序对网络的访问请求。

（2）自动放行：不提示用户，自动放行应用程序对网络的访问请求。

（3）询问我：提示用户，由用户选择处理方式。

第六节　PIX 防火墙配置

PIX 防火墙使用了数据包过滤、代理过滤以及状态检测包过滤在内的多种防火墙技术，同时它也提高了应用代理的功能，是一种混合型的防火墙。

PIX 防火墙通过采取安全级别方式，来表明一个接口相对另一个接口是可信（较高的安全级别）还是不可信（较低的安全级别）。如果一个接口的安全级别高于另一个接口的安全级别，这个接口就被认为是可信任的。当然，由于安全级别较高，所以需要的保护措施也越复杂；如果一个接口的安全级别低于另一个接口的安全级别，这个接口就被认为是不可信任的，即需较少保护。

安全级别的基本规则是：具有较高安全级别的接口可以访问具有较低安全级别的接口；反过来，在没有设置管道（Conduit）和访问控制列表（ACL）的情况下，具有较低安全级别的接口不能访问具有较高安全级别的接口。安全级别的范围为 0~100，下面是针对这些安全级别给出的更加具体的规则：

第一，安全级别 100：PIX 防火墙的最高安全级别，被用于内部接口，是 PIX 防火墙的默认设置，且不能改变。因为 100 是最值得信任的接口安全级别，应该把公司网络建立在这个接口的后面。这样，除非经过特定的许可，它不能访问其他的接口，而这个接口后面的每台设备都可以访问公司网络外面的接口。

第二，安全级别 0：PIX 防火墙的最低安全级别，被用于外部接口，是 PIX 防火墙的默认设置，且不能更改。因为 0 是值得信赖的最低级别，所以应该把不值得信赖的网络连接到这个接口的后面。这样，除非经过特定的许可，它不能访问其他的接口。这个接口通常用于连接 Internet。

第三，安全级别 1~99 是分配给与 PIX 防火墙相连的边界接口的安全级别，通常边界接口连接的网络被用作 DMZ。可以根据每台设备的访问情况来给它们分配相应的安全级别。

特别需要注意的是，相同安全级别的接口之间没有数据流即无法实现相互通信，因此不能将两个或多个接口安全级别设成一样。

PIX 防火墙支持基于 Cisco IOS 的命令集，但在语法上不完全相同。当使用某一特定命令时，必须处于适当的模式，PIX 提供了 4 种管理访问模式：

第一，非特权模式（Unprivilege Mode）：这种模式也被称为用户模式。第一次访问 PIX 防火墙时进入此模式，它的提示符是“>”。这种模式是一种非特权的访问方式，不能对配置进行修改，只能查看防火墙有限的当前配置。

第二，特权模式（Privilege Mode）：这种模式的提示符是“#”，此模式下可以改变当前的设置，还可以使用各种在非特权模式下不能使用的命令。

第三，配置模式（Conguration Mode）：这种模式的提示符是“#（config）”，此模式下可以改变系统的配置。所有的特权、非特权和配置命令在此模式下都能使用。

第四，监控模式（Monitor Mode）：这是一个特殊模式，此模式下可以通过网络更新系统映像，通过输入命令，指定简易文件传输协议（TFTP）服务器的位置，并下载二进制映像。

一、PIX 的基本配置命令

常用的基本配置命令有 nameif、interface、ipaddress、global、nat、route、static、conduit 等。

（一）nameif

设置接口名称，并指定安全级别，安全级别取值范围为 1~100，数字越大安全级别越高。例如，要求设置：

ethemet0 命名为外部接口 outside，安全级别是 0。

ethemetl 命名为内部接口 inside，安全级别是 100。

ethemet2 命名为中间接口 dmz，安全级别为 50。

使用命令：

PIX525（config）#nameif ethemet0 outside security 0

PIX525（config）#nameif ethemet1 inside security 100

PIX525（config）#nameif ethemet2 dmz security 50

（二）interface

配置以太网口工作状态，常见状态有 auto、100full、shutdown。

auto：设置接口工作在自适应状态。

100full：设置接口工作在 100Mbit/s，全双工状态。

shutdown：设置接口关闭，否则为激活。

命令为：

PIX525（config）#interface ethemet0 auto

PIX525（config）#interface ethemetl1 100full

PIX525（config）#interface ethemet2 shutdown

（三）ipaddress

配置网络接口的 IP 地址，举例如下：

PIX525（config）#ipaddress outside 123. 0. 0. 1255. 255. 255. 252

PIX525（config）#ipaddress inside 192. 168. 0. 1255. 255. 255. 0

内网 inside 接口使用私有地址 192. 168. 0. 1，外网 outside 接口使用公有地址 123. 0. 0. 1。

（四）global

指定公网地址范围，即定义地址池。

global 命令的配置语法为：

global（if_ name）nat_ id ip_ address-ip_ address［netmarkglobal_ mask］其中：

（if_ name）：表示外网接口名称，一般为 outside。

nat_ id：建立的地址池标识（nat 要引用）。

ip_ address_ ip_ address：表示一段 IP 地址范围。

［netmarkglobal_ mask］：表示全局 IP 地址的网络掩码。

（五）nat

地址转换命令，将内网的私有 IP 地址转换为外网的公有 IP 地址。

nat 命令的配置语法为：

nat（if_ name）nat_ id local_ ip［netmark］

其中：

（if_ name）：表示接口名称，一般为 inside。

nat_ id：表示地址池，由 global 命令定义。

local_ ip：表示内网的 IP 地址。对于 0. 0. 0. 0，表示内网所有主机。

［netmark］：表示内网 IP 地址的子网掩码。

在实际配置中，nat 命令总是与 global 命令配合使用。

global 指定外部网络，nat 指定内部网络，通过 net-d 联系在一起。

（六）route

route 命令定义静态路由。

route 命令的配置语法为：

route（if_ name）00 gateway_ ip［metric］

其中：

（if_ name）：表示接口名称。

00：表示所有主机。

gateway_ ip：表示网关路由器的 IP 地址或下一跳。

［metric］：路由花费。默认值是 1。

（七）static

配置静态 IP 地址翻译，使内部地址与外部地址一一对应。

static 命令的配置语法为：

static（intemal _ if _ name，extemal _ if _ name）outside _ ip _ address inside _ ip _ address

其中：

intemal_ if_ name：表示内部网络接口，安全级别较高，如 inside。

extemal_ if_ name：表示外部网络接口，安全级别较低，如 outside。

outside_ ip_ address：表示外部网络的公有 IP 地址。

inside_ ip_ address：表示内部网络的私有 IP 地址。

（八）conduit

conduit 命令用来设置允许数据从低安全级别的接口流向具有较高安全级别的接口。例如，允许从 Outside 到 DMZ 或 inside 方向的会话（作用同访问控制列表）。

conduit 命令的配置语法为：

conduit permit I deny protocol global_ ip 或 port ［-port］foreign_ ip ［netmask］

其中：permit I deny：允许数据包通过防火墙或拒绝数据包通过防火墙。

protocol：连接协议，如 TCP、UDP、ICMP 等。

global_ ip：若是一台主机，前面用 host 参数，若是所有主机，用 any 参数表示。

port 是一种接口，数据通过它在计算机和其他设备（如打印机、鼠标、键盘或监视器）之间、网络之间或和其他直接连接的计算机之间传递。

foreign_ ip：表示外部 IP 地址。

［netmask］：表示可以是一台主机或一个网络。

（九）显示命令

showinterface：查看端口状态。

showstatic：查看静态地址映射。

showip：查看接口 IP 地址。

showconfig：查看配置信息。

showrun：显示当前配置信息。

writeteminal：将当前配置信息写到终端。

showcpuusage：显示 CPU 利用率，排查故障时常用。

showtraffic：查看流量。

showblocks：显示拦截的数据包。

showmem：显示内存。

二、PIX 防火墙配置实例

配置实例要求：

（1）当内部主机访问外部主机时，nat 命令转换成公有 IP 地址 123. 1. 0. 2，从而访问 Internet。

（2）当外部主机访问 DMZ 的 FTP 和 Web 服务器时，把 123. 1. 0. 3 映射成 10. 65. 1. 101，static 命令是双向的。

（3）PIX 的所有端口默认是关闭的，进入 PIX 时要经过 ACL 入口过滤。

第七节 防火墙产品

目前，国内的防火墙几乎被国外的品牌占据了一半的市场，国外品牌的优势主要是在技术和知名度上比国内产品高。国内防火墙厂商对国内用户了解更加透彻，价格上也更具有优势。在防火墙产品中，国外主流厂商为Juniper、Cisco、Check Point等，国内主流厂商为天融信、东软、联想、方正等，均提供不同级别的防火墙产品。在这么多防火墙产品中，首先要了解防火墙的主要参数，根据自己的需求进行选择。

一、防火墙的主要参数

（一）硬件参数

硬件参数是指设备使用的处理器类型或芯片以及主频、内存容量、闪存容量、网络接口、存储容量类型等数据。

（二）并发连接数

并发连接数是衡量防火墙性能的一个重要指标，是指防火墙或代理服务器对其业务信息流的处理能力，是防火墙能够同时处理的点对点连接的最大数目，反映出防火墙设备对多个连接的访问控制能力和连接状态跟踪能力。这个参数的大小直接影响到防火墙所能支持的最大信息点数。

并发连接数的大小与CPU的处理能力和内存的大小有关。

（三）吞吐量

网络中的数据是由一个个数据包组成的，防火墙对每个数据包的处理要耗费资源。吞吐量是指在没有帧丢失的情况下，设备能够接收的最大速率。

防火墙作为内外网之间的唯一数据通道，如果吞吐量太小，就会成为网络瓶颈，给整个网络的传输效率带来负面影响。因此，考察防火墙的吞吐能力有助于更好地评价其性能表现。吞吐量和报文转发率是关系防火墙应用的主要指标，一般采用FDT（Full Duplex Throughput）来衡量，是指64 B数据包的全双工吞吐量，该指标既包括吞吐量指标，也涵盖了报文转发率指标。

吞吐量的大小主要由防火墙内网卡以及程序算法的效率决定，尤其是程序算法。因此，许多防火墙虽称100M防火墙，由于其算法依靠软件实现，通信量远远没有达到100M，实际只有10~20M；纯硬件防火墙由于采用硬件进行运算，因此吞吐量可以达到线性90~95M，是真正的100M防火墙。

（四）安全过滤带宽

安全过滤带宽是指防火墙在某种加密算法标准下，如DES（56位）或3DES（168

位）下的整体过滤性能。安全过滤带宽是相对于明文带宽提出的。一般来说，防火墙总的吞吐量越大，对应的安全过滤带宽越高。

（五）用户数限制

用户数限制分为固定限制用户数和无用户数限制两种。固定限制用户数比如SOHO型防火墙，一般支持几十到几百个用户不等，而无用户数限制大多用于大的部门或公司。值得注意的是，用户数和并发连接数是完全不同的两个概念，并发连接数是指防火墙的最大会话数（或进程），每个用户可以在一个时间里产生很多连接。

（六）VPN功能

目前，绝大部分防火墙产品都支持VPN功能，在VPN的参数中包括建立VPN通道的协议类型、可以在VPN中使用的协议、支持的VPN加密算法、密钥交换方式、支持VPN客户端数量。除了这些主要的参数，防火墙还有其他很多参数，比如防御方面的功能、是否支持病毒扫描、防御的DOS攻击类型、管理功能等。

二、选购防火墙的注意点

防火墙是目前使用最为广泛的网络安全产品之一，了解其性能指标后，用户在选购时还应该注意以下几点。

（一）防火墙自身的安全性

防火墙自身的安全性主要体现在自身设计和管理两个方面。设计的安全性关键在于操作系统，只有自身具有完整信任关系的操作系统才可以谈论系统的安全性。而应用系统的安全是以操作系统的安全为基础的，同时防火墙自身的安全实现也直接影响整体系统的安全性。

（二）系统的稳定性

防火墙的稳定性可以通过以下几种方法判断：从权威的测评认证机构获得；实际调查；自己试用；厂商实力，如资金、技术开发人员、市场销售人员和技术支持人员多少等；是否高效、高性能是防火墙的一个重要指标，直接体现了防火墙的可用性。如果由于使用防火墙而带来了网络性能较大幅度的下降，就意味着安全代价过高。一般来说，防火墙加载上百条规则，其性能下降不应超过5%（指包过滤防火墙）。

（三）可靠性

可靠性对防火墙类访问控制设备来说尤为重要，直接影响受控网络的可用性。从系统设计上来说，提高可靠性的措施一般是提高本身部件的强健性、增大设计阈值和增加冗余部件，这要求有较高的生产标准和设计冗余度。

（四）是否管理方便

网络技术发展很快，各种安全事件不断出现，这就要求安全管理员经常调整网络安全注意。对于防火墙类访问控制设备，除安全控制注意的不断调整外，业务系统访问控制的调整也很频繁，这些都要求防火墙的管理在充分考虑安全需要的前提下，必须提供方便灵活的管理方式和方法。

（五）是否可以抵抗拒绝服务攻击

在当前的网络攻击中，拒绝服务攻击是使用频率最高的方法。抵抗拒绝服务攻击应该是防火墙的基本功能之一。目前有很多防火墙号称可以抵御拒绝服务攻击，但严格地说，应该是可以降低拒绝服务攻击的危害，而不是抵御这种攻击。在采购防火墙时，网络管理人员应该详细地考察这一功能的真实性和有效性。

（六）是否可扩展、可升级

用户的网络不是一成不变的，与防病毒产品类似，防火墙也必须不断地进行升级，此时支持软件升级就很重要了。如果不支持软件升级，为了抵御新的攻击手段，用户就必须进行硬件上的更换，而在更换期间网络是不设防的，同时用户也要为此花费更多的钱。

第九章　网络操作系统

现代计算机网络最常用的工作模式是客户机/服务器，其中服务器主要是提供网络服务。虽然客户机和服务器都是一个自治系统，即不依赖网络都能独立工作，但是服务器的硬件性能优于客户机且服务器安装的是网络操作系统，而客户机安装的是单机、单用户的操作系统，安装不同类型的操作系统主机在网络中的作用也不一样。

第一节　网络操作系统概述

任何的计算机或者其他网络终端（如手机、平板电脑等）都必须安装一个操作系统才能提供给用户使用。简言之，操作系统为操作计算机的用户提供了一个操作平台。

一、操作系统

计算机系统由硬件、软件两部分组成。硬件是物理部件，软件是计算机中运行的程序及文档，二者分离则无法工作。硬件主要包括 CPU、内存、外部设备（各种输入、输出设备）等。硬件是计算机系统赖以工作的实体，软件是提供特定功能的程序和数据。软件可分为系统软件和应用软件，而操作系统（Operating System，OS）又是系统软件的核心。

（一）操作系统的定义

操作系统是管理计算机系统的全部软件和硬件资源，控制并协调计算机的各种应用程序的运行，为用户提供良好的工作环境和操作平台。没安装操作系统的计算机称为裸机。操作系统是配置在裸机上的第一层软件，其他软件都依赖操作系统的支持。用户通过操作系统来使用计算机系统，操作系统为用户提供使用计算机的操作界面。

（二）操作系统的结构

操作系统结构属于层次结构。从软件的角度来看，操作系统分为以下几个层次（图9-1）。最内层是操作系统核心，即内核（Kernel）程序和外壳程序（Shell）。内核程序是第一层软件扩充，负责管理系统的进程、内存、设备驱动程序、文件和网络系统等。内核的外面是外壳程序，主要是用户的接口程序。在最外层，是用户程序，解释计算机硬件的操作指令，让计算机按用户要求执行相关的程序并提供用户操作界面。

内核是计算机软件与硬件之间的通信平台，硬件相关部分被嵌入系统内核中，硬件无关部分则建立在系统内核的基础上的 Shell 程序中，为用户程序与其他模块提供调用接口。

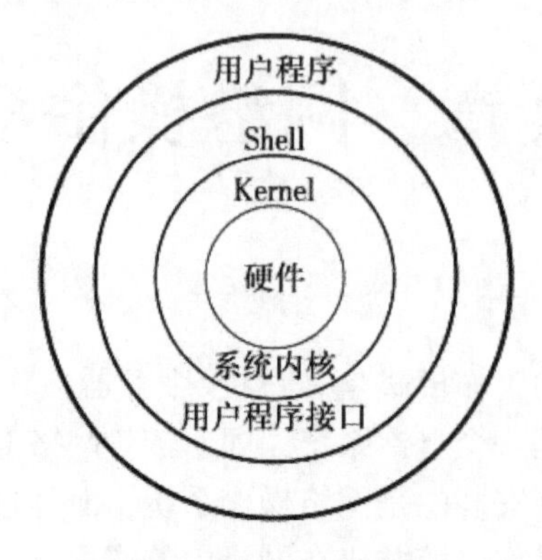

图 9-1　操作系统的结构

（三）操作系统的基本功能

1. 处理机管理

处理机的分配和运行都是以进程为基本单位，因而对处理机管理又称为进程管理。

处理机管理的主要功能有：将正在运行的程序细化为一个个进程，创建和撤销进程，对不同进程的运行进行协调，实现进程之间的信息交换，并按照一定规律轮流处理不同进程。

2. 存储器管理（内存管理）

存储器管理主要是分配计算机的内存空间，保证各作业占用的存储空间不发生矛盾，并使各作业在自己所属存储区中不互相干扰。

3. 设备管理

设备管理主要是响应用户程序的输入/输出（I/O）请求，为用户程序分配所需的 I/O 设备，并完成指定的 I/O 操作。还能提高 I/O 设备的利用率，提高 I/O 速度，方便用户使用 I/O 设备。设备管理包含对外部存储器的管理。

4. 文件管理

文件管理系统主要任务是对用户文件和系统文件进行管理以方便用户使用，并保证文件的安全性，大多数操作系统都是将用户数据以文件的形式进行存储。

5. 作业管理（用户接口管理）

每个用户请求计算机系统完成的一个独立的操作称为作业。作业管理包括作业的输入和输出、作业的调度与控制，同时为用户操作计算机提供一个接口（操作界面）。

（四）操作系统的分类

操作系统所依据的分类原则不同，所划分出的类别也不一样。

1. 根据操作系统的功能及作业处理方式划分

（1）批处理操作系统：系统管理员将用户的作业组合成一批作业，输入到计算机中形成一个连续的作业流，系统自动依次处理每个作业，再由管理员将作业结果交给对应的用户。

（2）分时操作系统：一台主机连接了若干个终端，每个终端用户都可以向系统提出服务请求，系统采用时间片轮转方式处理服务请求，并在终端上向用户显示结果。分时系统的一个关键功能是实现对用户请求的及时接收、及时处理。因为计算机时间片划分很短，而且处理的速度快，能让用户感觉是在独占计算机。

（3）实时操作系统：指计算机能实时响应外部事件的请求，在规定的时间内处理作业，并控制所有实时设备和实时任务让它们协调一致工作的操作系统。实时操作系统追求的是在严格的时间控制范围内响应请求，具有高可靠性和完整性。

（4）网络操作系统：网络操作系统除具有单机操作系统的所有功能外，还具有网络资源管理的功能，支持网络应用程序运行。

2. 根据操作系统能支持的用户数划分

（1）单用户操作系统：这种操作系统是由某一个特定用户独占主机，同一时间内其他用户不能操作该计算机或使用它的资源。

（2）多用户操作系统：这种操作系统允许多个用户共享使用主机，允许多个用户同时操作该主机或使用它的资源。

3. 根据操作系统能够同时执行的任务数划分

（1）单任务操作系统：在同一时间段内用户只能执行一个任务（程序），这种操作系统在执行新程序之前必须把其他程序关闭，如 DOS 就是这类操作系统，目前已经很少使用了。

（2）多任务操作系统：同一时间段内用户可以执行多个任务（程序），这种操作系统可以让多个程序同时运行。网络操作系统就属于多任务操作系统。

（五）常见的操作系统

Windows、Linux 都是计算机常用的操作系统，IOS、安卓（Android）都是移动终端设备常用的操作系统。

二、网络操作系统概述

（一）网络操作系统的定义

网络操作系统（Network Operating System，NOS）除了拥有一般操作系统的所有功能外，还具备管理网络中的共享资源、实现用户通信及方便用户使用网络等功能，是网络的核心软件。网络操作系统是网络用户与计算机网络之间的接口，是计算机网络中管理一台或多台主机的软硬件资源、支持网络通信、提供网络服务的程序集合。

（二）网络操作系统的功能

网络操作系统的基本任务是屏蔽本地资源与网络资源的差异性，为用户提供各种基本网络服务功能，完成网络共享资源的管理，提供网络系统的安全性服务。网络操作系统在所安装的服务器硬件配合下，还引入磁盘镜像功能保证数据更加安全。

常见的网络操作系统一般具有以下功能。

1. 网络通信

网络通信是网络最基本的功能，网络操作系统能够对网络中的数据进行验证，实现在源主机与目的主机之间无差错数据传输。网络操作系统通过支持不同的协议，协调不同的网络协议，以提供更高安全性和可用性的网络通信。

2. 资源管理

网络操作系统对网络中的共享资源，如磁盘阵列、打印机等硬件及目录、文件、数据库等软件实施有效的管理，协调用户对共享资源的访问和使用，保证数据的安全性和一致性。

3. 网络服务

网络操作系统除了提供系统自带的常见网络服务（如 Web、FTP 等）外，还可以通过安装第三方软件增加网络服务的范围。

4. 网络管理

网络操作系统支持常见的网络管理协议，如简单网络管理协议 SNMP 等，提供安全管理、故障管理和性能管理等多种管理功能，其中安全管理是网络管理最主要的任务。

5. 互操作能力

互操作能力是指在不同的网络操作系统之间进行连接和相互操作的能力。网络操作系统具有实现在不同网络之间相互访问和相互操作的能力。

6. 提供网络接口

向用户提供一组方便有效的、统一的、获取网络服务的接口以改善用户界面，如命令接口、菜单、窗口等。网络操作系统也要处理资源的最大共享及资源共享的受限性之间的矛盾。一方面要能够提供用户所需要的资源及其对资源的操作、使用，为用户提供一个透明的网络；另一方面要对网络资源有一个完善的管理，对各个等级的用户授予不同的操作使用权限，保证在一个开放的、无序的网络里，数据能够有效、可靠、安全地被用户使用。

7. 提供网络日志和报告

该功能主要用于记录和监控网络活动，帮助管理员监控和管理网络，提高网络性能和安全性，以及进行故障排除和合规性审计就，具体如下：

记录网络活动：记录网络设备和应用的操作、事件和交互信息，包括网络连接、数据传输、错误和警告等。

分析网络性能：提供网络性能的统计数据和分析结果，包括带宽利用率、网络延迟、丢包率等指标。

监控安全事件：记录网络的安全事件，如入侵尝试、恶意软件传播、异常访问等。

故障排除和故障分析：帮助管理员追踪和分析网络故障的原因和过程，快速定位和解决问题。

合规性检查和审计：用于合规性检查和审计的目的，记录网络活动和事件，以便进行监督、审查和调查。

三、不同工作模式下网络操作系统特点

计算机网络中有两种基本的网络结构类型：对等网络和基于服务器的网络。

1. 对等网络模式

对等网络模式的主要特点是，网络上计算机地位是平等的，网络中每一台计算机都可以将自己的资源设为共享资源供其他计算机使用，因此对等网络并不需要专门的网络操作系统，只要每台计算机安装具有支持对等网络功能的操作系统即可，现在常见的计算机操作系统（如 Windows 7、Windows 10 等）都支持组建对等网络。但由于存在功能有限、网络安全性无法保证等缺点，因此实际应用较少。

2. 基于服务器的工作模式

基于服务器的工作模式由于数据和资源集中存放在服务器上，服务器可以更好地进行访问控制和资源管理，以保证只有那些具有适当权限的用户可以访问，因而提高了网络的安全性。同时，由于服务器性能强大，可同时向多个客户提供服务，故网络性能较好、访问效率更高，一般适用于大中型网络。

在基于服务器的工作模式中，最常见就是客户机/服务器工作模式，这种工作模式要求服务器完成大多数网络的管理和服务，因此这种服务器中一定要安装网络操作系统。

不同网络、不同用户对网络操作系统的需求不一样，在网络发展过程中，出现了多种功能不同且互相独立的网络操作系统，但一部分已被淘汰，常见的网络操作系统有 UNIX、Linux、Windows Server 等。

第二节 Windows Server 网络操作系统

Windows 是微软（Microsoft）公司研发的操作系统，最早的版本是 1985 年问世的 Windows 1.0，是一个提供个人计算机使用的单机操作系统。Windows 经历了近 40 年发展，功能不断得到加强，目前广泛使用的个人计算机操作系统版本是 Windows 10，较新的版本是 2021 年 10 月推出的 Windows 11。1996 年 4 月发布的 Windows NT server 4.0 才是一个综合功能的网络操作系统，此后陆续推出了 Windows 2000 Server、Windows Server 2003、Windows Server 2008、Windows Server 2012、Windows Server 2016、Windows Server 2019，最新的网络操作系统版本是 2021 年 11 月发布的 Windows Server 2022。Windows 的服务器版本的基本操作方法与个人计算机的操作系统完全一样，更容易让普通用户操作使用，服务配置也简单直观，因此在局域网被大量使用。

由于 Windows Server 2008（下文简称为 Windows 2008）对硬件要求低，配置容易，即便微软公司此后还推出了 3 个版本的网络操作系统，但是目前在局域网的网络管理上仍然大量使用 Windows 2008，下面就以 Windows 2008 为例介绍 Windows 的服务器操作系统基本特征。

一、Windows 2008 的不同功能的版本

微软公司在 2008 年 2 月推出 Windows 2008，这个系统是微软公司最后一个包含 32 位版本的网络操作系统，不过其主流的版本是 64 位的。采用 64 位数据处理方式可以提高 Windows 网络操作系统的综合性能，但是这样可能会不兼容部分 32 位的软件，故微软公

司还在 2009 年 Windows 2008 进行了较大的更新，推出了 Windows 2008 R2，目前实际应用的 Windows 2008 均为 R2 版本。

为了让 Windows 2008 满足不同网络用户的服务需求，微软公司分别发布了 7 个不同功能版本的服务器操作系统。

（1）Windows 2008 Standard Edition（Windows 2008 标准版）：这个版本提供了大多数服务器所需要的角色和功能，支持简易环境 Server Core 安装方式。

（2）Windows 2008 Enterprise Edition（Windows 2008 企业版）：这个版本在标准版的基础上提供更好的可伸缩性和可用性，附带了一些企业技术和活动目录联合服务。

（3）Windows 2008 Datacenter Edition（Windows 2008 数据中心版）：这个版本可以在企业版的基础上支持更多的内存和处理器，以及无限量使用虚拟镜像，是一个功能相对完整的版本。

（4）Windows 2008 Web Server（Windows 2008 Web 服务器版）：只为建立 Web 服务器设计的网络操作系统。

（5）Windows 2008 Itanium（Windows 2008 安腾版）：针对安腾（Itanium）处理器设计的服务器操作系统。

（6）Windows HPC Server 2008（R2）：专为高性能计算（HPC）设计的企业级网络操作系统。

（7）Windows 2008 R2 Foundation：这个版本是一种简化版，仅提供项目级技术基础服务，供网络操作系统的学习及小型业务单位使用。

以上 7 个版本，在实际应用中被安装使用较多的是前 3 个版本，本书以企业版为默认版本分析 Windows 2008 的相关功能。

二、Windows 2008 文件系统

文件的系统是操作系统用于明确磁盘或分区上的文件的方法和数据结构，即在磁盘上组织文件的方法。也指用于存储文件的磁盘或分区，或文件系统种类。目前大多数操作系统文件系统是将目录与文件内容分别存放，目录存放的是名字、大小、节点数目、文件指针等信息。

磁盘或物理磁盘的逻辑分区在作为文件系统用于存储用户文件前，需要进行初始化，并将记录数据结构写到磁盘上，这个过程就称为文件系统的建立。Windows 曾经使用的文件系统主要有两个。

1. FAT 16、FAT 32 文件系统

FAT（File Allocation Table）指的是文件分配表，包括 FAT 16 和 FAT 32 两种。FAT 是一种适合小卷集、对系统安全性要求不高的操作系统。

FAT 16 支持的最大分区是 2^{16}（即 65 536）个簇，每簇 64 个扇区，每扇区 512 B，所以最大支持分区为 2. 147 GB。FAT 16 最大的缺点就是簇的大小是和分区有关的，这样当存放较多小文件时，会浪费大量的空间。

FAT 32 是 FAT 16 的派生文件系统，支持大到 2 TB（2048 GB）的磁盘分区，它使用的簇比 FAT 16 小，从而有效地节约了磁盘空间。

2. NTFS 文件系统

Windows 2008 虽然可以访问 FAT 磁盘格式的文件信息，但已经不再支持磁盘格式化为 FAT 文件系统，为提高网络管理的效率与安全性而采用 NTFS（New Technology File System）文件系统。

NTFS 是微软公司特别为网络和磁盘配额、文件加密等管理安全特性设计的磁盘格式。NTFS 文件系统更适用于文件服务器和高端个人计算机的文件安全存取，NTFS 文件系统的主要特点有：

（1）安全性。NTFS 文件系统能够轻松指定用户访问某一文件或目录、操作的权限大小。NTFS 支持加密文件系统以阻止未授权的用户访问文件，大大提高信息的安全性。

（2）支持磁盘压缩功能。

（3）容错性。NTFS 使用了一种被称为事务登录的技术跟踪对磁盘的修改。如果文件分区表所在的磁盘扇区恰好出现损坏，NTFS 文件系统会智能地将文件分区表换到硬盘的其他扇区。

（4）稳定性。NTFS 文件系统的文件不易受到病毒和系统崩溃的侵袭。

（5）向下的可兼容性。NTFS 文件系统可以存取 FAT 文件系统。

（6）可靠性。操作系统向 NTFS 分区中写文件时，会在内存中保留文件的一份拷贝，然后检查向磁盘中所写的文件是否与内存中的一致。如果两者不一致，操作系统就把相应的扇区标为坏扇区而不再使用它，然后用内存中保留的拷贝文件重新向磁盘上写文件。如果在读文件时出现错误，NTFS 则返回一个读错误信息，并告知相应的应用程序数据已经丢失。简言之，NTFS 文件有一定的纠错功能。

（7）大容量。NTFS 彻底解决存储容量限制（FAT 32 有 2 TB 的容量限制），最大可支持 16 EB 存储容量（1 PB = 1024 TB，1 EB = 1024 PB）。NTFS 的簇大小一般从 512 B 到 4 kB。

三、网络对象管理模式

安装 Windows 2008 操作系统对于同一网络中的计算机（网络对象）管理模式有两种，分别是工作组模式和域模式。

（一）工作组（WORKGROUP）模式

这是 Windows 操作系统默认的网络对象管理模式。正常 Windows 操作系统安装完成后会自动建立一个名为 WORKGROUP 的工作组中，并将本机划入这个工作组。Windows 的工作组可以根据用户的需要建立，用户建立若干个工作组，然后把具有相同属性的计算机划入同一个工作组，比如财务工作组、人事工作组。工作组是一种松散的管理方式，每一台计算机都是独立自主的，它们的地位是平等的，每一台计算机都独立维护自己的资源，不能集中管理所有网络资源。用户在登录到工作组的某一台计算机后，可以使用工作组中的计算机的共享资源。这种管理模式下的计算机网络规模一般少于 10 台计算机，计算机可以自由地加入或退出某个工作组，这种管理模式适合于对等网络，并不适用于有专用服务器支持的计算机网络，Windows 2008 默认也是使用工作组管理方式，也在安装完成后建立一个 WORKGROUP 的工作组，修改工作组名的操作可以在计算机属性的窗口完成。

（二）域模式

域管理模式是 Windows 2008 对网络中的网络对象（计算机）进行有效管理，充分发挥 Windows 2008 网络操作系统网络管理功能的工作模式。

1. 活动目录概述

建立域管理模式，就要在 Windows 2008 系统中安装名为活动目录（Active Directory）的目录服务。活动目录可用来存储网络对象的有关信息，包括用户账户、组、打印机、共享资源等，并把这些数据存储在目录服务数据库中，便于管理员和用户查询及使用。活动目录具有安全性、可扩展性、可伸缩性的特点。

活动目录其实是指 Windows 2008 提供的一种目录服务，负责目录数据库的保存、新建、删除、修改与查询等服务，用户很容易在目录内寻找所需要的数据。

2. 活动目录的逻辑结构

活动目录结构是指网络中所有用户、计算机及其他网络资源的层次关系，目录中的逻辑单元主要有以下几个。

（1）域（Domain）。域是指将网络中的计算机以成员方式在服务器中建立一个计算机的集合，Windows 2008 操作系统通过这个名为“域”的逻辑网络来管理这些计算机。在这个网络中，至少有一台称为域控制器的计算机，充当服务器角色。在域控制器中保存着整个网络的用户账号及目录数据库，即活动目录。管理员可以通过修改活动目录的配置来实现对网络的管理和控制，如管理员可以在活动目录中为每个用户创建域用户账号，使他们可登录域并访问域的资源。同时，管理员也可以控制所有网络用户的行为，如控制用户能否登录、在什么时间登录、登录后能执行哪些操作等。用户要访问域的资源，则必须先加入域，并通过管理员为其创建的域用户账号登录域，才能访问域资源。同时，也必须接受管理员的控制和管理。域建立完成后，管理员可以对这个域内所有的计算机，包括服务器集中控制和管理。

注意：这个域指 Windows 2008 服务器所管理网络中计算机的集合，域名也是在其管理的网络中使用，因此与 Internet 中使用域名不同，无须向相关机构申请注册。

（2）组织单位（Organizational Unit，OU）。组织单位是指把域中的一部分对象组织成逻辑管理组，是可以应用组策略和委派责任的最小单位。组织单位是对域中的成员分类，方便对成员查找与定位。对组织单位操作默认是对其成员的统一操作，这样对成员的操作就变得简单了。此外，管理员还可以针对某个组织单位设置组策略，实现对该组织单位内所有对象的管理和控制。组织单位是可将用户、组、计算机和其他单元放入活动目录的容器，组织单位不能包括来自其他域的对象。

（3）域树。当要配置一个包含多个域的网络时，应该将网络配置成域树。在如图 9-2 所示的域树中，最上层的域名为 China. com，是这个域树的根域，也称为父域。下面两个域 Fujian. China. com 和 Shanghai. China. com 是 China. com 域的子域，3 个域共同构成了这个域树。在整个域树中，所有域共享同一个活动目录，即整个域树中只有一个活动目录。只不过这个活动目录分散地存储在不同的域中（每个域只负责存储与本域有关的数据），整体上形成一个大的分布式的活动目录数据库。

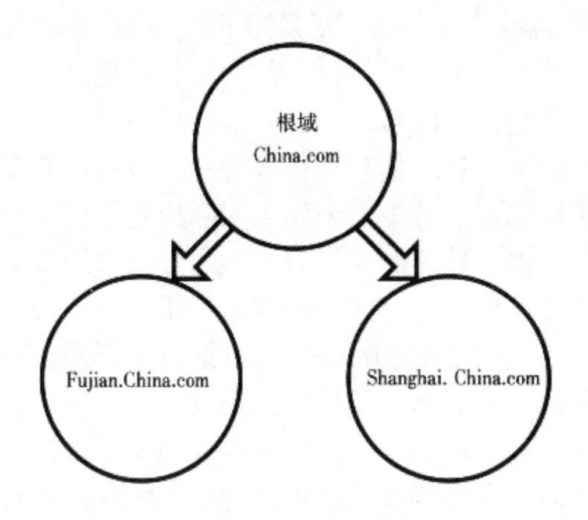

图 9–2　域树

（4）域林。如果网络的规模比前面提到的域树还要大，甚至包含了多个域树，这时可以将网络配置为域林结构。域林由一个或多个域树组成，如图 9–3 所示。域林中的每个域树都有唯一的命名空间，它们之间并不是连续的，这一点从图 9–3 的两个域树中可以看到。在整个域林中也存在着一个根域，这个根域是域林中最先安装的域。在如图 9–3 所示的域林中，China. com 是最先安装的，则这个域是域林的根域。在创建域林时，组成域林的两个域树的树根之间会自动创建相互的、可传递的信任关系。由于有了双向的信任关系，域林中的每个域中的用户都可以访问其他域的资源，也可以从其他域登录到本域中。

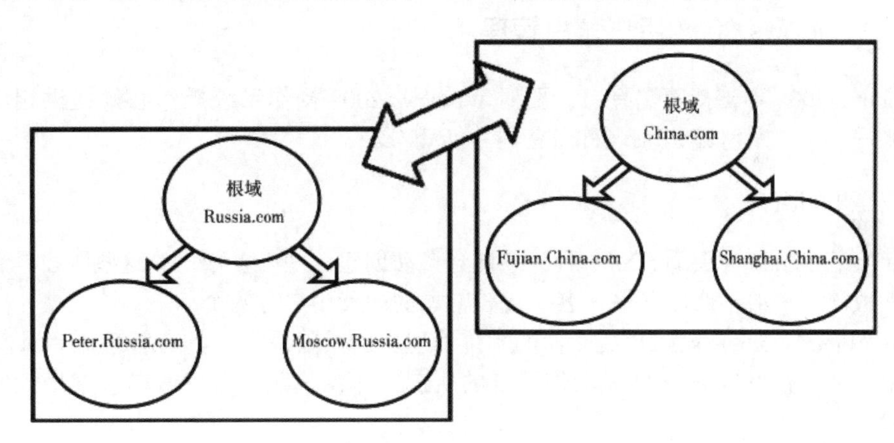

图 9–3　域林

3. 活动目录的物理结构

活动目录的物理结构与逻辑结构是彼此独立的两个概念。逻辑结构侧重于网络资源的管理，而物理结构则侧重于网络的配置和优化。物理结构主要由 3 个部分组成。

（1）站点。站点是用局域网技术连接的一个或多个 IP 子网上的一组计算机。一个站点内的计算机需要良好的连接，独立的站点之间计算机的连接速度比站点内的相连计算机连接要慢。可用活动目录站点和服务工具来配置站点内计算机的连接及站点之间的连接。活动目录中的站点与域是两个完全独立的概念，一个站点中可以有多个域，多个站点也可以位于同一个域中。

（2）域控制器。域控制器是指安装了活动目录的 Windows 2008 的服务器，它保存了活动目录信息的副本。域控制器管理目录信息的变化，并把这些变化复制到同一个域中的其他域控制器上，使各域控制器上的目录信息同步。域控制器负责用户的登录过程及其他与域有关的操作，如身份鉴定、目录信息查找等。一个域可以有多个域控制器，一般规模较小的域可以只有两个域控制器，其中一个用于实际应用，另一个用于容错性检查，规模较大的域则使用多个域控制器。域控制器没有主次之分，采用多主机复制方案，每一个域控制器都有一个可写入的目录副本，这为目录信息容错带来了极大的好处。尽管在某个时刻，不同的域控制器中的目录信息由于网络操作可能有所不同，不过活动目录中的所有域控制器执行同步操作之后，最新的变化信息就会一致。

（3）全局编录（Global Catalog，GC）。Windows 2008 服务器可以安装全局编录的服务而成为一个全局编录控制器。全局编录是个信息仓库，包含活动目录中所有对象的部分属性，这是在查询过程中访问最为频繁的属性，利用这些信息，可以定位任何一个对象实际所在的位置。全局编录服务器同时也是一个域控制器，它保存了全局编录的一份副本，并执行对全局编录的查询操作。全局编录服务器可以提高活动目录中大范围内对象检索的性能，比如在域林中查询所有的打印机操作，如果没有全局编录服务器，那么必须调动域林中每一个域的查询过程。如果域中只有一个域控制器，那么它就是全局编录服务器；如果有多个域控制器，那么管理员必须把一个域控制器配置为全局编录控制器。

Windows 2008 的活动目录、域控制器需要管理员在控制台上进行配置，此处不对具体操作进行详细描述。

四、Windows 2008 用户账户管理

Windows 2008 不支持匿名登录，要对 Windows 2008 操作系统操作必须提供相应权限的用户账户（下文简称账户）名称、密码才能登录。

（一）内置账户

默认安装 Windows Server 2008 后，系统会自动创建一些内置账户，这些账户具有特殊的用途和权限，一般不修改其账户名。比较常见的内置用户有两个。

（1）Administrator：该账户是默认的系统管理员，权限最高，具有管理本台计算机的所有权限，能执行 Windows 2008 操作系统的所有工作，该账户可以改名、禁用，但不能随便删除。

（2）Guest：来宾账户，是给那些想临时登录该操作系统的用户使用的，在登录时不需要密码，拥有很低的权限。默认情况下，Guest 账户是禁用的，需要时可以启用它。该账户可以改名，不能随便删除。

Windows 2008 除了上述两个账户外，管理员可以根据用户登录系统的需要另外设立一些账户，并赋予账户特定的权限，以方便不同的用户使用操作系统。

（二）其他账户

1. 新建用户账户

每个新建用户账户包含唯一的登录名和对应的密码，不同的用户拥有不同的权限。每个用户账户有一个唯一的安全标识符（Security Identifier，SID），相当于用户在 Windows

2008 系统中的身份证号，用户的权限是通过用户的 SID 记录的。SID 的格式如下所示：S-1-5-21-3277649422-2592888033-1324599837-500。例如，当前系统有一个账户，账户名字为 user 1，现在把 user 1 账户删除，然后重新创建一个账户，账户名也是 user 1，虽然这两个账户名都是 user 1，但是这两个账户的 SID 是不一样的，所以它们是两个不同的账户。

2. 用户账户命名规则

（1）账户名必须唯一。

（2）账户名不能包含以下字符：“?”“+”“*”“/”“\\”“[”“]”“=”“<”“>”“【”等。

（3）账户名称只能识别前 20 个字符。

（4）用户名不区分大小写。

3. 用户账户密码的规划

Windows 2008 默认要求账户设置的密码拥有一定的复杂度，也可以通过设置将其改为允许设置简单密码的模式。

（三）用户组

用户组就是指具有相同或者相似特性的用户集合，当要给一批用户分配同一个权限时，就可以将这些用户都划入一个组，只要给这个组分配此权限，组内的用户就都会拥有此权限。

在 Windows Server 2008 中，通过组来管理用户和计算机对共享资源的访问，能够减轻管理员的工作负担。例如，网络部的员工可能需要访问所有与网络相关的资源，这时不用逐个向该部门的员工授予对这些资源的访问权限，而是可以使员工成为网络部的成员，以使用户自动获得该组的权限。如果某个用户日后调往另一部门，只需将该用户从组中删除，所有访问权限即会随之撤销。一个用户账户可以同时加入多个组中，这个用户账户的权限是所有这些组权限的累加。

创建在本地安全账户管理器内的组被称为本地组账户。与用户账户相似，安装 Windows Server 2008 系统后，系统会自动创建一些特殊用途的内置组，下面列出一些常见的内置组。

（1）Administrators：系统管理员组，组内的用户具有完全控制权限，并且可以给其他用户分配权限和访问控制权限。默认的管理员账户 Administrator 属于该组。

（2）Guests：来宾用户组，组内的用户拥有一个在登录时创建的临时配置文件，在注销时该配置文件将被删除。默认的来宾账户 Guest 属于该组。

（3）Users：用户组，创建新用户时会默认自动加入该组。默认情况下 Users 组内的用户拥有一些基本权限，如运行应用程序、使用本地和网络打印机及锁定计算机等，但不能共享目录或创建本地打印机等较高级别的权限。

在 Windows Server 2008 内有一些特殊组，用户无法更改这些组的成员，如 Everyone 组，任何一位用户都属于该组，包括 Guest 账户，所以给 Everyone 组赋权限时需要谨慎。因为当一个没有本地用户账户的用户通过网络登录计算机时，会自动使用 Guest 账户来连接，而 Guest 账户属于 Everyone 组，所以该用户也具有 Everyone 组所拥有的权限。

在 Windows Server 2008 中用组账户来表示组，用户只能通过用户账户登录计算机，不能通过组账户登录计算机。

Windows 2008 作为网络操作系统，虽然提供一些常见的网络服务，但是这些服务都需要单独安装配置。

五、Web 服务器安装与配置

Web 服务器就是俗称的网页服务器，是 Internet 最常用的服务器。Web 服务是指在网上发布并可以通过浏览器观看的图形化页面服务。服务器提供的 Web 服务是通过建立 Web 站点来实现的，可以用于建立 Web 站点的软件主要有 Apache 和 IIS（Internet Information Service）。

Apache 是第三方独立开发的开源软件，可以免费下载使用，支持 UNIX、Linux 和 Windows 等操作系统，具有配置简单、高效、性能稳定等特点。Windows 2008 建立 Web 站点则通常使用 IIS。

（一）IIS 概述

IIS 是微软公司主推的 Internet 信息服务站点的建立软件，IIS 是一套集成的多种信息服务综合管理软件，它支持 HTTP、FTP 和 SMTP 等多种 Internet 的基本信息服务。为 Internet 网站的建立提供了集成、可靠、可伸缩、安全和可管理的强大服务功能，是为各种网络应用程序创建强大的通信平台的 Internet 服务端工具。

（二）安装 IIS 7.0

Windows 2008 集成的 IIS 的版本号为 7.0，默认情况下 Windows 2008 系统并不安装 IIS 7.0 软件。IIS 安装时需要调用 Windows 2008 的安装程序。安装 IIS 必须用具有管理员权限的用户登录，具体的操作可以参考技能操作相关教材。

完成安装操作之后，依次选择“开始”→“管理工具”→“Internet 信息服务（IIS）管理器”命令打开 Internet 信息服务（IIS）管理器窗口，在起始页中显示的是 IIS 服务的连接任务。

安装完毕后，可以在安装服务器中用浏览器打开默认网页来测试安装结果是否正确，出现如图 9-4 所示的网页则表明 IIS 安装正确。图中地址栏中输入的地址可以是下面几种类型。

图 9-4　Web 测试页面

（1）可以在本机的地址栏输入本机的回送地址“http：//127.0.0.1”或“http：//localhost”打开默认网页。

（2）利用本地计算机名称“http：//计算机名”，假设服务器的计算机名称为“WIN 2008”，则可以在地址栏输入“http：//win2008”打开默认网页。

（3）利用 IP 地址“http：//IP 地址”，Web 服务器的 IP 地址最好是静态的，假设服务器的 IP 地址为 192.168.1.28，则可以在地址栏输入“http：//192.168.1.28”打开默认网页。

（4）利用 DNS 域名“http：//域名”，如果本机 IP 地址的解析网址为“www.test2008.com”，则可以在地址栏输入“http：//www.test2008.com”打开默认网页。不过这种方法必须保证本服务器安装了 DNS 服务，并把 DNS 服务器地址设为本机的 IP 地址。

（三）Web 服务器配置

IIS 安装完成后就可以搭建一个 Web 网站，为网络中的计算机提供 Web 浏览服务。网站开发人员在建站过程中，首先必须为每个 Internet 站点指定一个主目录。主目录是一个默认位置，当 Internet 用户的请求没有指定特定文件时，IIS 将把用户的请求指向这个默认位置。但是，有时 IIS 也可以把用户请求访问目录的指针指向主目录以外的其他目录，这种目录称为虚拟目录。

处理虚拟目录时，IIS 把它作为主目录的一个子目录来对待，而对于 Internet 中的用户来说，访问时感觉不到虚拟目录与站点中其他任何目录之间有什么区别，可以与访问其他目录一样的方法来访问这一虚拟目录。

1. 网站主目录设置

在 Windows 2008 系统中建立主目录、虚拟目录的方法与在系统中建立普通目录没有什么区别。IIS 默认的网站主目录是“%System Drive \ Inetpub \ wwwroot”。“%System Drive”表示系统安装的磁盘分区位置，一般是 C 盘。在实际应用时网站目录一般不放在系统盘中，因为将数据文件和操作系统放在同一磁盘分区中，会出现网络安全、系统安装、恢复不太方便等问题，并且当网站中需要保存大量音视频文件时，可能会使系统分区的空间被大量占用而影响服务器的运行速度和性能。

2. Web 网站的配置

在建立 Web 网站之前，要在服务器的硬盘上建一个主目录（主文件夹），并在目录建一个 HTML 格式的网页文件，下面就在服务器上建立一个名为 D：\ test2008 的文件夹，并在文件夹中建一个名为 index.htm 的网页文件，文件内容就以文本文件的格式输入“网页测试”。具体配置步骤如下。

（1）选择“开始”→“管理工具”→“Internet 信息服务（IIS）管理器”命令，打开“Internet 信息服务（IIS）管理器”窗口，在“连接”窗格中，展开树中的“网站”节点，有系统自动建立的默认 Web 站点“Default Web Site”，可以直接利用它来发布网站，也可以建立一个新网站，如图 9-5 所示。

（2）创建一个新的 Web 站点。在“连接”窗格中选取“网站”，单击鼠标右键，在弹出的快捷菜单里选择“添加网站”命令，开始创建一个新的 Web 站点，在弹出的“添加网站”对话框中设置 Web 站点的相关参数，如图 9-6 所示。例如，网站名称为“测试 2008”，物理路径也就是 Web 站点的主目录可以选取网站文件所在的文件夹 D：\test2008，绑定类型中选择“http”（网站默认协议采用的是 http 协议，即超文本传输协议），IP 地址可以直接在“IP 地址”下拉列表中选取（一般是服务器的本机 IP 地址），端口系统默认 80。完成之后返回到 Internet 信息服务器窗口，就可以查看到刚才新建的“测试 2008”站点。

注意，如果端口号不是采用默认的 80，如 8080，则在访问该网站时，必须在地址后加上它的端口号，即输入“http：//192.168.1.28：8080”才可以访问。

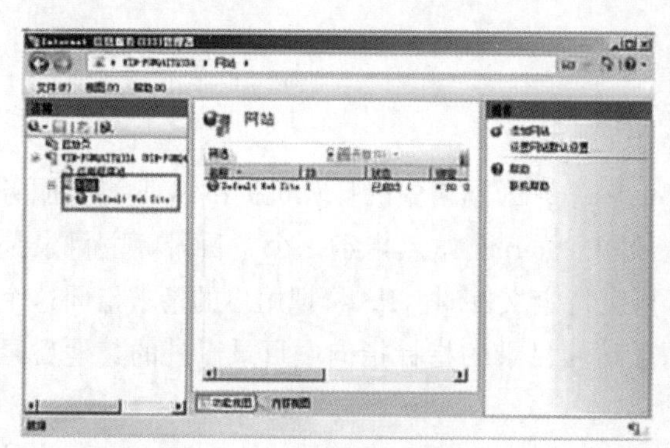

图 9-5　IIS 管理器

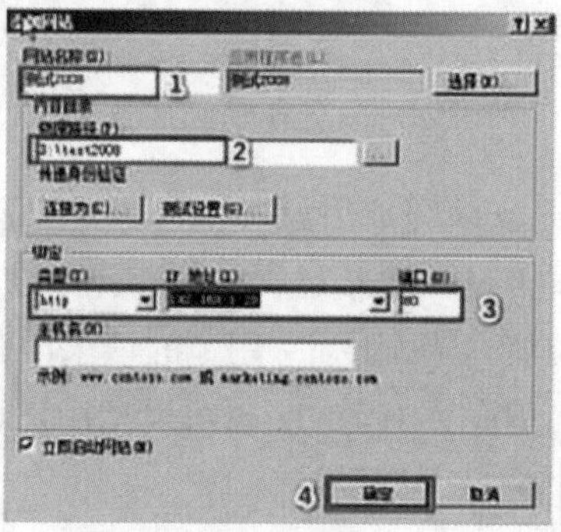

图 9-6　添加网站

（3）网站默认页面设置。通常情况下，Web 网站都需要一个默认文档，当在 IE 浏览器中使用 IP 地址或域名访问时不需要输入文档的名称，Web 服务器会将默认文档返回给浏览器，并显示其内容。当用户浏览网页而没有指定文档名称时，例如输入的是“http：//192.168.1.28”，IIS 服务器就将默认文档传输给客户机，并在浏览器中打开该文档。IIS 7.0 为新建的 Web 站点启用并指定默认文档的文件名为 Default.htm，用户可以修改并重新指定默认文档。但是，由于浏览器只能打开网页类型的文件，所以如新指定默认文档也必须为网页类型的文件。网页类型的文件主要有两种，分别为扩展名是 HTM、HTML、SHTML、XML 等的静态网页和扩展名是 ASP、PHP、ASPX、CGI、JSP 等的动态网页。

3. Windows 2008 的 Web 服务器的特色功能

（1）在一台服务器中架设多个 Web 网站。Web 服务的实现采用客户/服务器模型，信息提供者称为服务器，信息的需要者或获取信息者称为客户端。使用虚拟主机技术，通过分配 TCP 端口、IP 地址和主机名，可以在一台服务器上建立多个虚拟 Web 网站，这些不同 Web 网站可以提供不同的 Web 服务。虚拟主机是将一个物理主机分割成多个逻辑上的主机使用，这些逻辑上的主机就是虚拟主机。虽然虚拟主机能够节省经费，对于访问量较小的网站来说比较经济实惠，但由于这些虚拟主机共享这台服务器的硬件资源和带宽，在访问量较大时就容易出现资源不够用的情况。

架设多个 Web 网站可以通过以下 3 种形式：一是使用不同 IP 地址架设多个 Web 网站。服务器绑定多个 IP 地址，再将这些 IP 地址分配给不同的虚拟网站，就可以达到一台服务器利用多个 IP 地址来架设多个网站的目的。二是使用不同端口号架设多个 Web 网站。架设多个网站时，每个网站使用不同的端口号，其域名或 IP 地址部分可以完全相同，用户在访问时，必须加上相应的端口号。三是使用域名中的不同主机名架设多个 Web 网站。这种方法也称为主机头或网址名称对应的多网站架设，是借由识别客户端所提供的网址，决定其所对应的服务，这个方法有效减少了 IP 地址的占用，但缺点是必须仰赖 DNS 名称对应服务的支持，若名称对应服务中断，对应此名称的服务也会无法取用。

（2）动态网页。Windows 2008 的 Web 服务器既可以用静态网页，也支持动态网页。静态网页是指网页设计员用 HTML 写好代码后，页面的内容和显示效果就固定不变了，如果要变动就得修改页面代码。动态网页则不然，一般页面结构没有改变，但是显示的内容却可以随着时间、环境或者数据库操作的结果而发生改变。也就是说，静态网页如要改变网页内容需要专业的网页设计人员才能进行，而动态网页则只需普通用户登录到网站的后台管理系统就可以修改了。

不可将动态网页和页面内容是否有动感效果混为一谈。这里说的动态网页，与网页上的各种动画、滚动字幕等视觉上的动态效果没有直接关系，动态网页是指在不用重新设计网页的前提下，动态更新网页内容。

IIS 建立的 Web 服务器支持符合 HTML 语法规范的动态网页编程工具 ASP、ASP. net 所编写的动态网页服务端执行。

（四）FTP 服务器安装与配置

1. FTP 服务的作用

尽管 Web 也可以提供文件下载服务，但是 FTP 服务的效率更高，对权限控制更为严格，因此 FTP 被广泛用于文件传输服务。

2. 安装 FTP 服务

Windows 2008 既可以在安装 Web 服务时将 FTP 服务一起安装，也可以单独添加 FTP 角色。单独添加时，可以在“服务管理员”窗口中，展开左侧栏的“角色”节点，在“Web 服务器（IS）”上右击，在弹出菜单中选择“添加角色服务”进行添加。

3. 配置基本的 FTP 服务

在配置 FTP 服务之前，需要在服务器的硬盘上建立一个目录，作为提供 FTP 服务的存放文件的目录，下面就以在服务器上建立一个名为 D：\ my ftp 的文件夹为例分析 FTP 服务的配置过程。

（1）选择“开始”→“管理工具”→“Internet 信息服务（IIS）管理员”选项，打开 IIS 管理员，右击“网站”，在弹出菜单中选择“添加 FTP 站点...”选项，如图 9-7 所示。

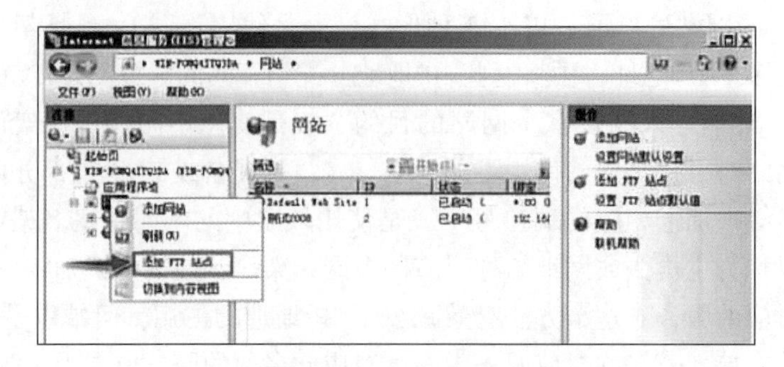

图 9-7　添加 FTP 站点

（2）打开“添加 FTP 站点”对话框，输入 FTP 站点名称和物理路径，如 FTP 站点名称为 my ftp，物理路径为 D：\ my ftp，然后单击“下一步”按钮。

（3）在“绑定和 SSL 设置”界面，设置绑定 IP 地址为服务器 IP 地址（如 192. 168. 1. 28），端口号保留默认值 21，选择“自动启动 FTP 站点（S）”复选框，让 FTP 站点自动启动，这时一般不配置 SSL 证书，故选择“无”单选钮，单击“下一步”按钮，如图 9-8 所示。

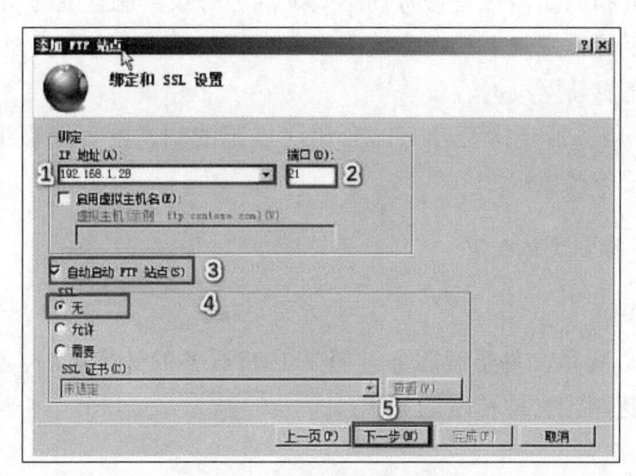

图 9-8　绑定和 SSL 设置

（4）在显示“身份验证和授权信息”界面，选择“匿名（A）”复选框，需用户匿名访问 FTP 服务器，在“允许访问”下拉列表框中选择“所有用户”选项；选择“读取（D）”和“写入（W）”复选框，开放所有用户读写权限（即具有上传和下载权限，读取权限表示用户有下载权限，写入权限表示用户有上传权限）。最后单击“完成”按钮，完成 FTP 站点的配置。

（5）测试 FTP 站点。可以通过 Web 浏览器来访问，也可以通过专门的 FTP 软件或以命令行方式来访问。

Web 浏览器访问：匿名访问的格式为 ftp//ftp 服务器地址：端口。非匿名访问的格式为 ftp：//用户名：密码@ ftp 服务器地址：端口。打开客户端的浏览器，在地址栏中输入“ftp：//服务器地址”，实例中访问 FTP 的 URL 是 ftp：//192. 168. 1. 28。如果在图 9-8 中配置的端口不是默认值 21，而是 2121，则应在地址栏中输入“ftp：//192. 168. 1. 28：

2121”才可以访问。

FTP 客户端软件访问：利用 FTP 客户端软件访问 FTP 站点，不仅方便，而且和 Web 浏览器相比功能更加强大。比较常用的 FTP 客户端软件有 Cute FTP、Flash FTP、Leap FTP 等。

命令行方式登录访问：请参考技能操作的相关教材。

Windows 2008 配置邮件服务器应在如图 9-9 所示服务器管理器窗口的功能项中添加相应的功能，并且必须在 IIS 的相关服务支持下使用，具体操作此处不再赘述。

六、DNS 服务器

Windows 2008 所提供的 DNS 服务是将主机配置为 DNS 服务器，为本地的网络终端提供 DNS 服务。

下面就以将域名 www. sys2008. com 解析为 IP 地址 192. 168. 100. 201 为例，分析一下在 Windows 2008 系统中 DNS 服务器的配置过程。

第一步：在 Windows 2008 操作系统的“服务器管理器”工具，添加“DNS 服务器”的角色，方法与添加 IIS 服务器的角色方法类似。

第二步：配置 DNS 服务器。

（1）创建正向查找区域。所谓正向查找就是指将域名解析为 IP 地址的过程，而区域其实就是可以包含域名与 IP 地址对应关系的一个列表。也就是说，当用户输入一个服务器域名时，借助该记录便可以查找到它的对应 IP 地址，从而实现对域名的解析并连接对应的服务器。

操作过程：在虚拟机系统的“服务器管理器”对话框中展开“DNS 服务器”的资源树，在“DNS 服务器”角色的列表中，选中的“正向查找区域”，右击弹出右键快捷菜单，如图 9-9 所示。

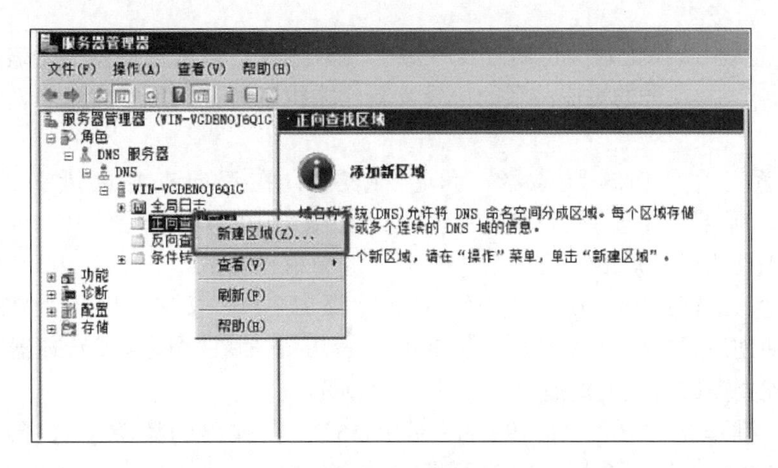

图 9-9　新建区域

选择“新建区域”命令，弹出“新建区域向导”的“欢迎新建区域向导”的对话框，直接点“下一步”按钮，弹出“新建区域向导-区域类型”对话框，在对话框中选择“主要区域”单选按钮，单击“下一步”按钮，弹出“新建区域向导-区域名称”对话框，在区域名称中输入“sys2008. com”（sys2008. com 为服务器申请的域名）。

单击“下一步”按钮，弹出“新建区域向导-区域文件”对话框，这个对话框的内容一般不做变动，点击“下一步”按钮。接着，弹出“新建区域向导-动态更新”对话框，此处如果服务器有安装域服务功能，则选择“只允许安全的动态更新”，否则选择“不允许动态更新”。

最后，再单击“下一步”按钮，弹出“新建区域向导-正在完成新建区域向导”对话框，这时单击“完成”按钮后，创建正向查找区域完成了，正向区域建立完成的效果如图 9-10 所示。

（2）创建反向查找区域。DNS 同时提供域名的反向查找功能，允许客户机根据 DNS 服务器中域名与 IP 地址对应表，用 IP 地址查找对应的域名。反向查找区域实际就是建立这个反向的搜索列表。

操作过程：在“DNS 服务器”角色列表中，右击“反向查找区域”在快捷菜单中选择“新建区域（I）...”操作后，弹出“新建区域向导”的“欢迎新建区域向导”对话框，直接单击“下一步”按钮，弹出“新建区域向导-区域类型”对话框，在对话框中选择“主要区域”单选按钮，单击“下一步”按钮，弹出“新建区域向导-反向查找区域名称”对话框，选择“IPv4 反向查找区域”，然后单击“下一步”按钮，弹出“新建区域向导-反向查找区域名称”对话框，在此窗口输入网络 ID，即网络号 192. 168. 100，单击“下一步”按钮，弹出“新建区域向导-区域文件”对话框。这里一般都是采用默认文件名，因此不做修改，直接点击“下一步”按钮，弹出“新建区域向导-动态更新”对话框，此处如果服务器有安装域服务功能，则选择“只允许安全的动态更新”，否则选择“不允许动态更新”。

最后，再单击“下一步”按钮，弹出“新建区域向导-正在完成新建区域向导”对话框，单击“完成”按钮，创建反向查找区域完成，反向查找区域建立完成的效果如图 9-11 所示。

（3）新建主机资源记录。正向查找区域、反向查找区域都是提供一张表格，表格中一行就是域名与 IP 地址的对应关系的记录，新建主机资源记录能够将这个对应记录写入这张表格中。

操作过程：“DNS 服务器”角色列表里，在正向查找区域中选择新建的“sys2008. com 项目”，右击弹出右键快捷菜单，如图 9-10 所示。

弹出“新建主机”对话框后，在“名称”编辑框中输入“www”，在“IP 地址”编辑框中输入“192. 168. 100. 201”。然后，单击“添加主机”按钮，弹出“DNS”对话框，提示已经成功创建了主机记录“www. sys2008. com”，这时在“服务器管理器”窗口中就可以查看到建立完成后的主机记录，如图 9-12 所示。

最后，右键单击“100. 168. 192. in-addr. arp”，在弹出的菜单中选择“新建指针（PTR）（P）...”，在弹出的对话框“主机 IP 地址（P）:”的编辑框中输入“192. 168. 100. 201”“主机名（H）:”的编辑框中输入“www. sys2008. com”，就建立了如图 9-11 所示的反向查找指针了。

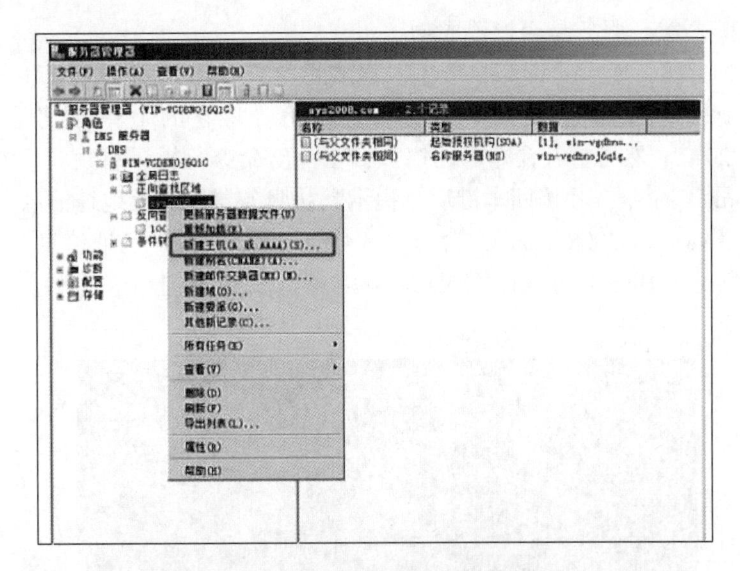

图 9–10　正向查找区域中新建主机

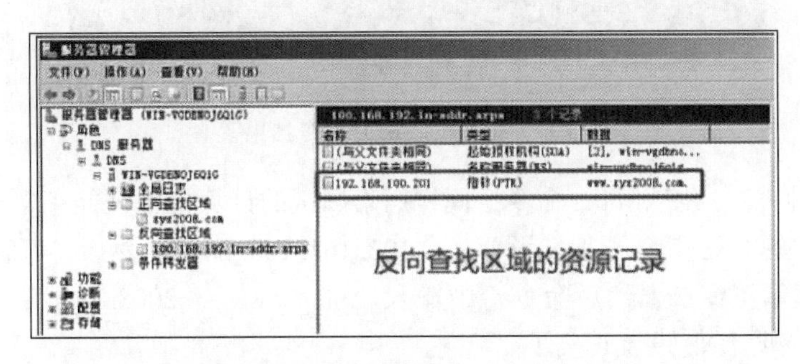

图 9–11　服务管理器（反向区域）

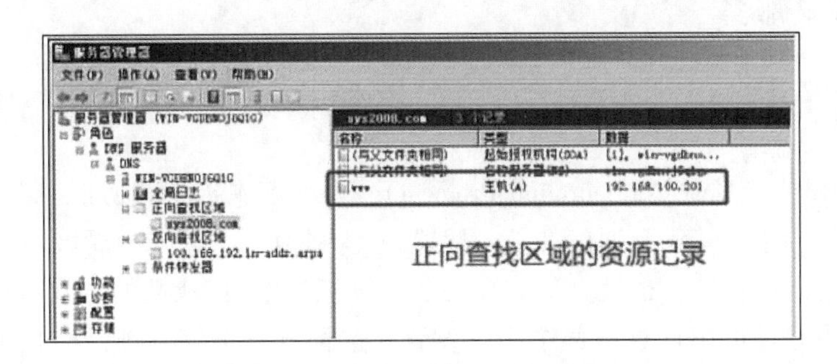

图 9–12　服务管理器（正向区域）

（4）建立条件转发器。Windows 2008 中 DNS 服务器的条件转发器的作用是，当本地 DNS 服务器无法对 DNS 客户端的解析请求进行本地解析时，即没有匹配的主要区域和辅助区域，并且无法通过缓存信息来解析客户端的请求，DNS 服务器将客户的 DNS 请求转发给指定的本地另一台 DNS 服务器，可以用域名或 IP 地址来定位 DNS 服务器。

操作过程：在服务器管理器的窗口右击“条件转发器”，在弹出的菜单选择“新建条件转发器”，会展开如图新建条件转发器的对话框，在指定的位置输入本地另一台 DNS 服务器的 IP 地址即可。

第三步：测试 DNS 服务是否设置成功。

（1）第一种方法，使用 nslookup 命令，测试配置的 DNS 服务器是否工作正常。用于测试的计算机保证能正常连接 DNS 服务器后，还要将它的 DNS 服务器地址设置为“192.168.100.201”。然后打开命令行的窗口，在弹出命令行提示符窗口。在提示符窗口中输入“nslookup”命令，并按回车键后，提示默认服务器域名及地址信息，接着在“>”提示符后输入“www.sys2008.com”，会出现域名及转换后的 IP 地址信息，如图 9-13 所示。该提示信息说明 DNS 服务器已经成功将域名解析成 IP 地址。

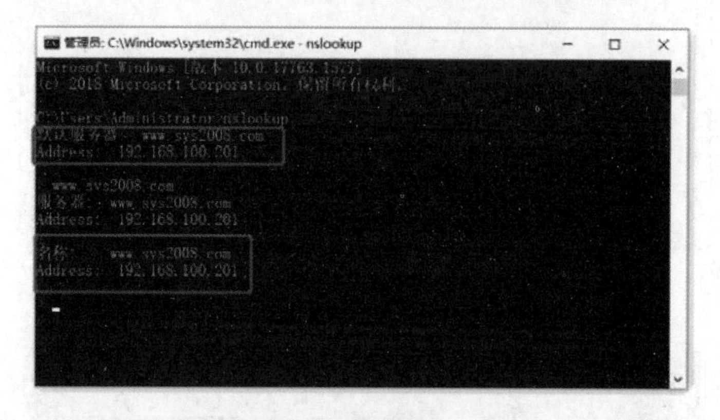

图 9-13　nslookup 命令结果

（2）第二种方法，使用 ping 命令，同样用于测试的计算机保证能正常连接 DNS 服务器后，还要将它的 DNS 服务器地址设置为“192.168.100.201”。然后打开命令行的窗口，在弹出命令行提示符窗口，然后命令行中输入“ping www.sys2008.com”，可以连接到相应的 IP 地址就表明 DNS 设置正确了。

七、DHCP 服务

（一）DHCP 概述

DHCP（Dynamic Host Configuration Protocol），即动态主机配置协议。在 TCP/IP 网络中的每台计算机为了能够正常通信都必须配置一个 IP 地址，且同一局域网内计算机的 IP 地址不能有两台是一样的，也就是不能冲突。计算机配置 IP 地址的方式有两种：一种是静态配置，即由管理员用计算机逐个手工设置，这种方法不仅麻烦，而且也非常容易出错，尤其不适合用于大中型网络中；还有一种方法是动态配置，即计算机自动连接到一台能够提供 DHCP 服务的设备中，DHCP 服务器能自动为网络中的计算机配置 IP 地址等相关信息，不仅效率高，而且不存在 IP 地址冲突的可能。

DHCP 是一个简化主机 IP 地址分配管理的 TCP/IP 应用层协议，管理员在 DHCP 服务器中先建立一个 IP 地址池，地址池包含一定数量的 IP 地址、网关地址、DNS 服务器地址等相关地址信息，当客户端连接到 DHCP 服务器就会动态地给它分配 IP 地址，不仅能够保证 IP 地址不重复分配，也能及时回收 IP 地址，以提高 IP 地址的利用率。

为了实现 DHCP 方式动态分配 IP 地址，整个网络必须至少有一台拥有固定 IP 地址并且安装了 DHCP 服务器，网络中客户端计算机 IP 地址的获取方式为自动获取。当客户机网络连接启动后会自动查找最近的 DHCP 服务器，从中获取 IP 地址及相关信息。当客户机断开连接或租约到期，这个地址就会由 DHCP 服务器收回，并将其提供给其他的 DHCP 客户机使用。这些操作都是由客户机与 DHCP 服务器自动完成的，无须网络管理员干涉。

（二）DHCP 服务工作原理

根据客户端是否第一次登录网络，DHCP 的工作形式会有所不同。客户端从 DHCP 服务器上获得 IP 地址共分为 4 个过程，如图 9-14 所示。

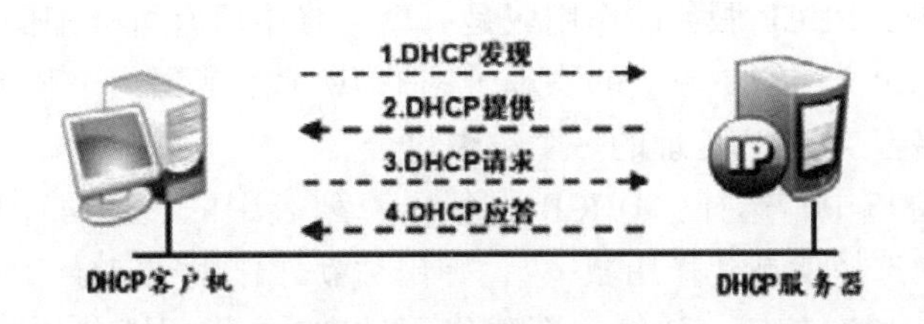

图 9-14　DHCP 工作过程

（1）过程 1：DHCP 发现（DHCP Discover）。当 DHCP 客户端第一次登录网络的时候，计算机发现本机上没有任何 IP 地址设定，将以广播方式发送 DHCP Discover 报文来寻找 DHCP 服务器。网络上每一台安装了 TCP/IP 协议的主机都会接收这个广播信息，但只有 DHCP 服务器才会做出响应。

（2）过程 2：DHCP 提供（DHCP Offer）。当网络中的任何一台 DHCP 服务器在收到 DHCP 客户端的 DHCP 发现信息后，该 DHCP 服务器若能提供 IP 地址，就从该 DHCP 服务器的 IP 地址池中选取一个没有出租的 IP 地址，然后以广播方式提供给 DHCP 客户端。在将该 IP 地址正式租用给 DHCP 客户端之前，这个 IP 地址会暂时保留起来，以免再分配给其他的 DHCP 客户端。

当网络中有多台 DHCP 服务器，这些 DHCP 服务器都收到 DHCP 客户端的 DHCP 发现信息，且都广播一个应答信息给该 DHCP 客户端时，则 DHCP 客户端将从收到应答信息的第一台 DHCP 服务器中获得 IP 地址及其配置。

提供应答信息是 DHCP 服务器发给 DHCP 客户端的第一个响应，它包含了 IP 地址、子网掩码、租期和提供响应的 DHCP 服务器 IP 地址。

（3）过程 3：DHCP 请求（DHCP Request）。DHCP 客户端收到第一个 DHCP 服务器响应信息后就以广播发送一个 DHCP 请求信息给网络中所有的 DHCP 服务器。DHCP 请求信息中包含所选择的 DHCP 服务器的 IP 地址。

（4）过程 4：DHCP 应答（DHCP Ack）。一旦被选择的 DHCP 服务器接收到 DHCP 客户端的 DHCP 请求信息，就将已保留的这个 IP 地址标识为已租用，然后也以广播的方式发送一个 DHCP 应答信息给 DHCP 客户端。该 DHCP 客户端在接收 DHCP 应答信息后，就完成了获取 IP 地址的过程，便开始利用这个已租到的 IP 地址与网络中的其他计算机通信。

（三）配置 DHCP 服务器

下面以将一台安装 Windows 2008 操作系统的服务器配置为 DHCP 服务器为例分析操作过程，服务器 IP 地址为 192.168.100.201/24，可供分配的地址范围是除本机的 IP 地址之外 192.168.100.100~192.168.100.254 内的 IP 地址。

1. 安装 DHCP 服务

DHCP 服务不是 Windows 2008 系统的默认安装组件，与 DNS 服务一样也要在“服务器管理器”添加 DHCP 角色，操作方法与添加 DNS 服务的操作一样。

2. 配置 DHCP 服务器

（1）新建作用域，DHCP 服务的作用域是一个网络中所有可分配的 IP 地址的连续范围。作用域主要用来定义网络中单一的物理子网的 IP 地址范围，作用域是 DHCP 服务器用来管理分配给网络客户的 IP 地址的一个逻辑集合。

在服务器管理窗口中，选择“DHCP 服务器”列表中的“IPv4”项目，点击右键，在弹出的快捷菜单中选择“新建作用域…”，弹出“新建作用域向导”对话框。

（2）单击“下一步”按钮，弹出“新建作用域向导-作用域名称”窗口，在该窗口中要求输入作用域名称和名称描述的信息，可以任意输入方便记忆的内容。

（3）单击“下一步”按钮，弹出“新建作用域向导-IP 地址范围”对话框，在此对话框中要配置该作用域分配的地址范围。起始 IP 地址为 192.168.100.100，结束 IP 地址为 192.168.100.254，则该作用域可分配的 IP 地址范围为 192.168.100.100 ~ 192.168.100.254。子网掩码为 255.255.255.0。

（4）单击“下一步”按钮，弹出“新建作用域向导-添加排除和延迟”对话框，这时确定排除范围，是指不用于分配的 IP 地址序列。它保证在这个序列中的 IP 地址不会被 DHCP 服务器分配给客户机。例如，DHCP 服务器自身的静态 IP 地址不可以分发给客户端，默认网关、其他服务器静态 IP 地址和各种网络设备 IP 地址都如此。对于要排除的 IP 地址范围，在“起始 IP 地址（S）”和“结束 IP 地址（E）”文本框中输入位于范围中的起始及结束 IP 地址；如果只排除一个单独地址，则只在“起始 IP 地址（S）”中输入 IP 地址。如图 9-15 所示，输入起始 IP 地址为 192.168.100.201，点击“添加”按钮，将 IP 地址添加到“排除的地址范围（C）”框中，这样只排除一个地址。如果要将一个地址段进行排除，只需加上结束地址即可。

（5）单击“下一步”按钮，弹出“新建作用域向导-租用期限”对话框，在此对话框中确定 DHCP 的租约，租约是指一个客户端服务器从 DHCP 服务器获得 IP 地址后可以使用这个 IP 地址的时间，当租期结束，要向 DHCP 服务器重新申请分配。Windows 2008 默认的租期为 8 天，可以根据需要修改，如图 9-16 所示。

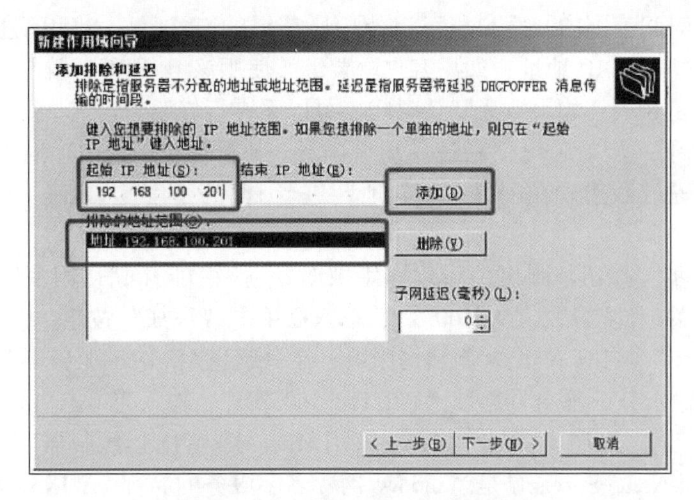

图 9-15 添加排除和延迟 IP 地址

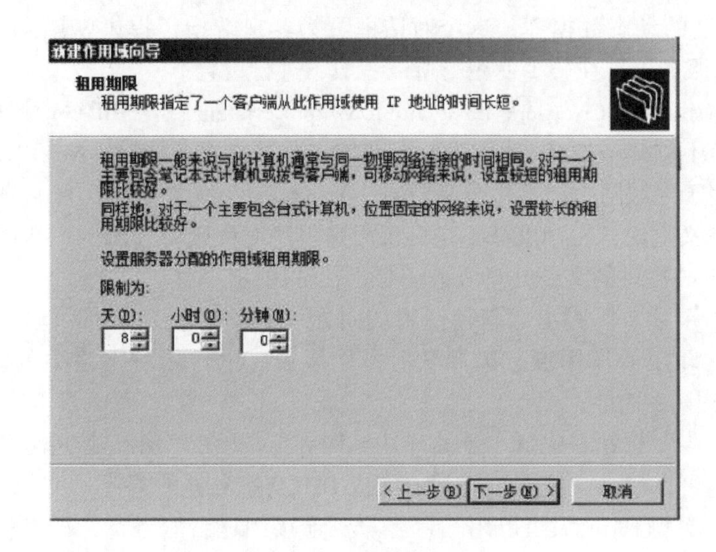

图 9-16 确定租用期限

DHCP 服务器分配客户端的 IP 地址有一定租期，如果租期到达，服务器将回收这个 IP 地址，并将其重新分配给其他客户端。因此，每个客户端应该提前续租它已经使用的 IP 地址，DHCP 服务器将回应客户端的请求并更新 IP 地址的租期。一旦服务器返回不能续租的信息，那么 DHCP 客户端只能在租期到达时放弃原来的 IP 地址，重新申请一个新的 IP 地址。

当使用 IP 地址的时间到达租期的 50%，客户端将以单播方式向服务器发送请求报文，请求服务器对租期进行更新。当服务器同意续租时，便回应确认报文，客户端将获得新的租期；若没有收到服务器的回应，客户端将每隔一段时间重新发送续租请求报文。当租期达到 87.5%时，若客户端仍然没有收到服务器的回应，客户端改为用广播方式发送请求报文。如果一直到租期到期，DHCP 客户端始终没有收到服务器的回应报文，那客户端将被迫放弃所使用的 IP 地址。

如果在这个对话框中设置好 IP 地址分配给客户端租约的到期日和到期时间，并把租约激活，在这个时间范围内，客户机可以使用所获得的 IP 地址。当租约过期，DHCP 服务器将停止服务并收回 IP 地址，如果客户端要继续使用该 IP 地址，就必须续订租约。系统默认租约期限是 8 天。如果选择默认时间，可以不进行修改。

(6) 点击“下一步”弹出“新建作用域向导-配置 DHCP 选项”对话框，在此对话框中可以选择“是，我想现在配置这些选项”进行 DHCP 的默认 DNS、网关地址等选项的确定。

单击“下一步”按钮，弹出“新建作用域向导-路由器（默认网关）”对话框，在编辑框中输入网关地址“192.168.100.2”，输入完单击“添加”按钮。

单击“下一步”按钮，弹出“新建作用域向导-域名称和 DNS 服务器”对话框，在 IP 地址的编辑框中输入 DNS 服务器地址“192.168.100.201”，输入完单击“添加”按钮。

单击“下一步”按钮，弹出“新建作用域向导-WINS 服务器”对话框。WINS (Windows Internet Name Server) 是 Windows 网际名字服务的简称。WINS 为 Net BIOS 名字提供名字注册、更新、释放和转换服务，这些服务允许 WINS 服务器维护一个将 Net BIOS 名链接到 IP 地址的动态数据库。这个对话框可为客户端指定提供 WINS 服务器的 IP 地址，因为 WINS 服务器现在较少使用，所以一般不进行设置。

基本输入输出系统（Network Basic Input/Output System，Net BIOS）提供了会话层和传输层服务，但不支持 TCP/IP 协议中的标准帧或数据格式的传输。Net BIOS 可以实现局域网内通信，用于局域网中计算机分享数据。Windows 系统之间的文件共享用的就是 Net BIOS，从严格意义上说，Net BIOS 不是协议而是程序编程接口（API）。WINS 服务较少使用，但是 Net BIOS 提供的文件共享服务还是比较常用的。

(7) 点击“下一步”弹出“新建作用域向导-激活作用域”对话框。在此对话框中可以选择是否立即激活作用域。选择激活作用域后，该作用域网络中的客户端才能从 DHCP 服务器获得 IP 地址。

单击“下一步”按钮，完成“新建作用域向导”，提示“您已成功地完成了新建作用域向导”信息，可以单击“完成”按钮，完成 DHCP 服务器的配置。

DHCP 服务器配置完成后可以用一台客户机连接到这台服务器，把 IP 地址的获取方式改为自动获取，进行测试。

八、共享资源的配置

局域网共享资源的配置是指在局域网采用网上邻居的方式实现网络中的计算机之间的资源共享。以 Windows 操作系统组成的局域网，不论是单纯由安装 Windows 个人机版操作系统的计算机组成的对等结构局域网，还是由 Windows 服务器版与 Windows 个人机版两种操作系统组成的客户机/服务器模式局域网，都可以实现网上邻居的局域网文件夹和打印机等资源的共享访问。

Windows 局域网中的共享资源是使用增强用户接口协议（Net BIOS Enhanced User Interface，Net BEUI）进行通信的，Net BEUI 就是 Net BIOS 增强用户接口协议，由于 Net BEUI 缺乏路由和网络层寻址功能，所以具有不能利用路由器进行不同局域网之间通信的特点，但是利用这个协议通信时就不需要附加的网络地址和网络层头尾，从而提高了数据传输的效率。

局域网内部以 Net BEUI 协议支持的共享方式使用局域网资源比 Internet 中使用 TCP/IP 协议实现资源更为简单、直接，下面就介绍在 Windows 中建立共享的方法，这个服务在服务器版的 Windows 操作系统与个人机版的操作方法基本一样。

(一) 共享文件夹

共享文件夹是指某个计算机用来和其他计算机之间相互分享的文件夹，“共享”即“分享”的意思。一般来说，单个文件不能直接共享，必须先将文件放在一个文件夹中，然后将文件夹共享。当一个文件夹被共享后，其下所有的文件及子文件夹一同被共享。

具体操作过程：

第一，所有的参与文件夹共享的计算机，不论是提供共享文件夹的计算机，还是使用共享资源的计算机都必须同属一个局域网。也就是说，要为每台计算机配置 IP 地址，IP 地址必须是同一个网段，确保网络连通。

第二，配置提供共享资源的计算机，也称为共享端，一般共享端使用安装了 Windows 2008 系统服务器的计算机，因为个人机版的 Windows 系统连接的客户端不能超过 5 台计算机。

1. 启用网络发现和文件共享功能

启用网络发现，可以让处于同一个网络上的人发现对方的电脑；启用文件共享，则可以通过网络访问电脑上被共享出来的文件夹。

单击桌面任务栏右下角的网络连接图标（或右击桌面上的“网络”图标，在弹出菜单中选择“属性”），打开“网络和共享中心”，单击左侧的“更改高级共享设置”，启用网络发现和文件及打印机共享，最后点击“保存修改”按钮，如图 9-17 所示。

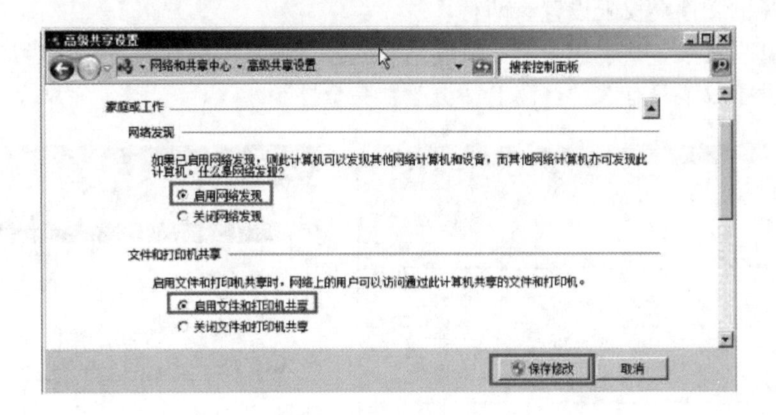

图 9-17　高级共享设置

2. 关闭系统自带的防火墙功能

如图 9-18 所示，关闭防火墙功能，否则防火墙会阻止客户机对共享资源的访问。

3. 设置共享文件夹

在要共享的文件夹上单击鼠标右键，选择“属性”→“共享”，如图 9-19 所示。单击“共享（S）...”按钮，选择可以访问共享文件夹的用户，Windows 2008 默认的共享用户是“Everyone”组，可以根据自己的需要进行共享用户的修改。单击下部的“确定”

按钮，完成共享文件夹的设置。

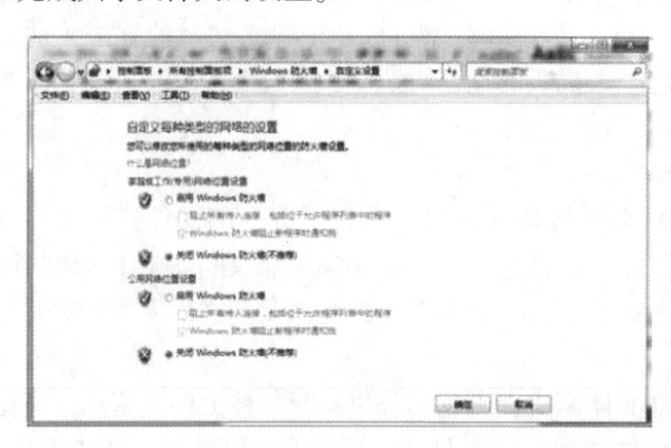

图 9-18　关闭防火墙

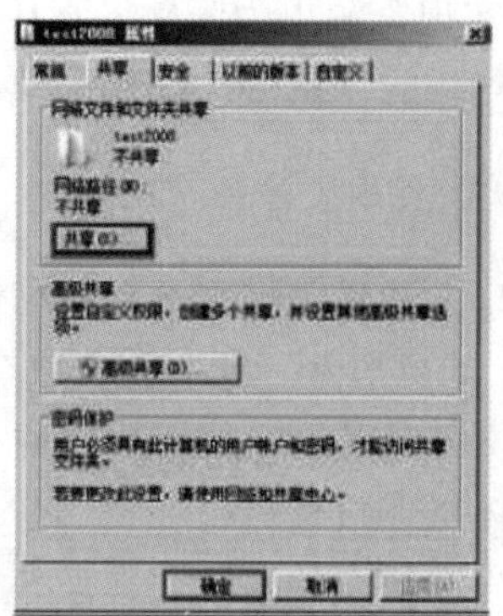

图 9-19　设置共享文件夹

4. 启用 Guest 账户

为了使所有用户都可以访问共享文件夹，在共享端的“用户管理”中，启用 Guest 账户。

5. 设置共享文件夹的访问权限

按照上述步骤设置文件夹共享后，用户在共享端只有“读取”权限，即只能浏览、复制文件，无法修改和删除文件。若要修改用户的共享权限，可在设置共享时，单击“高级共享（D）...”按钮，弹出“高级共享”对话框，如图 9-20 所示。单击“权限（P）”按钮，设置用户的共享权限，如图 9-21 所示。在权限设置的允许列勾选相应的项目便可更改用户权限。在 Windows 系统中设置文件夹权限，可以对共享文档实行有针对性的保护，常见的文件夹权限设置有两种：

其一，共享权限：共享权限只对从网络访问该文件夹的用户有效，而对从本机登录的用户无效。共享权限只有 3 种：读取、更改、完全控制。

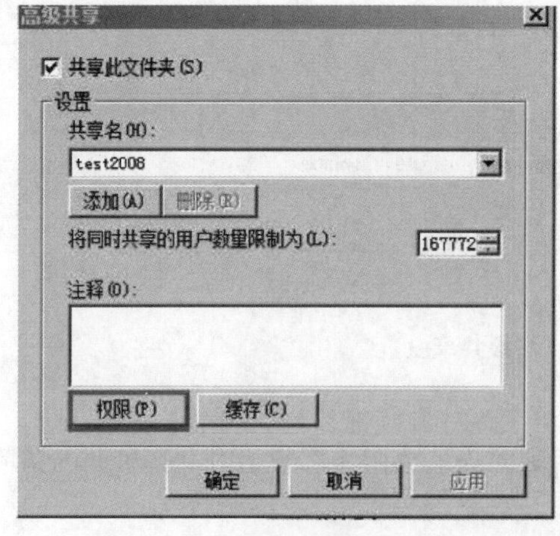

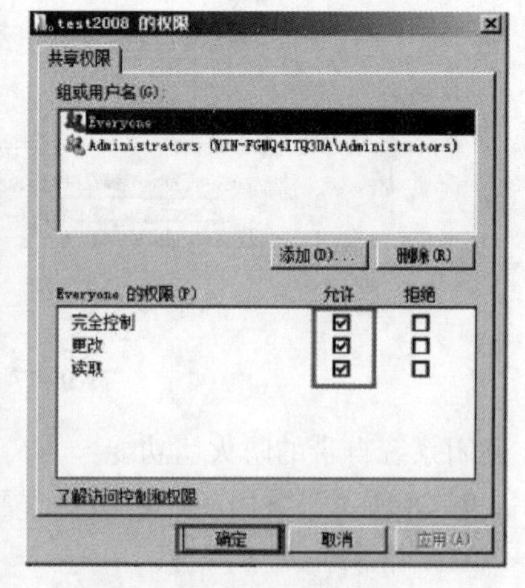

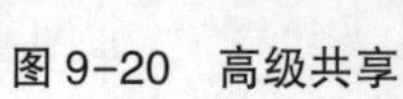

图 9-20　高级共享　　　　图 9-21　修改共享权限

读取：查看文件名和子文件夹名，查看文件中的数据、运行程序文件。

更改：添加、删除文件和子文件夹，更改文件中的数据。

完全控制：除允许全部读取及更改权限外，还具有“更改权限”的权限。

其二，NTFS 权限：也称安全权限，对从网络访问和本机登录的用户均有效，只有 NTFS 格式的分区才会有 NTFS 权限。NTFS 权限包括完全控制、修改、读取和执行、列出文件夹目录、读取、写入及特别权限等，每种权限都有“允许”和“拒绝”两种选项。

完全控制：对文件或文件夹可执行所有操作。

修改：可以修改、删除文件或文件夹。

读取和运行：可以读取内容，并且可以执行应用程序。

列出文件夹目录：可以列出文件夹内容，只有文件夹才有的权限。

读取：可以读取文件或文件夹内容。

写入：可以创建文件或文件夹。

特别权限：其他不常用权限，比如删除权限的权限。

共享权限和 NTFS 权限两者都是用户对文件访问的权限，但是它们设置完成后对文件的使用还是有区别：

①共享权限与文件系统无关，只要设置共享就能够应用共享权限；NTFS 权限必须是 NTFS 文件系统，FAT 32 文件系统没有 NTFS 权限。

②共享权限是基于文件夹的，即只能在文件夹上设置共享权限，不能在文件上设置共享权限；NTFS 权限是基于文件的，既可以在文件夹上，也可以在文件上设置 NTFS 权限。

③当某一用户通过网络访问共享文件夹，则这个文件夹是在 NTFS 分区上，那么共享权限和 NTFS 权限会同时对该用户起作用，其最终有效权限是它对该文件夹的共享权限和 NTFS 权限中最为严格的，相当于这两种权限的交集。

6. 需使用共享文件夹的客户端（访问端）操作

在访问端的计算机打开资源管理器窗口，在地址栏或用 Windows+R 键打开“运行”对话框，在文本框中输入共享端的 IP 地址或计算机名称，即输入“\\ IP 地址”或“\\计算机名称”来访问。还可以用“\\ 域名”的方式访问，不过使用这种方式访问需要先安装 Windows 2008 的目录服务并将服务器设置为域控制器（注意，应采用 UNC 路径格式，即 IP 地址或计算机名称前加上两个反斜杠）。这样就展开如图 9-22 的共享资源管理器窗口，便可以与访问本地文件夹一样访问共享文件夹了。

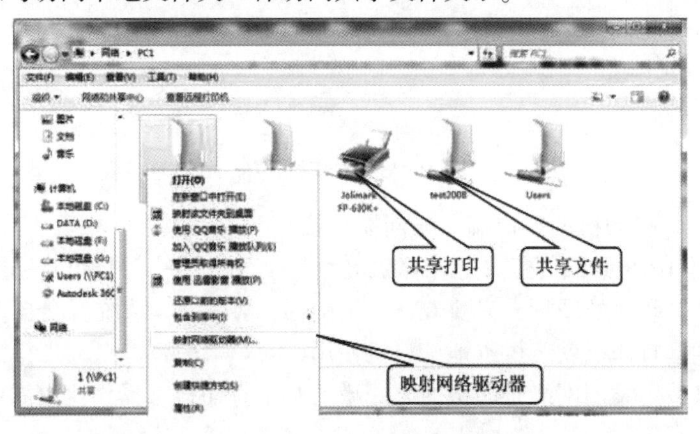

图 9-22　共享资源管理器窗口

这时还可以将这个文件夹映射为虚拟的本地逻辑盘，只要点击如图 9-22 中的快捷菜单项就可以了。

（二）打印机共享

打印机共享是指将本地打印机通过网络共享给其他用户，这样其他用户也可以使用该打印机完成打印服务，打印机共享可以使用局域网的计算机共用一台打印机，而不必为每台计算机单独配备一台打印机。

与文件共享一样，在设置打印机共享之前首先要保证计算机之间的网络连接正常，其方法直到关闭 Windows 自带的软件防火墙这一步之间的操作与文件夹共享的操作是一样的，这里不再赘述。接下来的操作过程如下。

1. 设置共享端

（1）在共享端连接本地打印机并安装好驱动程序，保证打印机能正常使用。

（2）设置打印机共享。在“设备和打印机”窗口中，找到要共享的打印机，在打印机图标上右击，弹出菜单，选择“打印机属性”，选择“共享”选项卡，如图 9-23 所示，选中“共享这台打印机（S）”，并给打印机设置一个共享名，打印机即被共享在网络上(与文件共享区别不大)。

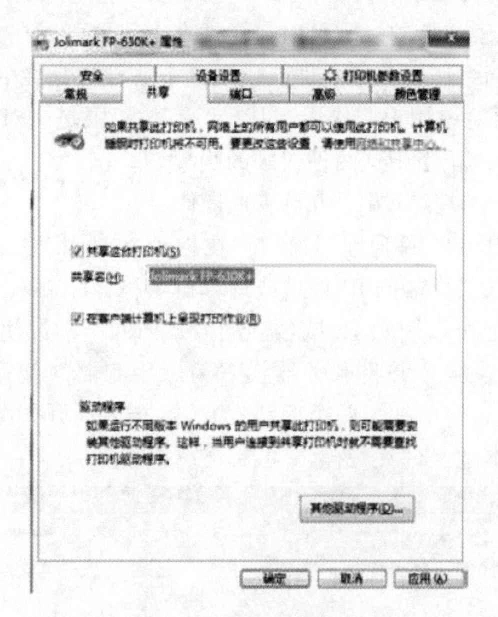

图 9-23　共享打印机

2. 需使用共享打印机的客户端（访问端）操作

同样用“\\ IP 地址”或“\\ 计算机名称”打开共享资源窗口，如图 9-22 所示，就会有一个共享打印机的图标，只要双击这个图标，Windows 系统就会自动安装相关的驱动程序，这时共享打印机就可供本地计算机使用。

当然也可以采用添加网络打印机的方式激活共享打印机，操作比较简单，这里不再详细描述。

九、Windows 环境下无线路由器的配置

ISP 为普通家庭或小型办公地点提供 Internet 接入，一般都是通过某种接入方式，如 HFC、光纤入户等向用户提供一个接入 Internet 主干网的接口，然后通过网络通信线（如双绞线）接入一个家用无线路由器。家用无线路由器不是一个单纯的路由设备，它是集成了路由器、交换机、无线 AP 等多种设备功能的小型多功能设备。

家用无线路由器先将家庭中的网络终端，如计算机、平板电脑、手机等通过交换机和无线 AP 组成一个局域网，然后这个局域网通过其中的路由功能接入 ISP 的 Internet 主干网，从而实现与 Internet 的连接。

这个无线路由器在使用之前需要进行一些配置，才能在特定网络中使用。由于无线路由器是面向普通家庭的网络设备，故配置比较简单，只要能够连接无线路由器组成局域网的网络终端，且这个终端可以用浏览器打开网页即可。因此，配置无线路由器可以是计算机、平板电脑、手机等。下面就利用 Windows 系统中安装的浏览器，以华为的某一款无线路由器为例，说明无线路由器的配置过程。

在配置无线路由器之前，先要将硬件连接好，图 9-24 所示的是一个较典型的无线路由器组成局域网的示意图。

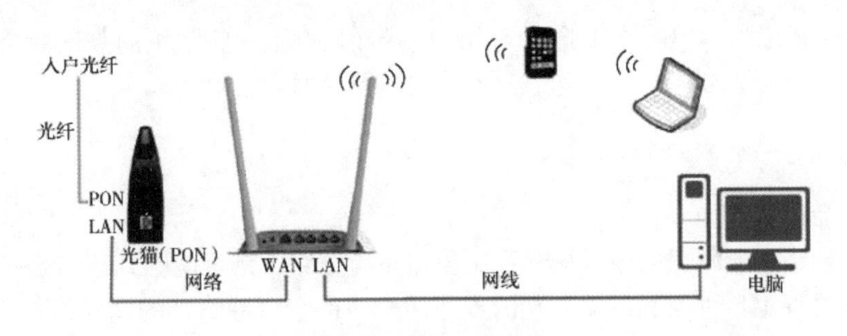

图 9-24　家庭无线局域网结构

（1）设置计算机的 IP 地址。将计算机的 IP 地址设置成与无线路由器的地址在同一个网段。路由器默认 IP 地址一般在说明书上都有说明，本例中的路由器默认网关 IP 地址（俗称管理地址）为 192. 168. 3. 1，则将计算机 IP 地址设置为 192. 168. 3. 2 即可。当然也可以将计算机的 IP 地址设置为自动获取，然后利用 ipconfig 命令，查看计算机的网关地址。局域网的 IP 地址的网段也可以通过浏览器登录无线路由器后根据自己的需求修改，不过通常不进行更改。

（2）登录路由器。在 Windows 系统中打开浏览器，在地址栏中输入“http：//192. 168. 3. 1”，这里要求输入无线路由器的默认管理账号，默认账户的用户名和密码通常可以在说明书上查阅。

（3）设置无线路由器外网端口信息。无线路由器外网端口，也就是无线路由器接入的、由 ISP 提供的接口 IP 地址，包括 IP 地址、网关地址、DNS 地址等信息，为方便用户认证可能还需要输入 ISP 提供的用户名和密码。如图 9-25 所示，ISP 提供的是动态 IP 地址接入服务，所以此处选择“自动获取 IP（DHCP）”方式。

（4）设置无线 AP 的相关参数。在浏览器设置中输入 Wi-Fi 名称（SSID 号），选择加密方式和密码，就可以完成对无线 AP 的设置，如图 9-26 所示。

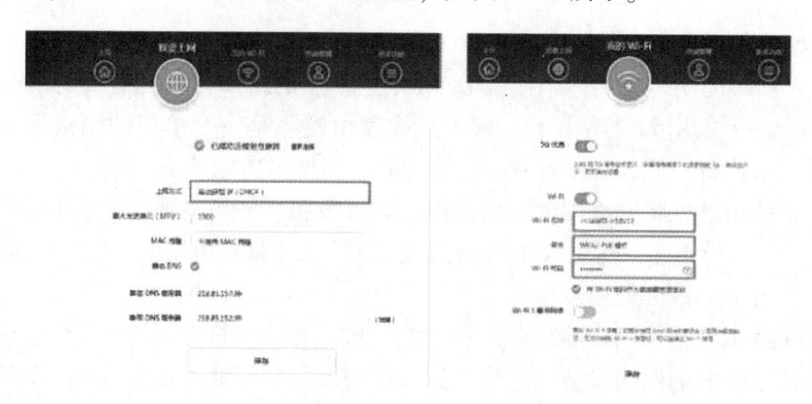

图 9-25　设置路由器上网方式　　图 9-26　Wi-Fi 设置

以上虽然是 Windows 操作系统环境中的无线路由器的设置过程，但是无线路由器的设置通常借助的是浏览器，不论哪一种操作系统，只要有浏览器，其设置方法大同小异。

十、Windows 中常用的网络测试命令

Windows 系统为各类网络实验和网络故障排除提供了一些常用的测试命令，通过这些测试命令，就可以判断网络的工作状态和常见的网络故障。

（一）ping 网络连通测试命令

1. ping 命令的功能

ping 是网络连通测试命令，该命令主要用来检查路由是否能够到达，是一种常见的网络工具。用这种工具可以测试端到端的连通性，即检查源端到目的端网络是否通畅。ping 的原理很简单，就是通过向计算机发送互联网控制报文协议（ICMP）从源端向目的端发出一定数量的网络包，然后从目的端返回这些包的响应，以校验与远程计算机或本地计算机的连接情况。对于每个发送网络包，ping 最多等待 1s，并显示发送和接收网络包的数量，比较每个接收网络包和发送网络包，以校验其有效性。默认情况下，发送 4 个回应网络包。由于该命令的包长非常小，所以在网上传递的速度非常快，可以快速检测要去的站点是否可达。如果在一定的时间内收到响应，则程序返回从包发出到收到的时间间隔，这样根据时间间隔就可以统计网络的延迟。如果网络包的响应在一定时间间隔内没有收到，则程序认为包丢失，返回请求超时的结果。这样如果让 ping 一次发一定数量的包，然后检查收到相应的包的数量，则可统计出端到端网络的丢包率，而丢包率是检验网络质量的重要参数。

在访问某一站点时可以先运行一下该命令，测试该站点是否可达。如果执行 ping 不成功，可能是网络硬件故障或 IP 地址设置有问题。

如果执行 ping 成功而网络仍无法使用，那么问题很可能出在网络系统的软件配置方面，因为 ping 成功只能保证当前主机与目的主机间存在一条连通的物理路径。

2. ping 命令的语法格式

ping 命令的语法格式：ping［-t］［-a］［-n count］［-l size］［-f］［-iT TL］［-vTOS］［-r count］［-s count］［-j host-list］［-k host-list］［-w timeout］destination-list。

主要参数的意义可以在命令行中输入“ping/?”查看。

3. ping 命令的应用技巧

用 ping 命令检查网络服务器和任意一台客户端上 TCP/IP 协议的工作情况时，只要在网络中其他任何一台计算机上 ping 该计算机的 IP 地址即可。例如，要检查网关 192. 168. 1. 1 上的 TCP/IP 协议工作是否正常，在命令行中键入“ping 192. 168. 1. 1”就可以了。如果文件服务器上的 TCP/IP 协议工作正常，显示如图 9-27 所示的信息。图中显示返回了 4 个测试数据包，其中“字节=32”表示测试中发送的数据包大小是 32 B，“时间<1ms”表示与对方主机往返一次所用的时间小于 1ms，“TTL=64”表示当前测试使用的 TTL（Time to Live）值为 64。测试表明连接非常正常，没有丢失数据包，响应很快。对于局域网的连接，数据包丢失越少和往返时间越小则越正常。如果数据包丢失率高、响应时间非常慢，或者各数据包不按次序到达，有可能是硬件的问题。

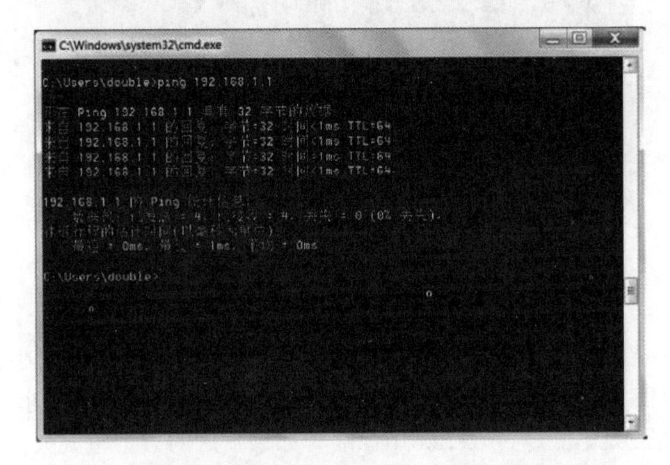

图 9-27　ping 192. 168. 1. 1 连接正常

如果网络有故障，则返回如图 9-28 所示的连接响应失败的信息。

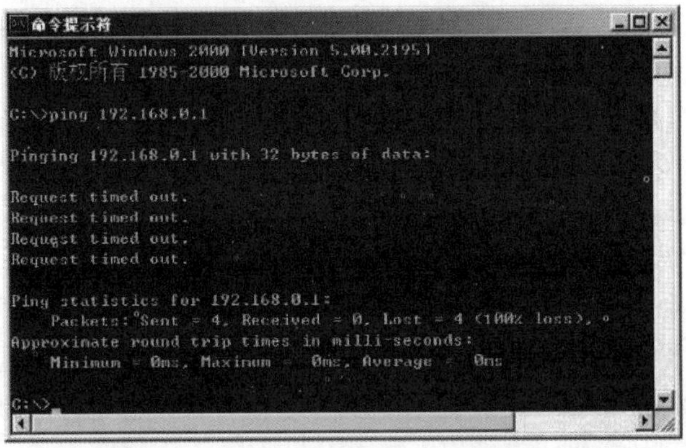

```
命令提示符
Microsoft Windows 2000 [Version 5.00.2195]
(C) 版权所有 1985-2000 Microsoft Corp.

C:\>ping 192.168.0.1

Pinging 192.168.0.1 with 32 bytes of data:

Request timed out.
Request timed out.
Request timed out.
Request timed out.

Ping statistics for 192.168.0.1:
    Packets: Sent = 4, Received = 0, Lost = 4 (100% loss),
Approximate round trip times in milli-seconds:
    Minimum = 0ms, Maximum =  0ms, Average =  0ms

C:\>
```

图 9-28　ping 192. 168. 1. 1 不能正常连接

总之，ping 成功只能保证当前主机与目的主机间存在一条连通的物理路径。如果执行 ping 成功而网络仍无法使用，那么问题很可能是网络应用软件问题。若执行 ping 不成功，则故障可能是网线不通、网络适配器配置不正确或 IP 地址不可用等。

4. ping 命令常用参数

（1）ping-t IP 地址。连续对指定 IP 地址执行 ping 命令，直到被用户以 Ctrl+C 中断。例如，ping-t 192. 168. 1. 1。

（2）ping-n count IP 地址。对指定 IP 执行多次 ping 命令，缺省为 4 次，其中 count 为连接次数。例如，ping-n 5192. 168. 124. 1 指对 192. 168. 124. 1 连接 5 次。

（3）ping-a IP 地址。同时测试指定 IP 地址的终端的主机名，如图 9-29 所示。图中方框标识的是对方终端的主机名，这个主机名是由 Net BIOS 协议定义的。由于 Net BIOS 协议是一项局域网协议，对于分属不同局域网的主机（即通过路由器连接的主机）之间无法测试对方的主机名。

图 9-29　ping-a 参数的使用

（4）ping-l size IP 地址。设置发送到指定 IP 地址主机的数据包大小，也就是定义发送缓冲区大小。在默认情况下，Windows 的 ping 命令发送的数据包大小为 32 B，可以自定义其大小，但是最大不能超过 65 500 B，因为如果发送的数据包太大，有可能造成对方主机宕机等网络安全问题。例如，ping-l 64192. 168. 1. 1，是将发送的数据包设置为 64 B。

（5）ping-f IP 地址。在数据包中发送“不要分段”标志，这个参数针对的是分属不同局域网主机之间的连接测试。通常情况下，测试数据包会通过路由分段再发送给对方，加上此参数以后，路由就不会再分段处理。例如，ping-f www. baidu. com，因为这是对网络中路由器的操作，所以命令显示的结果在添加参数前后并没有区别。

（6）ping-i TT LIP 地址。设置测试数据包在网络中的生存时间，取值范围为 1~255。默认情况下（没有加-i TTL 参数），用户可以通过命令结果中返回的 TTL 值大小判断对方的操作系统类型，Windows 系列的系统返回的 TTL 值通常为 100~130，UNIX/Linux 系列的系统返回的 TTL 值通常为 240~255。因为在对方的主机中 TTL 的值是可以修改的，所以上述的取值范围并不是固定不变的。例如，ping-i1www. baidu. com，将 TTL 设置为 1，这时会由于 TTL 值太小而无法连接目的主机。

（7）ping-v TO SIP 地址。设置服务类型，其中 TOS 为服务类型的值。该设置实际上对 IP 标头中的服务字段类型没有任何影响，因此没有实用价值。

（8）ping-r count IP 地址。设置经过的路由跃点数，取值范围为 1~9，如果没有设置这个参数则为不限跃点数。实际操作中如果设置该参数，可能会造成无法连接远程主机的情况，如图 9-30 所示。

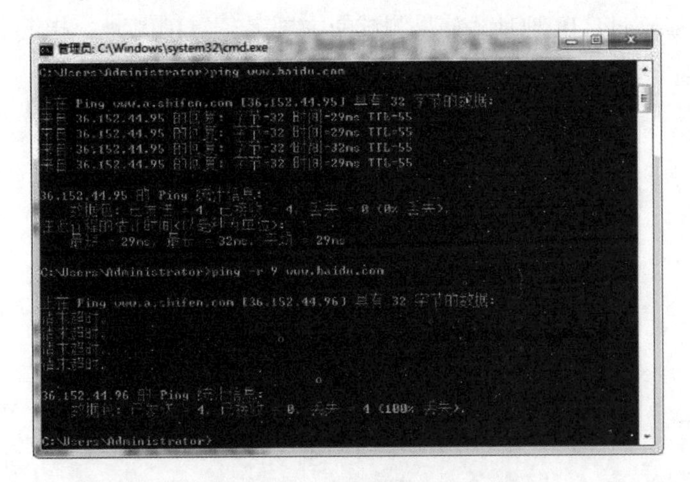

图 9-30　-r 参数的使用

（9）ping-s count IP 地址。指定 count 的跃点数的时间戳，取值范围为 1～4。该参数和-r 参数的作用差不多，唯一不同的是该参数设置的是单向路由，不记录数据包返回源主机所经过的路由，而-r 参数设置的是双向路由。

（10）ping-j host-list IP 地址。host-list 是指定主机的 IP 地址列表，也就是可以被中间网关分隔（路由稀疏源）的 IP 地址，允许的最大数量为 9。

（11）ping-k host-list IP 地址。host-list 是指定主机的 IP 地址列表，也就是可以被中间网关分隔（路由稀疏源）的 IP 地址，允许的最大数量为 9。

-j、-k 两个参数操作实例如图 9-31 所示。注意：由于安全原因，多数路由器会阻止 IP 数据包返回。在多数情况下，加上这两个参数后，由于指定路由器阻止了数据包返回，从而显示连接失败的错误提示。

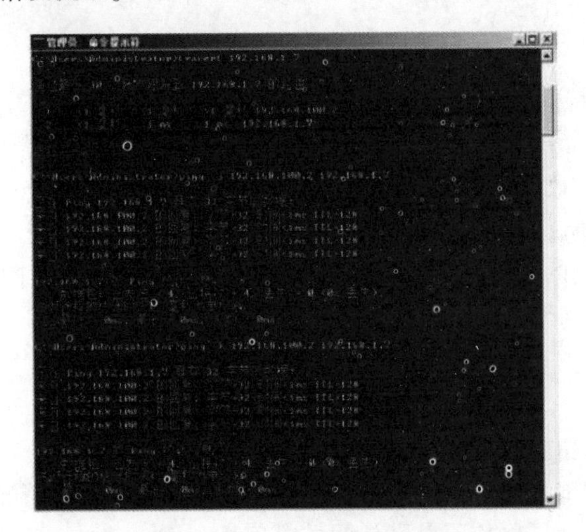

图 9-31　-j、-k 参数的使用

（12）ping - w timeout IP 地址。设置超时间隔，单位为 ms。例如，ping -w1000www. baidu. com，表示连接 www. baidu. com 并等待 1000ms（即 1s）以获取响应。

（13）ping-s srcaddr IP 地址。如果测试的主机有多个 IP 地址，指定要使用的 IP 地址连接远程的主机，操作方法如图 9-32 所示。

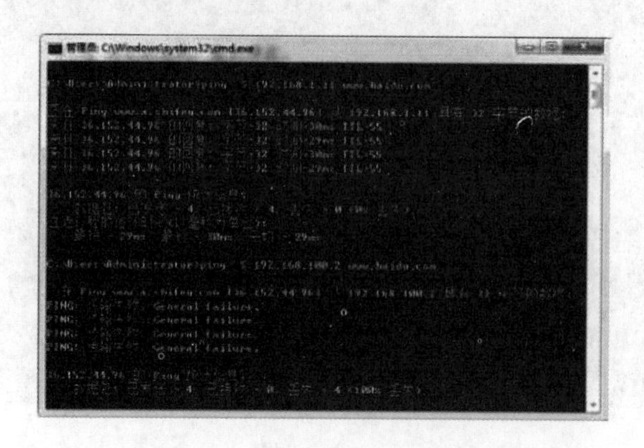

图 9-32　-s 参数的使用

最后还有两个参数：-4（强制使用 IPv4）和-6（强制使用 IPv6）。由于 ping 命令会自动识别不同 IP 地址格式，如图 9-33 所示，所以应用较少。特别要注意的是，ping 命令的所有参数字母都是区分大小写的。

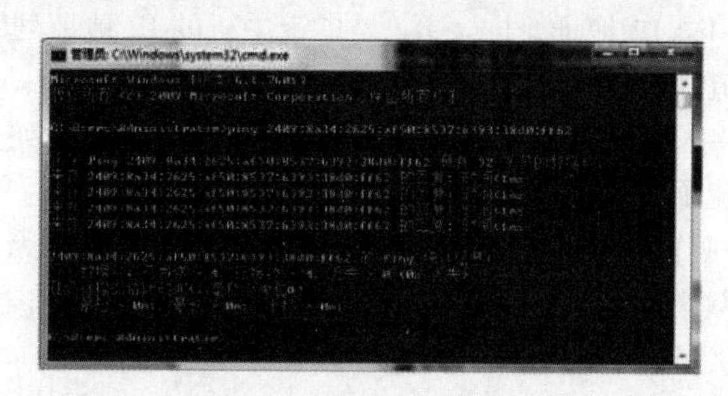

图 9-33　ping IPv6 的地址

5. ping 命令应用特例

（1）ping 127. 0. 0. 1。127. 0. 0. 1 表示本地回送地址，通过此命令主要是测试计算机上协议是否安装正确。如果无法 ping 通这个地址，即本机 TCP/IP 协议不能够正常工作，应重新配置 TCP/IP 协议。

（2）ping 本机的 IP 地址。如果 ping 通了本机 IP 地址，说明网络适配器工作正常；如果 ping 不通，说明网络适配器出现故障，需要重新安装。

（二）ipconfig 命令

1. ipconfig 命令的功能

ipconfig 命令是测试本地连接的网络口的基本配置信息，默认情况下 ipconfig 程序窗口会显示本机的 IP 地址、子网掩码及默认网关等信息。

2. ip cong 命令常用参数的应用

其中几个较为常用的参数为：

（1）all：显示与 TCP/IP 协议相关的所有细节，其中包括主机名、节点类型、是否启用 IP 路由、网卡的物理地址、默认网关等，图 9-34 所示的是 ipconfig/all 命令运行结果。

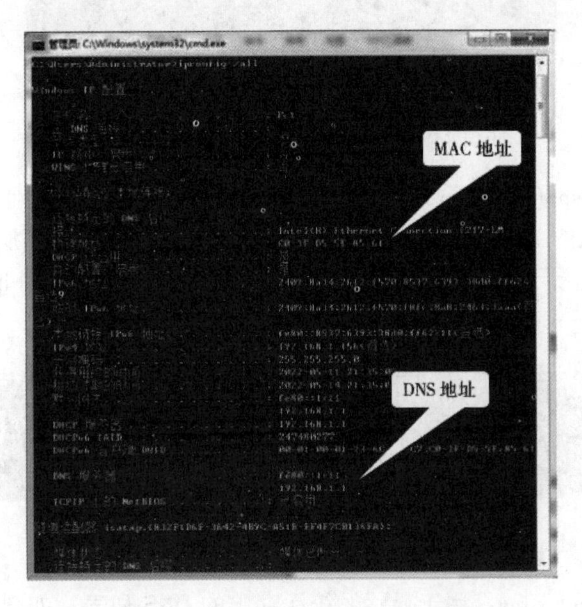

图 9-34　ipconfig/all 命令运行结果

（2）如果要查看其他参数，可用“ipconfig/?”命令来查看。

（3）ipconfig/release：释放并归还自动获取的 IP 地址，如图 9-35 所示。执行 ipconfig/release 之后，计算机就会释放自动获取的 IP 地址，默认是 IPv4 地址，可以看到执行前后的配置变化，执行完之后显示的配置信息没有了 IPv4 地址。要想重新获取分配的 IP 地址，可以使用 ipconfig/renew 重新租用地址。或者直接断开网络连接，然后再重新连接即可。

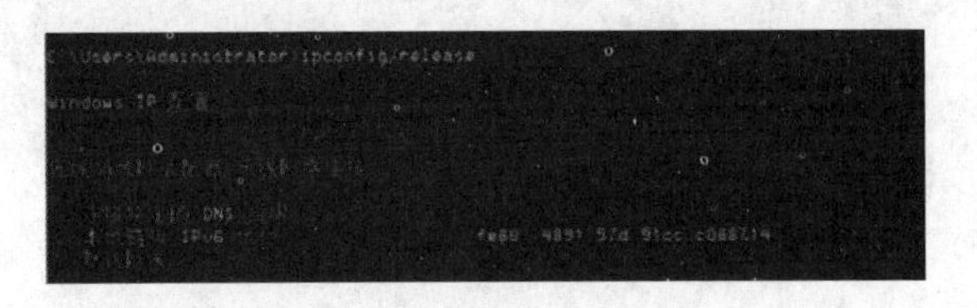

图 9-35　ipconfig/release 命令结果

（4）ipconfig/renew：重新租用地址，如图 9-36 所示。输入 ipconfig/renew，本地计算机便设法与 DHCP 服务器取得联系，并租用一个 IP 地址。多数情况下网卡将被重新赋予和以前所赋予的相同的 IP 地址。这时候再输入 ipconfig 查看 TCP/IP 设置，可以看到配置信息里重新有了 IPv4 地址。

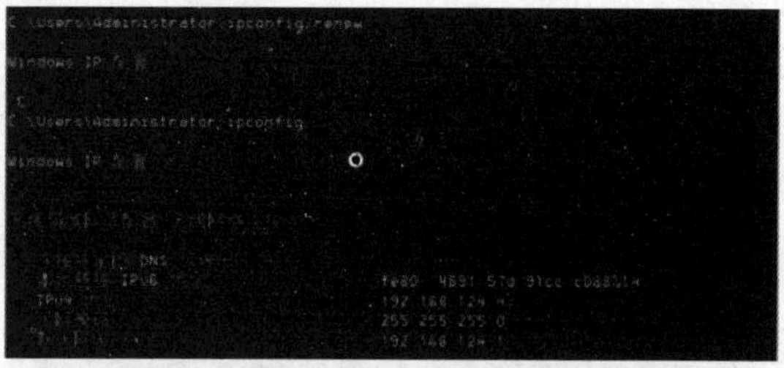

图 9-36　ipconfig/renew 命令结果

（5）ipconfig/flushdns：清除 DNS 缓存，如图 9-37 所示。当访问一个网站时，计算机不仅会连接系统默认的 DNS 服务器，还会到系统缓存中读取该域名所对应的 IP 地址，如果 DNS 缓存中的地址错误，会造成无法解析的问题，这时可以使用 ipconfig/flushdns 来清除所有的 DNS 缓存。

图 9-37　ipconfig/flushdns 命令结果

（6）ipconfig/displaydns：用于显示系统缓存中的 DNS 列表，如图 9-38 所示。由于一般情况下，计算机的 DNS 解析内容可能比较多，造成一个屏幕无法显示全部列表，因此往往会在命令行后加“I more”参数以便满一屏后便暂停显示，按任意键就可以继续显示剩下的内容。

图 9-38　ipconfig/displaydns 命令结果

（7）ipconfig/registerdns：是一个 Windows 系统命令，用于向 DNS 服务器注册本地计算机的网络信息，以便其他计算机能够通过域名访问该计算机。该命令主要作用是当计算机的 IP 地址或主机名更改时，可以使用该命令强制计算机向 DNS 服务器注册新的网络信息；当计算机无法通过域名解析器解析其他计算机的名称时，可以使用该命令尝试修复 DNS 问题。实际操作如图 9-39 所示。注意：ipconfig 命令参数中如果含有数字 6，表示针对 IPv6 地址的操作。

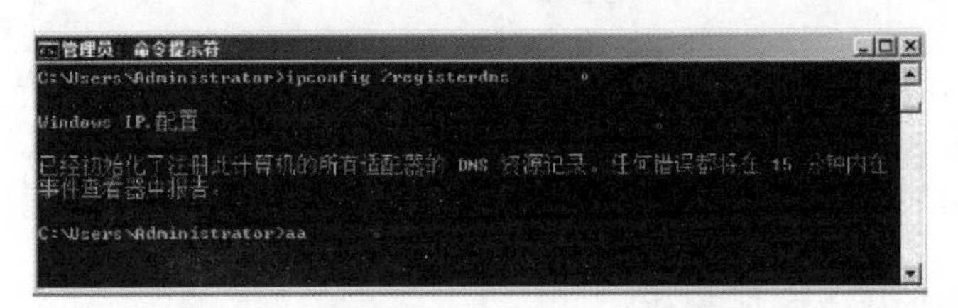

图 9-39　ipconfig/registerdns 命令结果

（三）tracert 命令

命令格式：tracert [-d] [-h maximum_ hops] [-j host-list] [-w timeout] target_ name。

tracert 是 TCP/IP 网络中的一个路由跟踪实用程序，用于确定 IP 数据包访问目标主机所经过的路径。通过 tracert 命令所显示的信息，既可以掌握一个数据包信息从本地主机到达目标主机所经过的路由，还可以了解网络阻塞发生在哪个环节，为网络管理和系统性能分析及优化提供依据。

图 9-40 所示的是测试连接 www. sina. com 的服务器经过的路由器地址。信息中显示出所经每一站路由器的反应时间、站点名称、IP 地址等重要信息，从中可判断哪个路由器最影响我们的网络访问速度。tracert 最多可以展示 30 个“跳步（hops）”，可以用-h 的参数对该值进行修改（实际操作中个别路由节点可能会测试失败）。

```
C:\WINNT\System32\cmd.exe
Microsoft Windows 2000 [Version 5.00.2195]
(C) 版权所有 1985-2000 Microsoft Corp.

C:\>tracert www.sina.com

Tracing route to libra.sina.com.cn [202.106.185.249]
over a maximum of 30 hops:

  1   <10 ms   <10 ms   <10 ms  TSEA [192.168.0.1]
  2    20 ms    10 ms    10 ms  218.24.64.8
  3    10 ms    10 ms    20 ms  218.24.64.34
  4    10 ms    10 ms    10 ms  202.107.109.157
  5    10 ms    10 ms    10 ms  202.107.109.141
  6    10 ms    10 ms    10 ms  218.61.254.177
  7    10 ms    10 ms    20 ms  219.158.8.33
  8    20 ms    30 ms    20 ms  219.158.8.2
  9    40 ms    80 ms    51 ms  202.96.12.50
 10   120 ms   120 ms   120 ms  202.106.193.169
 11   100 ms    40 ms    50 ms  BJB-AHL-A-S2-0.bta.net.cn [202.106.192.170]
 12    50 ms    70 ms    50 ms  210.74.176.154
 13   110 ms   111 ms   120 ms  202.106.185.249

Trace complete.

C:\>
```

图 9-40　用 tracert 命令测试经过的跳步数

第三节　其他常用的网络操作系统

Windows 系列的网络操作一般适用于小型、微型计算机网络，除了 Windows 外还有许多不同的网络操作系统，各自有自己的技术优势，为用户构建计算机网络服务器提供多种选择，下面介绍几种常见的网络操作系统。

一、Netware 网络操作系统

Netware 是美国 Novell 公司开发的一款网络操作系统，是较早使用文件服务器的网络操作系统。

Netware 是以文件服务器为中心的，它主要由 3 个部分组成：文件服务器内核、工作站外壳和低层通信协议。文件服务器内核实现了 Netware 的核心协议，其作用是在客户机与服务器之间传送数据，并提供了 Netware 的所有核心服务。Netware 内核可以完成以下几种网络服务的管理任务：文件系统管理、安全保密管理、硬盘管理、系统容错管理、服务器与工作站的连接管理和网络监控。

Netware 主要特点有：

(1) 具有多任务、多用户功能：Netware 能对多个网络服务器请求进行并发控制，是一种全新的、高速的、多任务的网络操作系统。

(2) 高度的灵活性：Netware 支持多种网卡、各种网络拓扑结构，允许不同的传输速率和不同的传输介质，可实现与多种类型局域网的互联。

(3) 超级容量：最大的硬盘空间可达 32 TB，卷可跨越 32 块硬盘，每个服务器最多 64 个卷，最大的文件为 4 GB，同时入网的用户可达到 250 个，可同时打开 10 万个文件。

(4) 开放式的开发环境：允许在服务器运行状态下，动态地安装与卸载服务器驱动程序及应用程序。

(5) 完善的安全保密措施：Netware 能提供多种安全保密系统，即入网安全性、权限安全性文件和目录属性安全性及文件服务器安全性等。

Netware 操作系统曾经在国内的局域网组网时大量应用，但是由于它的服务器端采用主要字符界面操作，安装及管理维护比较复杂，客户端操作也不方便等，现在国内几乎不用这个网络操作系统了。

二、UNIX 操作系统

美国 AT&T 公司和贝尔实验室 1969 年发布了原始版本 UNIX 网络操作系统，这也是世界第一个网络操作系统。贝尔实验室还公开 UNIX 系统的源代码，允许其他厂商和研究人员在此基础上进行开发，这对 UNIX 的研究、推广和普及有积极作用。但是，这也造成了 UNIX 的版本过多、彼此不兼容等缺点。

UNIX 诞生早，应用范围广，它的服务规范几乎都作为网络操作系统的标准。UNIX

已经被广泛应用于各种级别的网络服务器上，特别是它的核心协议 TCP/IP 得到了各种类型的网络支持。

UNIX 是一个通用的多任务、多用户的操作系统，运行 UNIX 的计算机在同一时间能够支持多个程序，其中典型的是可支持多个登录的网络用户。它支持对用户的分组，系统管理员可以将多个用户分配在同一个工作组中。

UNIX 的核心是一个分时操作系统的内核（Kernel）。操作系统控制着一台计算机的资源，并且将这些资源分配给正在计算机上运行的应用程序。外壳（Shell）程序为用户提供一个便捷的操作界面，使用户能够运行程序、复制文件、登录和退出系统，以及完成一些其他的任务。外壳程序可以显示简单的命令行提示光标，或者一个有图标与窗口的图形用户界面。外壳程序与在 UNIX 上运行的应用程序一起利用内核提供的服务，对文件与外围设备进行管理。

UNIX 操作系统具有很好的网络通信功能，用户可以在自己的终端使用各种网络通信方式连接服务器，也可以通过实际的连接来使用 UNIX 主机系统。如果想将一台 UNIX 计算机变成一台文件服务器，用户可以在 UNIX 主机上运行文件服务器软件。文件服务器软件可以从工作站间接收服务请求、处理请求，并对工作站做出适当的响应。用户还可以在运行文件服务器软件的同时运行 UNIX 应用程序，工作站可以用其他操作系统登录到 UNIX 服务器，使用 UNIX 系统提供服务或远程登录到 UNIX 系统中。

由于 UNIX 具有强大的网络服务功能及高可靠性与安全性，现在许多大型网络的网络服务器都是使用 UNIX 作为网络操作系统。

三、Linux 操作系统

Linux 是目前另一种较为流行的网络操作系统，是一款既可以供给个人计算机使用，又可以安装在服务器上作为网络操作系统的多用途操作系统。更重要的是，手机上使用的 Android 系统就是在 Linux 操作系统的基础上改进和发展而来的，因此 Android 系统与 Linux 系统有许多相似之处。

（一）Linux 操作系统的发展

Linux 是芬兰赫尔辛基大学学生 Linus Torvalds 在吸收了 MINIX 操作系统精华的基础上，编写的一个基于 Intel 硬件、在微型机上运行、类似 UNIX 的新型操作系统。Linux 操作系统与 UNIX 系统相似，与 UNIX 系统的操作基本一样，源代码全部是单独编写的，并且多数 UNIX 工具和应用程序可运行在 Linux 上。因此，熟悉 UNIX 的用户可以容易地掌握 Linux。Linux 是完全开源的，也就是说在遵守自由软件联盟协议下，用户可以自由地获取程序及其源代码，并能自由地使用它们，包括修改和复制等。因此，在以后的时间里，世界各地的 Linux 爱好者先后加入 Linux 开发的行列，促进了 Linux 操作系统的不断完善和自我发展。随着 Internet 的快速发展和广泛应用，Linux 研究成果很快散布到世界各地，并成为一种应用较广的网络操作系统。

（二）Linux 的主要特点

（1）开源免费，可以自由复制。

（2）真正的多任务、多用户系统，内置网络支持，能与 Netware、Windows Server、UNIX 等系统无缝连接。

（3）可运行于多种硬件平台，对各种新的外围硬件，可以从分布于全球的众多程序员那里迅速得到支持。

（4）对硬件要求较低，可在较低档的机器上获得很好的性能。

（5）有广泛的应用程序支持。越来越多的应用程序移植到 Linux 上，包括一些大型厂商的应用软件。

（6）设备独立性。操作系统把所有外设设备统一当作文件来看待，只要安装它们的驱动程序，任何用户都可以像使用文件一样操作和使用这些设备，而不必知道它们的具体存在形式。

（7）良好的可移植性。能够在从微型计算机到大型计算机的任何环境和任何平台上运行。

（8）安全性。采取许多安全措施，包括对读、写进行权限控制，带保护的子系统，审计跟踪、核心授权等，这为网络多用户的环境提供必要的安全保障。

（三）常见的 Linux 版本

从操作系统原理的角度看，Linux 系统与所有网络操作系统一样，也分内核、外壳和用户程序 3 层。由 Linus 本人领导下的开发小组统一开发出来的 Linux 程序实际上只是一个操作系统内核，由于 Linux 是完全开源的，所以很多公司和 Linux 爱好者可以在这个内核的基础上开发不同的外壳程序从而形成自己的系统。而 Windows 系统的内核与外壳的代码都是微软公司编写的，只向应用程序提供接口函数或模块，源码是封闭的。

内核是计算机软件与硬件之间的通信平台，Linux 系统中的子模块具有相同的特点，都分为硬件相关和硬件无关的两部分。其中，硬件相关部分被嵌入系统内核中，硬件无关部分则建立在系统内核的基础上，同时还为用户与其他模块提供调用接口。这种设计思想具有很多优点，也是 Linux 高效、可靠、兼容性好的原因。

从 Linux 系统结构的角度看，Linux 系统的版本号分为内核版本号和发行版本号两种。Linux 内核版本号较新的是 2019 发布的 Linux Kernel 5. 2. 1. Linux，发行版本由各个发行公司或者组织自己制定，如 Redhat Linux 的 7. 0、7. 2、9. 0 等。

目前市面上较知名的 Linux 发行版本有 Ubuntu、RedHat、CentOS、Debian、Fedora、SuSE、OpenSUSE 等。其中较为流行的是 RedHat Linux（红帽子 Linux）。RedHat Linux 有两个版本：主要用于企业用户的企业版（RedHat Enterprise Linux，RHEL）和主要用于家庭用户的桌面版（Fedora）。我国一些软件公司和软件爱好者也在开发 Linux 的发行版，RedHat Linux 就有完全汉化的版本，还有如 Red Flag Linux（红旗）、深度 Linux（Deep in）、统信 UOS 等完全由中国公司开发的版本。

其中红旗 Linux 有两个发行版本，桌面版最新为 v11，服务器版最新为 v8。图 9-41 所示的是红旗 Asianux Server 4 的用户界面，与 Windows 的操作方式非常相似，可以在

VMware 中安装运行（v8 不能在 VM 10 中运行）。与 Windows 一样，Linux 也提供了命令行的操作方式，不过 Linux 命令行的功能更强大，而且命令是区分大小写的。

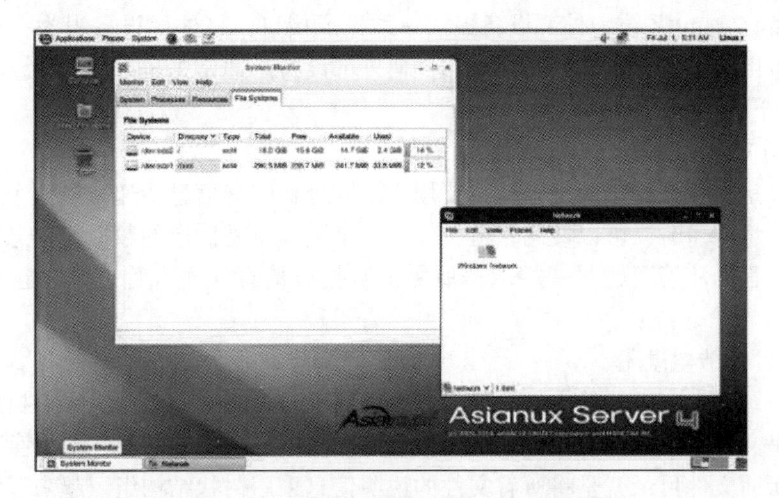

图 9-41　红旗 Asianux Server 4 的用户界面

（四）文件管理

1. Linux 常用文件类别

在 Linux 系统上，任何软件、文档和 I/O 设备都被视为文件。Linux 中的文件名最大支持 256 个字符，分别可以用 A~Z、a~z、0~9 等字符来命名。和 Windows 不同，Linux 中文件名是区分大小写的，所有的 UNIX 系列操作系统都遵循这个规则，Linux 开发初期就是在模仿 UNIX，因此也遵循这个原则。同时，与 Windows 不同的是，Linux 与 UNIX 一样没有盘符的概念。Linux 只有目录，不同的硬盘分区是被挂载在不同目录下的。Linux 的文件没有扩展名，所以 Linux 下的文件名称和它的种类没有任何关系。Linux 下的文件可以分为 5 种不同的类型：普通文件、目录文件、链接文件、设备文件和管道文件。

（1）普通文件。

普通文件是最常使用的一类文件，其特点是不包含有文件系统的结构信息。通常用户所接触到的文件，如图形文件、数据文件、文档文件、声音文件等都属于这种文件。这种类型的文件按其内部结构又可细分为文本文件和二进制文件。

（2）目录文件。

目录文件是用于存放文件名及其相关信息的文件。它是内核组织文件系统的基本节点。目录文件可以包含下一级目录文件或普通文件。在 Linux 中，目录文件是一种文件。但 Linux 的目录文件和其他操作系统中的“目录”的概念不同，它是 Linux 文件中的一种。

（3）链接文件。

链接文件是一种特殊的文件，实际上是指向一个真实存在的文件链接，类似于 Windows 下的快捷方式。根据链接文件的不同，它又可以细分为硬链接（Hard Link）文件和符号链接（Symbolic Link，又称为软链接）文件。

(4) 设备文件。

设备文件是 Linux 中最特殊的文件。正是它的存在，使得 Linux 系统可以十分方便地访问外部设备。Linux 系统为外部设备提供一种标准接口，将外部设备视为一种特殊的文件，使用户可以像访问普通文件一样访问任何外部设备。通常 Linux 系统将设备文件放在“/dev”目录下。

(5) 管道文件。

管道文件是一种很特殊的文件，主要用于不同进程间的信息传递。当两个进程间需要进行数据或信息传递时，可以使用管道文件。一个进程将需传递的数据或信息写入管道的一端，另一进程则从管道的另一端取得所需的数据或信息。通常管道是建立在调整缓存中的。

2. Linux 目录结构概述

计算机系统中存有大量的文件，如何有效地组织与管理它们，并为用户提供一个使用方便的接口是文件系统的主要任务。Linux 系统以文件目录的方式来组织和管理系统中的所有文件。所谓文件目录就是将所有文件的说明信息采用树状结构组织起来。整个文件系统有一个“根”(root)，然后在根上分“杈”(directory)，任何一个分杈上都可以再分杈，杈上也可以长出“叶子”。“根”和“杈”在 Linux 中被称为“目录”或“文件夹”，而“叶子”则是文件。

实际上，各个目录节点之下都会有一些文件和子目录。同时，系统在建立每一个目录时，都会自动为它设定两个目录文件，一个是“.”，代表该目录自己；另一个则是“..”，代表该目录的父目录。

3. Linux 目录常见概念

(1) 路径。

这个概念与 Windows 系统基本一样，只是中间用“/”符号隔开。

(2) 根目录。

Linux 的根目录“/”是 Linux 系统中最特殊的目录。根目录是所有目录的起点，操作系统本身的驻留程序存放在以根目录开始的专用目录中。

(3) 用户主目录。

用户主目录是系统管理员增加用户时建立起来的(以后也可以根据实际情况改变)。每个用户都有自己的主目录，不同用户的主目录一般互不相同。用户刚登录到系统中时，其工作目录便是该用户的主目录，通常与用户的登录名相同。用户可以通过一个“~”符来引用自己的主目录。例如，对于主目录位于“/home/user l”的用户 user 1 而言，“~tool/software”和“/home/user l/tool/software”是完全一样的。通常用户的主目录位于“/home”下。但是 root 用户比较特殊，其主目录为“/root”。

(4) 工作目录。

从逻辑上讲，用户登录 Linux 系统之后，每时每刻都处在某个目录之中，此目录被称作工作目录或当前目录(Working Directory)。工作目录是可以随时改变的。用户初始登录到系统中时，其主目录(Home Directory)就成为其工作目录。工作目录用“.”表示，其父目录用“..”表示。

4. Linux 系统

目录及说明 Linux 系统在安装后通常会默认创建一些系统目录，以存放和整个操作系统相关的文件，Linux 系统文件管理器展开的目录结构如图 9-42 所示。

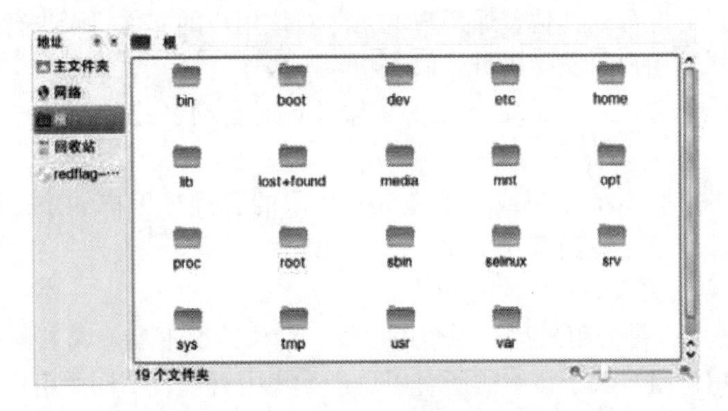

图 9-42　目录结构

（1）根目录。

在 Windows 中每个分区（盘符）都会有一个相应的根目录。但是 Linux 系统则把所有的文件都放在一个目录树里面，“/”就是唯一的根目录。一般来讲，根目录下面很少保存什么文件，或者只有一个内核映像在这里。对于根目录“/”来说，“.”和“..”都是其自身。

（2）其他常用目录。

bin：存放最经常使用的命令。

boot：超级用户目录，存放启动 Linux 时使用的一些核心文件。Linux 系统中，系统管理员的用户名为 root。

dev：用于存放设备文件。

etc：存放系统配置文件。

home：用户的主目录，在 Linux 中，每个用户都有自己的工作目录。

lib：存放根文件系统中的程序运行所需要的共享库及内核模块。

mnt：系统管理员安装临时文件系统的安装点。

opt：额外安装的可选应用程序包所放置的位置。

proc：虚拟文件系统，存放当前内存的映射。

sbin：存放二进制可执行文件，只有 root 才能访问。

tmp：用于存放各种临时文件。

usr：用于存放系统应用程序，比较重要的目录“/usr/local”是本地管理员软件安装目录。

var：用于存放运行时需要改变数据的文件。

如果打开安卓手机的目录结构，会发现与上述目录结构很相似。

（五）用户与用户组管理

1. 用户和用户组

用户和用户组是 Linux 系统管理的基础，Linux 系统下的用户分为超级用户、系统用户和普通用户三大类。

（1）超级用户：在 Linux 操作系统中，超级用户 root 的权限是最高的。普通用户无法执行的操作，root 用户都能完成。在 Linux 系统中，每个文件、目录和进程都属于某一个用户，没有该用户的许可，其他普通用户就无法对该用户的文件目录进行操作，但 root 用户可以对任何用户和用户组文件进行读取、删除等操作。

（2）系统用户：系统用户通常是在安装软件包时自动创建的，是与系统服务相关的用户。

（3）普通用户：由 root 用户或其他有 root 权限的管理员用户创建，拥有的权限受到一定限制，只能操作自己所拥有的文件、目录和进程。

2. 用户和用户组关系

在 Linux 系统中，每个用户都有一个用户组，默认情况下属于与其同名的用户组，系统可以通过一个用户组对属于该组的所有用户进行集中管理。不同的用户组其权限是不同的，对用户组的管理实际是对文件“/etc/group”的更新。

Linux 强制实施密码策略，用户必须设置密码才能登录使用。

Linux 会自动给每一个用户和用户组分配一个用户号（UID）。超级用户的 UID 为 0，系统用户的 UID 为 1~499，普通用户的 UID 为 500~999。

3. 用户和用户组配置文件

（1）/etc/passwd：保存用户名、密码、UID 等信息，相互间用“:”分隔。

（2）/etc/shadow：早期的 Linux 密码放在“/etc/passwd”文件中，由于该文件允许所有用户读取，易导致用户密码泄露，所以用户密码会被单独放到此文件中。

（3）/etc/group：该文件保存了用户组的信息。

（六）Linux 文件系统

Linux 文件系统（File System）是 Linux 系统的核心模块。通过使用文件系统，用户可以很好地管理各项文件及目录资源。Linux 几种常见的文件系统，主要有 ext2、ext3、reiserFS、VFAT 几种，其中只有 VFAT 具有 Windows 系列文件系统兼容的特性。因此，VFAT 可以作为 Windows 和 Linux 交换文件的分区。红旗 Linux 就是采用 ext 系列的分区格式，默认选择 ext3，还要建立一个交换分区 swap，用于虚拟内存建立与管理，可以解决物理内存不足的问题。

（七）磁盘分区命名方式

在 Linux 中，每一个硬件设备都映射到一个系统的文件。Linux 把各种 IDE 设备分配了一个由 hd 前缀组成的文件。而各种 SCSI 设备，则被分配了一个由 sd 前缀组成的文件，编号按字母表顺序。例如，第一个 IDE 设备（如 IDE 硬盘或 IDE 光驱），Linux 定义为 hda；第二个 IDE 设备定义为 hdb；下面依次类推。SCSI 设备就是 sda、sdb、sde 等（USB 磁盘通常被识别为 SCSI 设备，因此其设备名可能是 sda）。

在 Linux 中规定，每一个磁盘设备最多能有 4 个主分区（其中包括扩展分区）。任何一个扩展分区都要占用一个主分区号码。在一个硬盘中，主分区和扩展分区一共最多是 4 个。编号顺序为阿拉伯数字顺序。Linux 主分区按 1、2、3、4 编号，扩展分区中的逻辑分区，编号直接从5开始，无论是否有2号或3号主分区。对于第一个IDE硬盘的第一主分区，编号为hdal，而第二个IDE硬盘的第一个逻辑分区编号应为hdb 5。

（八）Linux服务器配置

Linux作为一种流行的开源服务器平台，也是能够在Internet中提供各种服务的网络操作系统。

（1）WWW服务器：Linux使用Apache搭建Web服务器，Linux是目前Internet中较常用于搭建Web服务器的网络操作系统。不过Linux中的Apache软件一般需要单独下载安装。

（2）FTP服务器：Linux系统中的FTP服务器通常需要第三方软件支持。例如，RedHat Linux中默认使用vsftpd搭建FTP服务器，可在其官方网站下载源码进行编译、安装。

（3）Mail服务器：Linux系统通常会自带邮件服务器，Linux系统中有几个版本的sendmail，这些版本的差别不是很大。相关程序可以在Linux安装光盘中找到，所以对小型的应用来说，使用sendmail是很好的选择。sendmail非常灵活，可以获得很好的性能。

（4）DNS服务器：Linux系统通常会自带DNS服务器，只要配置好DNS服务就可以使用了。例如，在RedHat Linux中就可直接配置DNS服务器。它的配置方法有两种，一种是对相关文件进行设置，另一种是用系统提供的图形化工具进行配置。

（5）DHCP服务器：Linux系统通常也包含DHCP服务功能，配置时要注意该服务器本身的IP地址应是静态的。例如，RedHat Linux提供一套完整的DHCP软件包，与Windows系统一样默认没有安装DHCP主程序包，可以单独加载安装。

（九）Linux的发展与未来

现在，越来越多的公司在使用Linux操作系统，Linux操作系统从桌面到服务器，从操作系统到嵌入式系统，从零散的应用到整个产业都初见规模。Linux服务器操作系统在整个服务器操作系统市场格局中占据了越来越多的市场份额，并且形成了大规模的应用局面。云计算绝大多数基于Linux系统，Android系统也是基于Linux系统。实际上最初Android是Linux上的一个分支，最后发现Android改动的东西太多，没办法合并到Linux主线上，所以Android就从Linux中分离出去单独发展了。

由于Linux是完全开源的，符合我国的国家网络安全战略。由于Linux系统具有开源特点，可以不用担心使用这个网络操作系统的安全问题，因此Linux在我国会有良好的发展前景。

2022年，我国发布了拥有自主知识产权的银河麒麟桌面操作系统。它采用独立、开源内核结构，用LSB（Linux Standard Base）接口保证Linux应用程序在银河麒麟上能够直接执行。

第十章　网络管理与网络安全

随着网络应用的迅速发展，网络安全的地位更加突出，特别是当前我国处于复杂的国际环境，网络安全和网络管理尤为重要，因此2016年国家互联网信息办公室发布了《国家网络空间安全战略》。

第一节　网络安全概述

网络安全技术是伴随着网络的诞生而出现的，但直到20世纪80年代末才引起关注，20世纪90年代末得到了飞速发展。近几年频繁出现的安全事故引起了各国计算机安全界的高度重视，计算机网络安全技术也因此出现了日新月异的变化。安全核心系统、VPN安全隧道、身份认证、网络底层数据加密和网络入侵主动监测等越来越高深复杂的安全技术，从不同层面极大地加强了计算机网络的整体安全性。

计算机网络为人类提供了资源共享的载体，然而资源共享和信息安全存在着矛盾。一方面，计算机网络分布范围广，普遍采用开放式体系结构，提供了资源的共享性，提高了系统的可靠性，人们可以利用网络协同工作，大大地提高了工作效率；另一方面，也正是这些特点增加了网络安全的脆弱性和复杂性。

一、网络安全概念

计算机网络安全可理解为通过采用各种技术和管理措施，使网络系统的硬件、软件及其传输的数据资源受到保护，不因偶然或恶意的原因遭到破坏、更改和泄露，保证网络系统可靠、正常地运行。

从广义上说，网络安全包括网络硬件资源和信息资源的安全性。硬件资源包括通信线路、通信设备、主机等。信息资源包括维持网络服务运行的系统软件和应用软件，以及在网络中传输的数据等。要实现数据快速、安全的交换，一个可靠的物理网络是必不可少的。

从网络传输信息角度分析，网络安全具有5个方面的特性：

（1）保密性：信息不泄露给非授权用户、实体或过程，或被非法利用的特性。

（2）完整性：数据未经授权不能进行改变的特性，即信息在存储或传输过程中保持不被修改、不被破坏和不被丢失的特性。

(3) 可用性：可被授权实体访问并按需求使用的特性，即当需要时能否存取所需的信息。例如，网络环境下拒绝服务、破坏网络和有关系统的正常运行等都属于对可用性的攻击。

(4) 可控性：对信息的传播及内容具有控制能力。

(5) 不可否认性：不能否认自己发送或接收信息的行为或信息的内容。

二、网络安全层次

从网络组成元素的角度分析，计算机网络安全分为以下 3 个层次：

(1) 实体的安全性：保证系统硬件和软件本身的安全。

(2) 运行环境的安全性：保证计算机能在良好的环境里连续正常工作。

(3) 信息的安全性：保障信息不会被非法窃取、泄露、删改和破坏。防止计算机网络资源被未授权者使用。

根据网络安全的应用现状和网络的结构，可以将网络安全划分为以下 5 个层次：

①物理层安全：该层次的安全包括通信线路的安全、物理设备的安全、机房的安全等，涉及通信线路的可靠性、硬件设备安全性、设备的备份、防灾害能力、防干扰能力、设备的运行环境、不间断电源保障（UPS）等。

②系统层安全：该层次的安全主要为网络内使用的操作系统的安全，包括身份认证、访问控制、系统漏洞，操作系统的安全配置，病毒对操作系统的攻击等。

③网络层安全：该层的安全主要体现在网络方面的安全性，包括网络层身份认证、网络资源的访问控制、数据传输的保密与完整性、远程接入的安全、域名的安全、路由的安全、入侵检测的手段、网络防病毒等。

④应用层安全：该层次的安全问题主要是指提供服务所采用的应用软件和数据是否安全，包括 Web 服务、电子邮件系统、DNS 服务、即时通信服务等产生的安全问题。

⑤管理层安全：该层次安全包括安全技术和设备的管理、严格的安全管理制度、部门与人员的组织、安全职责划分、人员角色配置等。

网络安全还受到诸如外部环境安全、网络连接安全、操作系统安全、应用系统安全、管理制度安全、人为因素影响等方面的影响。

三、网络安全威胁

网络安全威胁是指造成网络传输资源被非授权的访问、拦截、中断传输或破坏的某个实体（人、事件或程序）。威胁计算机网络安全的因素很多，有自然的和物理的（如火灾、地震），无意的和故意的。网络安全威胁主要表现在以下几方面：

(1) 自然或人为不可抗力造成的安全威胁：由于自然灾害（如火灾、水灾等）、各种事故（如交通事故、盗窃、人的意外伤亡等）造成信息丢失。

(2) 人为的无意失误造成的安全问题：如操作员安全配置不当造成的安全漏洞，用户安全意识不强，用户口令保护意识不强，用户将合法账号随意转借他人或与别人共享等，都会对网络安全带来威胁。

(3) 人为主动的恶意攻击：这是计算机网络所面临的最大威胁，计算机网络犯罪就属于这一类。

（4）病毒：主要是针对网络终端的网络安全威胁。

第二节 计算机病毒

计算机病毒（Computer Virus）主要表现为破坏计算机程序、数据或硬件，使计算机系统的性能下降，一般不干扰计算机网络中的数据传输，但是如果计算机网络中大量客户机或服务器感染了计算机病毒，随着网络终端的性能下降，自然影响到网络的数据传输，从而导致网络的整体性能下降。因此，计算机病毒也就是网络安全的主要威胁。

一、计算机病毒的定义

关于计算机病毒的定义有许多，《中华人民共和国计算机信息系统安全保护条例》中定义为：病毒指编制者在计算机程序中插入的破坏计算机功能或者破坏数据，影响计算机使用并且能够自我复制的一组计算机指令或者程序代码。

二、计算机病毒的特征

（1）人为编制的程序：计算机病毒与医学上的病毒不同，计算机病毒不是自然界产生的，一定是某个程序员编制的而且是特别精致的程序。

（2）破坏性：计算机一旦感染病毒，有的使正常的程序运行速度变慢或无法运行，有的会删除或不同程度地损坏指定的文件，有的甚至会破坏硬盘的引导扇区或BIOS，从而使硬件损坏，有的会进行大量无用的文件的复制和传递，致使本机的文件交换或网络传输速度变慢。总之，计算机病毒会让计算机无法正常使用，甚至瘫痪。

（3）传染性：即计算机病毒自我复制的特性。因为计算机病毒对计算机具有一定的破坏性，任何一个用户自然不会主动将病毒复制到自己的计算机系统中。计算机病毒为了进入某一台计算机系统就要靠自我复制的能力，这个特征就与生物病毒传染的原理极为相似，这也是将这个程序称为病毒的主要原因。不同的是，生物病毒是在不同的人与人之间或同一人的不同细胞之间传播，而计算机病毒是在不同的计算机之间或同一计算机的不同文件和磁盘间传播。

（4）寄生性：由于计算机病毒具有破坏性，不会有人主动将其复制到自己的计算机中，或者发现独立存在的病毒程序一定会直接将其删除。病毒为避免被删除一般不独立存在，而是将病毒程序的代码插入计算机中正常使用的程序代码中，随着用户需要运行的程序代码一起执行，这就是病毒程序的寄生性，也是病毒隐蔽自己的一种方式。计算机病毒的寄生性与生物病毒也极为相似。寄生性决定了计算机病毒需要在宿主中寄生才能生存，更有利于其破坏宿主的正常机能。通常情况下，计算机病毒都是在其他正常程序或数据中寄生，伴随正常程序的运行和复制实现传播。

（5）隐蔽性：计算机病毒不易被发现，这是由于计算机病毒具有较强的隐蔽性，寄生性就是其隐蔽性的一种表现，当然也有一些通过伪装达到隐蔽的目的。比如，病毒程序将自己伪装成一个正常的程序，然后将正常的程序改为其他程序名，同样难以发现。有的病毒被设计成病毒修复程序，诱导用户使用。

（6）可触发性：计算机病毒为了更好地传播，与生物病毒一样有潜伏期，在潜伏期只进行传播，尽量不影响其他计算机程序的正常运行。在宿主计算机实际运行过程中，一旦达到某种设置条件，计算机病毒就会被激活，随着程序的启动，计算机病毒会对宿主计算机文件进行破坏、修改。病毒的触发条件经常是时间、运行次数等容易满足的条件。

（7）可执行性：计算机病毒与其他合法程序一样，是一段可执行程序，但它不是一个完整的程序，而是寄生在其他可执行程序上，因此它享有一切程序所能得到的权力。这种程序都是在非授权的条件下强制执行的。

（8）不可预见性：病毒都是在用户未知的情况下，趁其毫无防备时加载到系统中执行的。

三、计算机病毒的分类

1. 按破坏程度性划分

（1）良性病毒：指计算机感染这种病毒后只是运行速度有些下降，对其他性能没有影响，也不会破坏计算机中的程序和其他文件。

（2）恶性病毒：指不仅会影响计算机的性能，还会破坏计算机中的程序和数据文件，甚至损坏计算机硬件的计算机病毒。

2. 按传染对象划分

（1）引导区型病毒：引导区型病毒主要通过可移动存储器在操作系统中传播，感染引导区，蔓延到硬盘，并能感染到硬盘中的“主引导记录”。

（2）文件型病毒：文件型病毒主要传染对象是文件，有较典型的寄生性。它运行在计算机存储器中，通常感染扩展名为 com、exe、sys 等类型的文件。

（3）混合型病毒：混合型病毒具有引导区型病毒和文件型病毒两者的特点。

（4）宏病毒：宏病毒是指用 Visual Basic 宏语言编写的寄生在 Office 文档上的宏代码。宏病毒损坏文档，还借助 Office 文档对计算机进行破坏。

（5）蠕虫病毒（Worm）：蠕虫病毒也是一种能够利用系统漏洞通过网络进行自我传播的恶意程序。蠕虫病毒与木马的主要区别是，蠕虫病毒一般不附着在其他程序上而独立存在，木马则大部分附在其他程序上。

四、计算机感染病毒时的特征

（1）磁盘标号被自动改写，出现异常文件，出现固定的坏扇区，可用磁盘空间变小，文件无故变大、失踪或被改乱，文件名被无故修改、程序文件无法运行等。

（2）经常无故死机，随机地发生重新启动或无法正常启动，运行速度明显下降，内存空间变小，磁盘驱动器及其他设备无缘无故地变成无效设备等现象。

（3）屏幕上出现不应有的特殊字符或图像、字符无规则变化或脱落、静止、滚动、雪花、跳动、小球亮点、莫名其妙的信息提示，或者无故发出尖叫、蜂鸣音或非正常奏乐等。

(4) 打印异常、打印速度明显降低、不能打印、不能打印汉字与图形等或打印时出现乱码。

(5) 使用网络终端软件与别人通信时，非主动地发出或接收信息，或者传输的信息、文件被恶意修改。

五、应对的措施

(1) 不轻易打开别人发送的、未经过认证的软件或相关的链接，不要随意登录不文明、不健康的网站，不浏览不安全的陌生网站，对新安装的软件先确认是否安全或者先杀毒后使用，尤其不要运行来历不明的软件。

(2) 对重要的程序或数据文件定时进行备份，信息系统中要使数据被破坏后不会造成不可挽回的损失，最有效的办法就是备份，还有就是建立系统的应急计划（如备用系统等），这样就不会因病毒感染使系统崩溃而无法正常工作。

(3) 定期用新版的杀毒软件对系统进行检查，开启实时杀毒软件的适时监控功能，但是这一定程度上会影响计算机的运行速度。

六、清除病毒的方法

(1) 重新分区、格式化存储器，这种清除办法虽然清除病毒十分彻底，但不具可操作性。

(2) 使用杀毒软件。杀毒软件也称为反病毒软件。计算机病毒本质就是一段程序代码，这就决定了每一种病毒都有一段与其他程序不一样的代码内容，这一段代码被称为病毒的特征码，杀毒软件就是对计算机所有文件进行扫描，如果存在与特征码相同的代码，就认为这个文件感染了相应的病毒。处理的办法有两种：第一种方法是将这个文件中这一段代码抹掉，这种办法比较安全，因为多数病毒是将代码插入正常文件中，因此抹掉后文件就恢复正常了；但有一些病毒程序是对感染的文件进行处理，所以这段代码无法抹去，或者抹去后文件也被破坏了，因此第二种方法是直接删除染毒文件，杀毒软件在文件删除之前通常都会进行相应的提示。

利用特征码杀毒存在两个问题：其一是如果存在一个正常程序刚好拥有与特征码一样的代码就可能造成误报、误杀；其二是对于新病毒的特征码，已经存在的杀毒软件版本不可能知道，所以杀毒软件只有通过不断升级才能提高其查杀病毒的能力。

由于特征码杀毒存在的问题是往往滞后于病毒的出现，只能查杀已知病毒，也出现了利用病毒的其他特征来查杀病毒的软件，例如，利用病毒都会自我复制的特征来查杀，但是总体效果不好，还存在更大误报的可能。

常见的杀毒软件有瑞星、江民 KV、金山毒霸、诺顿（Norton）、360 杀毒、卡巴斯基等。

第三节　木马

特洛伊木马（Trojan house，简称木马），其名称取自希腊神话的《特洛伊木马计》，也称为木马病毒，木马与其他病毒有明显的区别。

一、木马的组成

一般木马由两个相对独立的部分组成。

（1）控制端程序：一般安装在入侵者的计算机中，通过网络随时与一个或多个服务端程序连接，发出指令操纵服务端程序工作并接收服务端程序传回的数据。

（2）服务端程序：一般安装在被入侵者的计算机中，都是在使用者察觉不到的情况下被强行安装的，这与病毒传播的特点一样，这部分就是通常所称的木马程序。木马程序能获取被侵入计算机的操作权限、数据，使其接受控制端发出的指令并在非授权的情况下向控制计算机发送数据。

二、木马的工作过程

（1）编写木马程序。

（2）传播木马：与计算机病毒一样，木马先将自己伪装成正常程序，附在普通文件中通过网络传播。

（3）运行木马：用户的计算机（木马服务端）运行木马或捆绑木马的程序后，木马就会自动进行安装。在一定条件下激活木马，进入内存，这时木马程序会扫描用户计算机的用户名与密码以获得计算机的相关权限，并开启事先定义的木马端口，准备与控制端建立连接。

（4）信息泄露：木马程序都有一个信息反馈机制，会收集服务端的软硬件信息，并通过网络传递给控制端。

（5）建立连接：控制端通过木马端口与服务端计算机建立连接。

（6）远程控制：木马连接建立后，控制端端口和木马端口之间将会出现一条通道，控制端上的控制端程序可由这条通道与服务端上的木马程序取得联系，并通过木马程序对服务端进行远程控制。控制端可以对服务端计算机进行的操作，包括窃取密码、获得文件操作权限、修改系统注册表、获得系统更高的操作权限，从而达到非法窃取信息的目的。

三、木马的特点

它是一种基于远程控制的黑客工具，最主要的特征有：

（1）隐蔽性：是指木马的设计者为了防止木马被发现，会采用多种手段隐藏木马，使服务端的用户难以发现木马。还对控制端与木马的联系进行隐藏，这样服务端即使发现感染了木马，由于不能确定木马所连接控制端的位置，就难以彻底清除。

(2) 非授权性：是指一旦控制端与服务端连接后，控制端将在非授权的情况下获得服务端的大部分操作权限，包括修改文件，修改注册表，控制鼠标、键盘等。

四、木马的防范

(1) 检测和寻找木马隐藏的位置。木马侵入系统后，需要找一个安全的地方选择适当时机进行攻击，了解和掌握木马藏匿位置，才能清除木马。

(2) 防范端口。检查计算机用到什么样的端口，正常运用的是哪些端口，哪些端口不是正常开启的；了解计算机端口状态，哪些端口目前是连接的，特别注意这种开放是否正常；查看当前的数据交换情况，重点注意哪些数据交换比较频繁，是否属于正常数据交换。关闭一些不必要的端口。

(3) 删除可疑程序。对于非系统的程序，如果不是必要的，完全可以删除；如果不能确定，可以利用一些查杀工具进行检测。

(4) 安装防火墙。防火墙在计算机系统中起着不可替代的作用，安装防火墙有助于对计算机病毒木马程序的防范与拦截。

(5) 相关部门加强整治木马产业链，完善相应的法律法规。

(6) 健全网站和网络游戏的管理。

(7) 增加网络用户的防范意识。

五、木马与计算机病毒的主要区别

(1) 病毒会在文件间传播造成大量文件传染，而木马一般不进行大面积传播，除非是木马型的病毒。

(2) 病毒入侵电脑后会影响计算机的正常运行，而木马不会，主要原因是便于其开展后续“工作”。

(3) 病毒主要是以“破坏”著称，而木马主要目的是盗取用户信息。

(4) 蠕虫病毒与木马的区别在于，蠕虫病毒是一种能够利用系统漏洞通过网络进行自我传播的恶意程序，它一般不附着在其他程序上，而是独立存在的，而木马则大部分附在其他程序上。

第四节　漏洞与后门

一、漏洞的概念

漏洞是指一个网络系统上硬件、软件、协议等具体实现或系统安全策略上存在的弱点或缺陷，这些缺陷被网络攻击所利用，使攻击者能够在未授权的情况下访问或破坏系统。从已发现的漏洞来看，应用软件中的漏洞远远多于操作系统和硬件的漏洞。

二、漏洞的危害及防范

漏洞的存在很容易导致黑客的入侵，引起数据丢失和篡改、隐私泄露等安全问题。正所谓“苍蝇不叮无缝的蛋”，入侵者只要找到复杂的计算机网络中的一个缝，就能轻而易举地闯入系统。因此，了解这些“缝”都有可能在哪里，并且对它进行修补至关重要。

三、漏洞的分类

1. 硬件漏洞

硬件漏洞是计算机或其他网络设备在设计制造的过程中，由于各种原因产生的缺陷。这些设备大多数所包含的指令集直接面向硬件操作，如果入侵者（黑客）利用硬件漏洞进行攻击，是较难发现并清除的。2017 年被曝出的一组蓝牙漏洞就曾经引起极大的危害。2021 年，英特尔 CPU 也爆出重大漏洞。

2. 软件漏洞

软件漏洞是由软件开发者开发软件时的疏忽，或者是编程语言的局限性导致。比如，C 语言编程的效率虽比 Java 高，但漏洞也多，现在的操作系统很多是用 C 语言编的，所以常常要打补丁。软件漏洞有时是开发者在日常检查时发现的，有一些人专门找别人的漏洞以从中获利，当作者知道自己的漏洞被他人利用的时候就会想办法补救。

另外，应用软件（包括来自第三方的软件）中也发现了不少能够削弱系统安全性的缺陷（Bug）。黑客利用这些编程中的漏洞控制操作系统，让它做任何他们想让它做的事情。

四、常见软件漏洞

1. 缓冲区溢出

这是一种常见的编程错误。开发人员经常预先分配一定量的临时内存空间，称为一个缓冲区，用以保存特殊信息。如果程序员没有仔细地把存放数据所需要的空间大小与应该保存它的空间大小进行对照检查，这部分缓冲就有被利用的风险。熟练的黑客在这里输入相关的数据和代码就能导致程序崩溃，更糟糕是在这里可以存放可执行的代码。

近年来，缓冲区溢出攻击发生数量的显著提高引起了编程界对这个问题的认识。虽然缓冲区溢出仍然在出现，但它们经常会被很快发现和纠正，特别在开放源代码应用中更是如此。像 Java 和 . Net 这样的比较新的编程体系都包含自动检查数据大小、防止发生缓冲区溢出的机制。

2. SQL 注入漏洞

SQL 是网络中十分常用的结构化的数据查询语言，利用它可以非法入侵网站服务器，获取网站控制权。它是应用层上的一种安全漏洞。SQL 注入的攻击方式多种多样，较常见的一种方式是提前终止原 SQL 语句，然后追加一个新的 SQL 命令，以达到非法获取数据的目的。

SQL 注入通常是写一段可以访问 SQL 数据库的 URL 编码，从正常的 Web 端口访问数据库，并获得相关的数据信息，甚至取得系统的访问权。防止这类漏洞攻击的方法主要有使用其他更安全的方式连接 SQL 数据库，使用 SQL 防注入系统，严格限制数据库操作的权限。

3. 跨站脚本漏洞

跨站脚本攻击（Cross-site Scripting，通常简称为 XSS）发生在客户端，可被用于进行窃取隐私、钓鱼欺骗、窃取密码、传播恶意代码等攻击。XSS 攻击使用的技术主要为 HTML 和 Javascript（一种网页编程语言）等。XSS 不直接攻击 Web 服务器，它借助网页传播，对网页浏览的用户进行攻击，导致用户账号被窃取，危害用户数据安全。

防止这类漏洞攻击的方法主要有对输入数据严格匹配，比如只接受数字输入的就不能输入其他字；输入过滤，应该在服务器端进行；在发布程序之前进行严格测试。

4. 弱口令漏洞

弱口令没有严格和准确的定义，通常认为容易被别人猜测到或被破解工具破解的口令均为弱口令。

5. HTTP 报头追踪漏洞

HTTP 协议有一个 HTTP TRACE 方法，主要是用于客户端通过向 Web 服务器提交 TRACE 请求测试网络连接或获得诊断信息。由于 HTTP TRACE 请求可以通过客户浏览器脚本发起，并可以通过专用接口来访问，因此很容易被攻击者利用。

防御 HTTP 报头追踪漏洞的常用手段是禁用 HTTP TRACE 方法。

6. 文件上传漏洞

文件上传漏洞通常是由于网页代码中的文件上传路径变量过滤不严造成的，如果文件上传功能实现代码没有严格限制用户上传的文件类型，攻击者可通过 Web 访问的目录上传任意文件，包括网站后门文件，进而远程控制网站服务器。

防止这类漏洞攻击的方法主要是严格限制和校验上传的文件，严禁上传恶意代码的文件，同时限制相关目录的执行权限。

软件的漏洞还有很多，无法一一罗列，前文列出的只是其中一部分比较典型的漏洞。既然漏洞是程序编写的缺陷，自然可以通过更新程序（给程序打补丁）或改变程序运行条件的方式来避免被人用于攻击网络或计算机系统。所以及时下载漏洞补丁是一种简单而行之有效的办法。

五、漏洞扫描

漏洞扫描就是对计算机系统或者其他网络设备进行安全相关的检测，以找出安全隐患和可能被攻击者利用的漏洞。系统漏洞扫描是双刃剑，攻击者利用它可以入侵系统，而管理员利用它可以有效地防范攻击者入侵。通过漏洞扫描，扫描者能够发现远端网络或主机的配置信息、TCP/UDP 端口的分配、提供的网络服务、服务器的具体信息等。

漏洞扫描可以划分为 ping 扫描、端口扫描、操作系统探测、脆弱点探测、防火墙扫描 5 种主要技术，每种技术实现的目标和运用的原理各不相同。

扫描常采用基于网络的主动式策略和基于主机的被动式策略。主动式策略就是通过执行某些特定的脚本文件模拟黑客对系统进行攻击的行为并记录系统的反应，从而发现其中的漏洞。被动式策略就是对系统中不合适的设置、脆弱的口令及其他同安全规则抵触的对象进行检查。利用被动式策略扫描称为系统安全扫描，利用主动式策略扫描称为网络安全扫描。

六、系统后门

后门是一种绕过安全性控制而获取对程序或系统访问权的方法，也指那些可以获得系统秘密访问权的程序。后门一般指的是在软件的开发阶段，程序员常会在软件内创建调试接口，方便程序员修改程序中的错误，这个后门在程序交付用户使用时没有删除，如果被不怀好意的人知道，那么它就成了安全风险。震惊世界的 15 岁黑客米特尼克闯入“北美空中防务指挥系统”主机的事件就是利用了这种后门。除此之外，也可以通过安装后门软件或是木马程序修改系统程序，或者在正常运行的程序中增加一个后门。

防范后门的主要方法有：

（1）关闭可能产生后门的不必要服务，比如系统的远程协助等服务。

（2）安装网络防火墙，这样可以有效地对黑客发出的连接命令进行拦截。

（3）安装最新版本的杀毒软件，并且将病毒库升级到最新的版本。

（4）安装一个注册表监控程序，可以随时对注册表的变化进行监控，有效地防范后门的入侵。

第五节　常见的网络攻击

人为主动的恶意攻击是网络的主要安全威胁，与计算机病毒不同的是，网络攻击的对象是计算机网络的通信信道或通信数据，通常实施这个攻击过程的人称为黑客。

一、黑客

黑客是非法侵入他人计算机系统的人。在中国，人们经常把“黑客”与“骇客”混淆，两者实际上有所区别。骇客，是“Cracker”的音译，就是“破解者”的意思，指从事恶意破解商业软件、恶意入侵别人的网站等事务的人，但本书默认黑客与骇客是同一概念。有时黑客也指黑客程序，黑客程序一般是植入被非法入侵的计算机，为特定黑客窃取信息服务的程序。

二、按网络攻击手段分类

1. 拒绝服务攻击

拒绝服务攻击（Denial of Service，DoS）是利用合理的服务请求占用过多的服务资源，从而使合法用户无法得到服务响应的网络攻击行为。这种攻击的主要目的是降低目标服务器的速度，填满可用的磁盘空间，用大量的无用信息消耗系统资源，使服务器不能及时响应正常的服务请求。它往往通过大量不相关的信息来阻断系统或通过向系统发出毁灭性的命令来实现。拒绝服务攻击不损坏数据，而是让网络服务器拒绝为用户服务。拒绝服务攻击的方式很多，主要方式有：

（1）死亡之 ping（Ping of Death）：故意发送大量的测试网络连接的 ping 包，声称自己的尺寸超过 ICMP 上限，也就是数据包的大小超过 64kB 上限，使服务器采取保护措施的网络系统出现内存分配错误，导致 TCP/IP 协议核崩溃，最终让接收方的计算机死机。

（2）UDP 洪水（UDP Flood）：利用 Echo 和 Charge n 两个简单的 TCP/IP 服务传送大量毫无用处的数据流，导致带宽拥塞而形成攻击。也就是在客户机与服务器之间来回传送毫无用处的垃圾数据，导致网络可用带宽耗尽。

（3）SYN 洪水（SYN Flood）：对于某台服务器来说，可用的 TCP 连接是有限的，恶意攻击方快速、连续、大量向服务器发送此类连接请求，该服务器可用的 TCP 连接队列将很快被阻塞，系统可用资源急剧减少，网络可用带宽迅速缩小，服务器将不能响应其他正常用户的连接请求。

（4）电子邮件炸弹：是最古老的匿名攻击之一，通过设置一台计算机不断地、大量地向同一地址发送数以千计、万计的内容相同的垃圾邮件，导致受攻击者的邮箱无法正常使用。

2. 利用型攻击

利用型攻击是一类试图直接对机器进行控制的攻击，通过利用一些已知的后门和漏洞来非法获取主机的口令和密码，以达到非法获取信息的目的，主要有口令猜测攻击、特洛伊木马、缓冲区溢出攻击。

3. 欺骗型攻击

欺骗型攻击用于攻击目标配置不正确的消息，实现消息或数据的伪造或替换。它主要包括：

（1）伪造电子邮件：由于简单邮件传输协议（SMTP）并不对邮件发送者的身份进行鉴定，因此黑客可以对客户伪造电子邮件，声称是某个客户认识并相信的人，并附带可安装的特洛伊木马程序，或者是一个引向恶意网站的链接。

（2）DNS 高速缓存污染：由于 DNS 服务器与其他名称服务器交换信息的时候并不进行身份验证，这就使黑客可以将不正确的信息掺进来，并把用户引向黑客自己的主机。

（3）ARP 欺骗：安装有 TCP/IP 的计算机都有一个 ARP 缓存表，表里的 IP 地址与 MAC 地址是一一对应的。作为攻击源的主机伪造一个 ARP 响应包，此 ARP 响应包中的 IP 与 MAC 地址对与真实的 IP 与 MAC 对应关系不同，伪造的 ARP 响应包广播出去后，网内其他主机 ARP 缓存被更新，被欺骗主机 ARP 缓存中特定 IP 被关联到错误的 MAC 地址，被欺骗主机发送的特定 IP 的数据将不能被发送到真实的目的主机，目的主机也不能被正常访问。

（4）IP 地址欺骗：通过 IP 地址的伪装使某台主机能够伪装成另外一台被信任的主机，由于被伪装的主机往往具有某种特权，这样就为黑客入侵某个主机提供了方便。

4. 信息收集型攻击

信息收集型攻击并不对目标本身造成危害，只是收集用户信息，这些信息一般对黑客下一步入侵有帮助。这类技术主要有：

（1）地址扫描与端口扫描技术：运用扫描工具探测目标地址和端口，对此做出响应表示其存在，用来确定哪些目标系统正在网络上工作，同时这些主机使用哪些端口提供服务。

（2）反向映射技术：向网络中的主机发送虚假消息，判断出哪些主机是存在的，它其实与前文介绍的地址扫描技术差不多。目前，由于正常的扫描活动容易被防火墙侦测到，黑客转而使用不会触发防火墙规则的常见消息类型。这些类型包括 RESET 消息、SYN-ACK 消息、DNS 响应包等。

（3）体系结构刺探：使用具有已知响应类型的数据库的自动探测工具，分析目标主机针对坏数据包传送所做出的响应。由于每种操作系统都有其独特的响应方法，通过将此独特的响应与数据库中的已知响应进行对比，通常能够确定出目标主机所运行的操作系统。

三、按网络攻击的目的分类

根据网络攻击是否容易让被攻击主机的用户察觉的情况划分，可以分为以下几种。

1. 主动攻击

以各种方式有选择地破坏信息的有效性和完整性，攻击者对传输中的数据流进行各种处理。如有选择地更改、删除、延迟或改变消息的顺序，以获得非授权的效果。攻击者可以主动发送伪造的信息或伪装自己的身份与被攻击者通信。主要有：

（1）篡改：指一个合法消息的某些部分被改变、删除，消息被延迟或改变顺序，通常用以产生未授权的效果。

（2）伪造：指某个实体（人或计算机系统）发出含有其他实体身份信息的数据信息，假扮成其他实体，从而以欺骗方式获取某些合法用户的权利和特权。

（3）中断：攻击者有意中断他人在网络上的通信。

（4）重放：攻击者将截获的报文再次发送以产生非授权的效果，与篡改不同，这种方式不改变内容，只是重复发送。

另外，拒绝服务攻击也属于主动攻击。

2. 被动攻击

在不影响网络正常工作的情况下，攻击者只是观察和分析网络中传输的数据流而不干扰数据流本身。通过窃听手段，攻击者可以截获电话、电子邮件和传输文件中的敏感信息而不被发现。即使通信的内容被加密，攻击者不能直接从内容中获取秘密，也可以通过观察分组的协议控制信息部分来了解正在通信的协议实体的地址和身份。主要手段有：

（1）截获：攻击者从网络上窃听他人的通信内容。

（2）流量分析：通过研究分组的长度和传输的频度来了解所交换数据的性质。

不论是主动攻击，还是被动攻击，往往都是利用网络软件或操作系统的漏洞和后门进行攻击。

第六节　网络安全服务与机制

为了确保计算机网络安全，OSI/RM 还定义了一个网络安全体系结构。在这个体系结构中规定了 5 种安全服务和 8 种安全机制，主要解决网络中的信息安全与保密问题。

一、网络安全服务

网络安全服务是指在应用层对信息的保密性、完整性和来源真实性进行保护和鉴别，满足用户安全需求，防止和抵御各种安全威胁和攻击手段。

1. 对象认证服务（鉴别）

对象认证服务是防止主动攻击的重要措施。这种安全服务对通信中的实体和数据来源进行区别，对于开放系统环境中的各种信息安全有重要的作用。认证就是识别和证实，识别是辨别一个对象的身份，确认该对象是否为合法的访问者。

对象认证就是用户的身份认证，身份认证是网络确认操作者身份的过程，保证数字身份与操作者的物理身份对应，常用的身份认证方法与技术主要有以下几种。

（1）静态密码：采用复杂密码并结合动态验证码，以避免被密码的穷举猜测。

（2）动态口令：使用电子密码生成器，按照时间、使用次数或其他特征动态产生的随机码。

（3）短信密码：手机短信形式请求包含 6 位随机数的动态密码。

（4）USB-Key 认证：一种 USB 接口的硬件设备，它内置单片机或智能卡芯片，可以存储用户的密钥或数字证书，由于具有唯一性，安全性相对较高。

（5）IC 卡认证：早期使用磁条卡，内置密码芯片，常常用于非计算机的专用网络终端身份认证。

（6）生物识别技术：采用每个人独一无二的生物特征来验证用户身份的技术，通常使用的人体特征有指纹、虹膜、脸部等。

（7）数字签名：也称为电子加密。

为了进一步加强安全性，也可采用几种方法混合认证，一般不会超过两种。

2. 访问控制服务

这种服务可以防止未经授权的用户非法使用系统资源。它通过对用户或用户组的访问权限进行设置，实现用户对网络资源的授权访问。这种控制可以在服务器端、客户端或网络节点的网络层及高层协议中实现。

3. 传输数据加密服务

这种服务针对的是信息泄露、窃听等被动攻击的网络威胁，它的目的是保护网络中各系统之间交换的数据，防止因数据被截获而造成的泄密。这种服务又分为：

（1）信息加密：保护通信系统中的信息或网络中传输的数据。

（2）选择段加密：保护网络中被选中的部分数据段。

（3）业务流加密：防止攻击者通过观察业务流，如信源、信宿、转送时间、频率和路由等信息，从而非法获取数据。

4. 数据完整性服务

这种服务用来防止非法用户的主动攻击，以保证数据接收方收到的信息与发送方发送的信息一致。数据完整性服务又分为：

（1）连接完整性服务：为一个连接上的所有信息提供完整性保障，具体方法为探测信息是否被非法插入、删除或修改。

（2）选择段有连接完整性服务：有目的地选择某一个信息段并提供完整性保障，方法是探测选择的信息段是否被非法插入、删除或修改。

(3) 无连接完整性服务：为无连接的各个信息提供完整性保障，方法是识别所收到信息是否被非法改过。

(4) 选择段无连接完整性服务：在无连接的信息传输过程中，为所选择的特定信息段提供完整性保障，方法是鉴别所选择的信息段是否被非法改过。

5. 不可否认性服务

这种服务主要用来防止发送数据方发送数据后否认自己发送过数据，或接收数据方收到数据后否认自己收到过数据。这种服务又分为：

(1) 不得否认发送服务：向数据的接收者提供数据来源的证据，从而可防止发送者否认发送过这些数据或否认这些数据的内容。

(2) 不得否认接收服务：向数据的发送者提供数据交付证据，从而防止数据接收者事后否认收到过这些数据或否认这些数据的内容。

(3) 依靠第三方服务：是在通信双方互不信任，但对第三方（公证方）信任的情况下，依靠第三方来证实已发生的操作。

二、网络安全机制

为了实现规定的安全服务从而保证网络中数据的安全传输，OSI 参考模型还定义了几种安全机制。

1. 加密机制

加密机制用来对存储的数据或传输中的数据进行加密。加密是实现数据保密性的基本手段，加密的基本思想是打乱信息位的排列方式，只有合法的接收方才能将其恢复原貌，其他任何人即使截取了该加密数据也无法破解，从而解决信息泄露的问题。除了对话层提供加密保护外，加密可在其他各层进行。目前存在多种加密技术，最常见的是密钥加密技术，密钥加密算法可分为：

(1) 对称加密算法：对称加密算法是应用较早的加密算法，技术成熟。在对称加密算法中，数据发信方将明文（原始数据）和加密密钥一起经过特殊加密算法处理后，使其变成复杂的密文发送出去。接收方收到密文后，需要使用加密用过的密钥及算法相同的逆算法对密文进行解密，才能使其恢复成可读明文。在对称加密算法中，使用的密钥只有一个，发收信双方都使用这个密钥对数据进行加密和解密，这就要求解密方事先必须知道加密密钥。常见的对称加密算法有数据加密标准（Data Encryption Standard，DES）、高级加密标准（Advanced Encryption Standard，AES）。

(2) 非对称加密算法：需要两个密钥，即公开密钥（Public Key）和私有密钥（Private Key）。公钥与私钥是一对，如果用公钥对数据进行加密，只有用对应的私钥才能解密。因为加密和解密使用的是两个不同的密钥，所以这种算法叫作非对称加密算法。非对称加密算法由于发送方用公钥加密，接收方用私钥解密，发送方并不知道接收方的私钥，所以保密性更强。

非对称密码体制的特点是其算法强度复杂、安全性依赖于算法与密钥。但正是由于其算法复杂，其加密解密速度没有对称加密解密的速度快。对称密码体制中只有一种密钥，并且是非公开的，如果要解密就得让对方知道密钥，所以保证其安全性就是保证密钥的安全。而非对称密钥体制有两种密钥，其中一个是公开的，这样就可以不需要像对称密码那样传输对方的密钥了，其安全性也大了很多。非对称加密主要的应用是数字签名和数字证书，常见的非对称加密算法有公开密钥密码体制（Rivest Shamir Adleman，RSA）、数字签名算法（Digital Signature Algorithm，DSA）。

2. 数字签名机制

数字签名是一种用于确保电子文件真实性和完整性的密码技术。它是通过公钥加密和散列函数实现的。其工作原理主要包含以下几个方面：

（1）公钥加密：在数字签名过程中，发送者使用他们的私钥对消息进行加密，生成一个数字签名。接收者使用发送者的公钥对签名进行解密，以验证消息的真实性。

（2）散列函数：散列函数是一种将任意长度的消息映射为固定长度的哈希值（又称消息摘要）的函数。散列函数具有以下特性：固定长度的输入对应于固定长度的输出；相同的输入总是生成相同的输出，即散列函数是单向的；不同的输入生成的输出可能会发生冲突，即散列函数具有“雪崩效应”。

（3）数字签名生成过程：发送者使用私钥对原始消息（明文）进行散列函数运算，得到一个固定长度的哈希值（消息摘要）。然后，发送者使用公钥对消息摘要进行加密，生成数字签名。

（4）数字签名验证过程：接收者首先使用相同的散列函数对收到的原始消息（明文）进行运算，得到一个消息摘要。然后，接收者使用发送者的公钥对数字签名进行解密，得到一个消息摘要。最后，接收者比较这两个消息摘要，如果它们相等，则说明消息没有被篡改，数字签名是有效的。

数字签名可以确保信息的真实性、完整性和不可否认性，它的主要应用包括身份验证、数据完整性验证、防抵赖、抗否认，可以作为法律证据，还可以应用于电子文档、电子邮件、电子商务和电子政务等场景，从而保护信息的安全和可信度。数字签名在现代信息安全和网络通信中具有重要作用和意义，它可以帮助我们更有效地管理和保护信息，确保数据的安全和可信度。

3. 数字证书机制

数字证书是一种公开的、基于公钥体制的证书。公钥通常用于加密和验证数据，而私钥则用于解密和签名数据。数字证书的工作原理是：

（1）生成公钥和私钥：证书的申请者首先需要生成一对密钥，一个是公钥，另一个是私钥。私钥必须是安全的，不能被任何人知道，而公钥则可以公开。

（2）生成证书请求：上述步骤完成后，证书的申请者需要生成一个证书请求，这个请求包含申请者的一些信息，如申请者的公钥、申请者的名称、申请者的注册机构等。

（3）签名证书请求：申请者需要使用私钥对证书请求进行签名。这个过程通常使用一个公开的、与申请者无关的密钥进行签名，这个密钥被称为第三方认证机构 CA（Certificate Authority）的公钥。

（4）验证证书：当其他人收到证书时，他们需要验证证书的有效性。这可以通过验证 CA 的签名来完成。验证过程通常使用 CA 的公钥对证书请求进行解密，然后使用申请者的公钥对签名进行验证。如果验证成功，那么证书就是有效的。

数字证书的主要作用是提供一种公钥验证和身份验证的方法，它可以用于确保网络通信的安全性和完整性。数字证书的使用主要包含三个方面的操作：

①证书申请：证书申请者，通常是一个组织或个人，首先需要向第三方认证机构 CA 申请一个数字证书。申请过程可能涉及提供一些基本信息，如组织名称、电子邮件地址等，以及一些可选的属性，如域名或 IP 地址等。

②证书颁发：CA 将验证申请者的身份，以及它是否有权申请数字证书。如果所有的验证都通过了，CA 将使用自己的私钥为申请者的公钥生成一个数字签名。然后，CA 将生成一个包含申请者公钥、数字签名及其他相关信息的数字证书，并将其颁发给申请者。

③证书验证：当证书接收者收到数字证书时，它需要验证证书的有效性。验证过程主要包括证书验证、证书有效期检查、证书链验证、验证申请者身份，如果所有的验证都通过了，那么接收者就可以认为证书是有效的。有的数字证书验证需要配合 USB-Key 使用。

数字签名和数字证书的主要区别在于它们的目标不同：数字签名用于确认数据的完整性和来源，而数字证书用于使用主体确认身份。数字签名和数字证书的主要联系在于它们都使用了相同的技术，即哈希函数和公钥加密。

我国针对电子签名和数字证书专门制定了一部法律《中华人民共和国电子签名法》，实施这项法律的目的是确保电子数据的真实性、完整性、可靠性和不可否认性，保障电子商务和电子政务的正常运行，维护国家和人民的利益。

4. 数据完整性机制

数据完整性机制是指当发出的数据分割为按序列号编排的许多数据单元时，在接收时还能按原来的序列把数据串联起来，而不会发生数据单元的丢失、重复、乱序、假冒等情况。保证数据完整性的一般方法是，发送实体根据要发送的数据单元产生一定的额外数据（如校验码），将后者加密以后随主体数据单元一同发出；接收方接收到主体数据后，产生相应的额外数据，并与接收到的额外数据进行比较，以判断数据单元在传输过程中是否被修改过。

5. 访问控制机制

访问控制机制通过对访问者的有关信息进行检查来限制或禁止访问者使用资源，分为高层访问控制和低层访问控制。

6. 认证交换机制

认证交换机制通过互相交换信息的方式来确定彼此的身份。用于交换鉴别的技术可由发送方提供口令，接收方检验，也可以利用实体具有的特征检验，如磁卡、IC 卡、指纹声音频等。

7. 业务流量填充机制

业务流量填充机制提供针对流量分析的保护，通过填充冗余的数据流，保持业务数据流量基本恒定，从而防止攻击者对业务流量进行观测分析。流量填充的实现方法是随机生成数据并对其加密，再通过网络发送。

8. 路由控制机制

路由控制机制可以指定通过网络发送数据的路径。这样，可以选择那些可信的网络连接，以阻止一些安全攻击。另一方面如果没有安全标志的数据进入专用网络时，网络管理员可以选择拒绝该数据包。

9. 公证机制

公证机制是第三方（公证方）参与的签名机制，它基于通信双方对第三方的绝对信任。公证方备有适用的数字签名、加密或完整性机制等。一旦引入公证机制，通信双方进行数据通信时必须经过这个机构来中转，由公证方利用其提供的上述机制进行公证。公证机构从中转的信息里提取必要的证据，日后一旦发生纠纷，就可以据此做出仲裁。

三、网络安全体系级别

在 OSI 7 个层次的基础上，国际标准化组织将安全体系划分为 4 个级别：网络级安全、系统级安全、应用级安全和企业级安全。

第七节　针对网络攻击的安全措施

建立全新的网络安全机制，必须深刻理解网络并能提供直接的解决方案，因此最可行的做法是制定健全的管理制度和防范手段相结合。通过加强管理和采用必要的技术手段可以减少入侵和攻击行为，避免因入侵和攻击造成的各种损失。

一、访问控制

访问控制的主要目的是确保网络资源不被非法访问和非法利用，是网络安全保护和防范的核心策略之一。访问控制技术主要用于对静态信息的保护，需要系统级别的支持，一般在操作系统中实现。目前，访问控制主要涉及网络登录访问控制、资源访问权限控制、目录安全控制及文件属性安全控制等访问控制手段。

二、防火墙

防火墙是一种高级访问控制设备，是内部网络安全防护的安全屏障。

三、入侵检测

它是针对入侵行为的检测，通过收集和分析网络行为、安全日志、审计数据、其他网络上可以获得的信息及计算机系统中若干关键点的信息，检查网络或系统中是否存在违反安全策略的行为和被攻击的迹象。

用于入侵检测的软件与硬件的组合便是入侵检测系统。入侵检测系统被认为是防火墙之后的第二道安全闸门，防火墙在静态时刻对系统进行防护，入侵检测对系统的运行过程进行动态的检测。入侵检测提供了对内部攻击、外部攻击和误操作的实时保护，能监视分析用户及系统活动，查找用户的非法操作，评估重要系统和数据文件的完整性，检测系统配置的正确性，提示管理员修补系统漏洞，能实时地对检测到的入侵行为进行反应，在入侵攻击对系统发生危害前利用报警与防护系统驱逐进入系统的入侵者，减少入侵攻击所造成的损失。在被入侵攻击后收集入侵攻击的相关信息作为防范系统的知识，添加到入侵策略集中，增强系统的防范能力，避免系统再次受到同类型的入侵攻击。

四、漏洞扫描

漏洞扫描可以及时发现漏洞并修复。

五、数据加密

数据加密技术是网络中最基本的安全技术，主要通过对网络中传输的信息进行加密来保障其安全性，是一种主动的安全防御策略。常用的数据加密技术有私钥加密和公钥加密两种。

六、安全审计

网络安全审计就是在特定的网络环境下，为了保障网络和数据不受来自各种网络的入侵和破坏，而运用各种技术手段实时收集和监控网络环境中每一个组成部分的系统状态、安全事件，以便集中报告、分析、处理的一种技术手段。它是一种积极、主动的安全防御技术。

计算机网络安全审计主要包括对操作系统、数据库、Web、邮件系统、网络设备和防火墙等项目的安全审计，以及加强安全教育、加强安全责任意识。目前，网络安全审计系统主要包含以下几种功能：采集多种类型的日志数据、日志管理、日志查询、入侵检测、自动生成安全分析报告、对网络状态实时监视、网络安全事件响应机制、集中管理等。

七、安全管理

安全管理是指为实现信息安全的目标而采取一系列管理制度和技术手段，包括安全检测、监控、响应和调整的全部控制过程。需要指出的是，不论多么先进的安全技术，都只是实现信息安全管理的手段而已，信息安全源于有效的管理，要使先进的安全技术发挥较好的效果，就必须建立良好的信息安全管理体系，制定切合实际的网络安全管理制度，加强网络安全的规范化管理力度，强化网络管理人员和使用人员的安全防范意识。只有网络管理人员与使用人员共同努力，有效防御网络入侵和攻击，才能使信息安全得到保障。

八、网络安全法

在现代社会中，网络安全关系到每一个人的信息和财产的安全，除了上述增加自我保护的网络安全防范措施外，对非法入侵他人网络的人要有一定的惩罚措施，使他们主观上不敢肆意破坏网络安全。制定网络安全法并依法管理，是对非法的网络入侵者最强有力的威慑手段。2016 年 11 月 7 日，第十二届人民代表大会常务委员会第二十四次会议通过了《中华人民共和国网络安全法》，以保障网络安全，维护网络空间主权和国家安全、社会公共利益，保护公民、法人和其他组织的合法权益，为促进经济社会信息化健康发展提供了法律依据。

与网络安全相关的法律法规还有《中华人民共和国数据安全法》《中华人民共和国电子商务法》《中华人民共和国个人信息保护法》《网络安全等级保护条例》等。除此之外，其他许多法律，如《中华人民共和国消费者权益保护法》和知识产权相关法律等，也涉及网络安全的内容。在处理网络安全相关的事务时，应当严格遵守这些相关的法律法规。

当然，防范网络安全威胁最简单的办法就是将内部网络与外部网络的物理连接断开，这样一来内部网络就不可能遭到来自外部的攻击，我国一些要害部门内部采用的就是这种措施。但是，这不适用于大多数需要与外界交换信息的单位或个人。

第八节　防火墙

一、防火墙概述

防火墙（Firewall）原为在以土木建筑为主的时代，人们房屋之间砌起的一道较高的砖墙，当某个房屋发生火灾时，这道砖墙能够防止火势蔓延到别的房屋。在计算机网络中也可以在内部网络与外部网络之间插入信息监测和防范系统，作为内部网络系统的一道安全屏障。这道屏障的作用是阻断来自外部网络对本网络的威胁和入侵，提供扼守本网络的安全和审计的关卡，通常称这道屏障为网络防火墙。

防火墙实质上是一种隔离控制技术，其基本思想是限制网络访问。一般认为内部网络是一个“可信赖”的网络。内部网络与外部网络连接时，在两者之间加入一个或多个中间系统，利用中间系统实时监测、限制通过的数据流，探测外部网络用户对内部网络的非授权访问并获取相关数据，也就是对外部用户的访问提供完整、可靠的审查控制，实现对内部网的安全保护，同时也能防止内部受到外部非法用户的攻击而导致内部网络的传输故障甚至瘫痪，这个中间系统就是防火墙。

防火墙通常建立在内部网络和外部网络连接的路由器或计算机上，该计算机也叫堡垒机。它是内部网络与外部连接的安全关口，可以阻止外网用户对内网的非法访问。多数防火墙连接的是互相独立的网络，通常工作在网络层或更高的层次，这种防火墙又称为安全网关。

防火墙应具有的基本功能包括执行安全策略，过滤进出网络的数据包，管理进出网络的行为，封堵某些禁止的访问，记录通过防火墙的信息内容和活动，具有一定的防攻击能力，对网络攻击进行检测和告警。然而，防火墙也有自身的局限性，它不能防范内部用户带来的威胁，更有甚者，如果入侵者已经通过内外勾结或其他非法途径进入内部网络，这时防火墙就无能为力了。

二、防火墙的类型

防火墙发展的过程中不断有新的技术产生，下文从不同的角度对防火墙进行分类。

（一）按照防火墙实现技术及工作原理的不同划分

1. 包过滤防火墙

包过滤防火墙是第一代和最基本形式的防火墙，其基本原理是有选择地允许 IP 数据包穿过防火墙。包过滤防火墙检查每一个通过防火墙的 IP 数据包报头的基本信息（如源地址和目的地址、端口号、协议等），然后将这些信息与预定义的过滤规则进行比较判定，与规则相匹配的数据包依据路由信息继续转发，否则就丢弃。

对于网络用户而言，包过滤防火墙是透明的，不需要对现有的应用系统进行改动。如果网络管理员设定某一 IP 地址的站点是禁止访问的，从这个地址来的访问请求都会被防火墙屏蔽掉。

包过滤是在网络层实现的，因此包过滤防火墙又叫网络层防火墙或者过滤路由器防火墙。它只对 IP 包的源地址、目标地址及相应端口进行处理，因此速度比较快，能够处理的并发连接比较多，同时它结构简单，便于管理。其缺点是在路由器中配置包过滤规则比较困难，缺少跟踪记录手段，只能控制到网络层，不涉及包的内容与用户，因此有较大的局限性，对应用层的攻击无能为力。

另外，黑客可以通过“IP 地址欺骗”攻击手段穿透防火墙。黑客向包过滤防火墙发出一系列数据包，这些包中的 IP 地址已经被替换为一串顺序的 IP 地址，一旦有一个包穿过了防火墙，黑客就可以利用这个 IP 地址访问内部网中的主机。

2. 代理服务器防火墙

代理服务器防火墙又称为“应用层网关防火墙”（应用级网关），它由代理服务器和过滤路由器组成。代理服务器与路由器合作，代理服务通常是运行在防火墙主机上的特定应用程序或服务程序，路由器会将内部网络和外部网络需要的交换信息及相关应用服务请求传递给代理服务器。代理服务作用在应用层，其特点是完全“阻隔”了网络通信流，通过对每种应用服务编制专门的代理程序，实现监视和控制应用层通信流的作用。

代理服务器防火墙使用 NAT 实现对内部网络的屏蔽，这样可以建立一个相对于外部网络独立的、隔离的内部网络。

代理服务器的实质是起到中介作用，它不允许内部网和外部网之间进行直接的通信。其工作过程为：当外部网的用户希望访问内部网某个应用服务器时，实际上是向运行在防火墙上的代理服务软件提出请求，代理服务器评价来自用户的请求，并做出认可或否认的决定，如果一个请求被认可，代理服务器就代表用户将请求转发给真正的应用服务器，并将应用服务器的响应返回给外部网用户。

代理服务通常是针对特定的应用服务而言的，不同的应用服务可以设置不同的代理服务器，如 FTP 代理服务器、Telnet 代理服务器等。代理服务器网关也存在一些不足之处。首先，它会使访问速度变慢，因为它不允许在它连接的网络之间直接通信，因而几乎每次对外部服务的访问都需要代理服务器作为中转站；其次，在重负荷下代理服务器可能会成为内部网到外部网的瓶颈。

3. 状态检测防火墙

状态检测防火墙又称为动态包过滤防火墙，它采用了状态检测技术，是传统包过滤上的功能扩展。状态检测技术采用的是一种基于连接的状态检测机制，将属于同一连接的所有包作为一个整体的数据流看待，对接收到的数据包进行分析，构成连接状态表，通过规则表与状态表的共同配合，对表中的各个连接状态因素加以识别，判断其是否属于合法连接，从而进行动态的过滤。

状态检测防火墙在基本包过滤防火墙的架构之上改进，它摒弃了包过滤防火墙仅考查进出网络的数据包而不关心数据包状的缺点，因此具有更好的灵活性和安全性。

在状态监测防火墙收到用户数据时，状态监测引擎会抽取有关数据进行分析，结合网络配置和安全规定做出接纳、拒绝、身份认证、报警或给该通信加密等处理动作。状态检测防火墙的优点是监测引擎支持多种协议和应用程序，并可以很容易地实现应用和服务的扩充，它会监测 RPC（远程过程调用协议）和 UDP 之类的端口信息，而包过滤和代理网关都不支持此类端口，因此它具有更坚固的防范效果。其缺点是配置较为复杂，会降低网络的速度。

（二）从系统结构的角度划分

软件防火墙：以软件形式运行在服务器上，对服务器自身的网络安全保护的同时，也对该服务器所管理的计算机进行安全防护。

硬件防火墙：以固件形式设计在路由器之中，对内部网络保护。

软硬件相结合防火墙：以独立防火墙设备的形式存在，但该防火墙配有相关的软件，这种防火墙自身含有 CPU、存储器，可以让用户对防火墙的功能进行配置，因此有较强大的功能，是目前单位常用的防火墙类型。

防火墙能够保护内部网络的敏感数据不被窃取和破坏，并记录内外通信的有关状态信息日志。新一代的防火墙甚至可以阻止内部人员将部分敏感数据向外传输，并对网络数据的流动实现有效的管理，进一步提高防火墙保证网络安全的性能。

三、防火墙的选择

用户选择购买或配置防火墙，首先要对自身的安全需求做出分析。结合其他相关条件（如成本预算），对防火墙产品进行功能评估，以审核其是否满足需求。例如，中小型企业接入 Internet 一般是为了内部用户浏览 Web、发布主页等，购买防火墙的主要目的应在于保护内部数据的安全，即更为注重安全性，而对服务的多样性、速度没有特殊要求，因而选用代理型防火墙较为合适。对许多大型电子商务企业来说，网站需要商务信息流通，防火墙对响应速度有较高要求，而且还要保证防火墙内的数据库、应用服务器等，故建议使用包过滤防火墙。

第九节　网络管理基础

一、网络管理简介

一个有效和实用的计算机网络离不开网络管理，网络管理技术已经成为计算机网络中的一个重要领域。在网络发展初期，连接节点比较少，结构也简单，因此有关网络的故障检测和性能监控比较简单且容易实现，网络管理员使用简单的工具程序或命令就可以完成大多数的网管任务。随着网络规模的发展，计算机网络管理方案和实用系统更加系统化、规范化。

1. 网络管理的内容与目的

网络管理是为了保证网络系统能够持续、稳定、安全、可靠和高效地运行而对网络实施的一系列方法和措施。网络管理的任务就是收集网络中各种设备的工作参数和状态信息，显示给管理操作人员进行处理，从而控制网络设备的工作参数和工作状态，使其可靠运行，网络服务不被中断。

简单来说，网络管理的目的就是通过对组成网络的各种软、硬件设施的综合管理，达到充分利用这些资源的目的，并保证网络向用户提供可靠的通信服务。网络管理的内容主要包含软件运行、网络传输过程控制、网络维护、提供网络服务等几个方面。

2. 网络管理的 5 个功能域

OSI 标准中定义了网络管理标准的框架 ISO 7498-4。国际电信联盟电信标准分局（ITU-T）和 ISO 合作，制定了相关文本，其中最重要的是 CMIS（公共管理信息服务协议）和 CMIP（公共管理信息协议）两个协议的标准。在 OSI 网络管理标准中，基本的网络管理功能主要有：

（1）故障管理（Fault Management）：又称为失效管理，主要对来自硬件设备或路径节点的报警信息进行监控、报告和存储，以及进行故障诊断、定位与处理。所谓“故障”是指那些引起系统无法正常运行的差错。一般说来，管理系统中的被管对象都设定了阈值，系统定时查询被管理对象的状态，以便确定是否出现了故障。网络故障管理包括故障检测、隔离和排除三方面。

（2）配置管理（Configuration Management）：用于定义、识别、初始化、监控网络中被管对象，改变其操作特性，报告其状态的变化。

（3）计费管理（Accounting Management）：计算机网络系统中的资源在有偿使用的情况下，记录用户使用网络资源的情况并核算费用，同时也统计网络的利用率。

（4）性能管理（Performance Management）：主要是收集和统计运行中的网络的主要性能参数，如网络的吞吐量、用户的响应时间和线路的利用率等，以便评估网络资源的运行状况和通信效率等系统性能。

（5）安全管理（Security Management）：确保网络资源不被非法使用。安全管理一般要设置有关的权限，确保网管系统本身不被未经授权者访问以及网络管理信息的机密性和完整性。

与此对应，网络安全管理主要包括授权管理、访问控制管理、安全检查跟踪、事件处理和密钥管理。

这 5 个管理功能域基本上覆盖了网络管理的范围，分别执行不同的网络管理任务，这也是任何一个网管系统所要实现的主要内容。

二、网络管理体系结构

在网络管理体系结构中，网络管理被抽象成一种独特的网络应用，一个管理模型主要由以下几个部分组成：

（1）管理进程：负责管理代理和管理信息库，用来对监控的设备发出管理指令，通过各设备的代理对设备资源完成监视和控制。

（2）代理：代理是一种软件，在被管理的网络设备中运行，负责执行管理进程的管理操作，并向管理工作站发送一些重要管理事件（如设备的报警）信息。

（3）管理信息库（Management Information Base，MIB）：管理信息库是一个概念上的数据库，是所有代理进程包含的并且能够被管理进程查询和设置的信息集合。代理所收集的网络设备的系统信息、资源使用及各网段信息流量等管理信息都存放在 MIB 中。每个代理拥有自己的本地 MIB，各代理控制的管理对象共同构成全网的 MIB。

通常又把管理进程、管理代理和管理信息数据库合称为网络管理体系的三要素。

（4）网络管理协议：是管理进程与代理进程之间信息交换的通信规范。管理进程通过网络管理协议向被管设备发出各种请求报文，代理接收这些请求并执行相应的动作。同时，代理也可以通过网络管理协议主动向管理进程报告异常事件。当前，普遍采用的网络管理协议是简单网络管理协议（SNMP）。

三、简单网络管理协议

简单网络管理协议（Simple Network Management Protocol，SNMP）是 TCP/IP 协议簇的一个应用层协议。SNMP 在应用层进行网络设备间通信的管理，它可以进行网络状态监视、网络参数设定、网络流量统计与分析、网络故障发现等。因为其简单实用并尽可能地减少网络开销，所以得到了普遍应用，现已成为网络管理领域实施上的工业标准。

（一）SNMP 的发展

SNMP 是为了管理 TCP/IP 网络提出来的模型，是随着 Internet 的发展而发展起来的。1988 年，Internet 工程任务组（IETF）在简单网关监控协议（SGMP）基础上修改制定了 SNMP v1。1993 年，IETF 制定了 SNMP v2。1999 年发布了 SNMP v3。

（二）SNMP 协议

SNMP 是由一系列协议和规范组成的，提供了一种从网络设备中收集管理信息的方法，还为网络设备指定向网络管理工作站报告故障和错误的途径，用于管理工作站与被管设备上的代理进程之间交互信息。SNMP 的原理十分简单，它以轮询和应答的方式从被管设备中收集网络管理信息，采用集中或者集中分布式的控制方法对整个网络进行控制和管理。SNMP 最重要的特性就是简洁、清晰，从而使系统的负载可以减至最低限度。

使用 SNMP 协议的网管系统中，必须有一个运行管理进程的网络管理站，在每一个被管设备中一定要有代理进程。管理进程和代理进程之间利用 SNMP 报文进行通信，而 SNMP 是个简单的无连接协议，SNMP 报文使用 UDP 来传送，使用 UDP 是为了提高网管的效率。

网络管理站通过 SNMP 向被管设备中的代理进程发出各种请求报文，例如，读取被管设备内部对象的状态，必要时修改一些对象的状态值。代理进程则接收这些请求并完成指定的操作后，向管理站返回响应的信息。绝大部分的管理操作都是以这种请求响应的模式进行的。

另外，SNMP 定义了一套用于管理进程和代理进程之间进行通信的命令，通过这些命令来实现上述工作机制，完成网络管理功能。SNMP 只使用存（存储数据到变量）和取

(从变量中取数据) 两种操作。在 SNMP 中，所有操作都可以看作是由这两种操作派生出来的，在 SNMP 中定义了以下 5 种操作：

(1) Get 操作：用来访问被管设备，从代理那里取得指定的 MIB 变量值。

(2) Get Next 操作：用来访问被管设备，从代理的表中取得下一个指定的 MIB 的值。

(3) Get Response 操作：用于被管设备上的代理对管理进程发送的请求进行响应，以及响应的相关标识和信息。

(4) Set 操作：设置代理指定 MIB 变量的值。

(5) Trap 操作：用于代理向管理进程报警，报告发生的错误。

四、网络管理系统

网络管理系统是实现网络管理功能的一种软件产品，运行于一定的计算机平台之上。网络管理系统能够对网络系统的配置进行主动、持续的监视和维护；能隔离问题区域，并对网络故障进行一定程度的自动修复；能对数据流进行检查和分析；能发现因违反使用规则而引发安全问题的用户；可产生网络运行状况日志，可利用日志分析网络；为用户提供图形用户界面，提供一定的开发工具供用户开发网络管理应用程序。总之，网络管理系统可大大提高网络管理员的工作效率和管理水平。

目前，主要的网络公司的网络管理软件产品都支持 SNMP 协议，但真正全部具有五大管理功能的网络管理系统并不多。网络管理人员常用的网络管理软件除了支持软件开发公司网络管理方案的同时，均可通过 SNMP 对网络设备进行管理。

五、互联网安全协议

互联网安全协议 (Internet Protocol Security，IPSec) 是一个通过对 IP 分组进行加密和认证来保护网络层数据传输的协议簇。IPSec 的主要功能是维护 VPN 网络中数据的安全传输，包括保证网络数据传输的机密性、完整性以及对数据源的身份认证，还能自动拒绝重放的数据包。IPSec 由认证头 (AH)、封装安全载荷 (ESP)、安全关联 (SA)、密钥协议 (IKE) 等子协议组成。

第十节　个人网络安全威胁及其防范措施

现代社会中，绝大多数人都会或多或少使用网络来获取、存储、交换、发布信息，随着移动支付的大量普及应用，人们日常生活中几乎离不开计算机网络及其相关的手机、平板电脑等移动终端的使用。随之而来通过网络进行诈骗的事件屡见不鲜，因此网络安全不只是政府、企业要关注的事情，加强每个人的网络安全意识也是实现网络安全必不可少的一个环节，对个人进行网络信息安全的教育刻不容缓。对于个人的网络信息安全应注意如下问题。

一、养成良好使用网络资源的习惯

要善于识别网上的各类信息，使用正版软件并从合法的网站下载相关软件，执行前最好要用最新正版杀毒软件进行病毒查杀。不要轻易安装各种“免费软件”、赚钱App等，如果安装，要注意软件要求开放哪些功能，不知道是否存在安全风险就应立即终止安装。对于网上下载的压缩软件，正确的做法是在解压之前就进行病毒查杀工作；对于电子邮件中的附件，如果来历不明，则不轻易打开它；不要以单词、生日、数字、手机号作为密码，要使用复杂的密码；不要轻易相信网上的消息，除非得到权威部门核实；尽量避免在网吧等公共场所使用网上电子商务服务。另外，提高自我保护意识，注意妥善保管自己的私人信息，如本人的证件号码、账号、密码等，不向他人透露。

二、安装个人版的网络安全软件

在计算机上安装个人版的安全软件，打开实时监控，及时升级。由于这些软件会影响系统的运行速度，因此一些人不想安装这些软件，但是在普通用户正确识别病毒、木马、系统漏洞等安全问题有困难的情况下，使用安全软件还是最简单的办法。安全软件一般具有拦截、防御、查杀病毒和木马功能，能拦截病毒和木马入侵。

三、及时更新系统、打补丁，修复漏洞

对个人用户来说，最大的网络安全隐患往往发生在访问网页时，有的黑客会利用网络程序上的漏洞、后门或者配置不当，入侵到个人的计算机系统中从而造成损失。

四、关闭或删除系统中不需要的服务

默认情况下，许多操作系统服务端口是打开的，如FTP客户端、Telnet和Web服务等。这些服务为黑客攻击提供了方便，而又对普通用户没有太大用处，如果关闭它们，就能大大减少被攻击的概率。

五、个人利用终端在网上操作应注意的问题

（1）在网上注册时，非必要不填写个人私密信息，尽可能少暴露自己的用户信息，如果确需填写，一定要确认链接的安全性。

（2）尽量远离社交平台涉及的互动类活动。很多社交平台要求或是需要填写个人信息，实质上却获取了大量的用户信息，这样就造成了个人信息泄漏。

（3）不要在公众场所连接未知的Wi-Fi账号。一些不法分子可能利用公共场所设置钓鱼Wi-Fi，一旦连接到这种Wi-Fi，用户使用的电子设备就容易被反扫描，导致账号、密码等信息被非法窃取。

六、警惕手机诈骗短信及电话

手机银行、网上银行、网络证券、网络理财为人们的生活提供便利的同时，也给个人

的财产带来许多安全风险。特别要注意手机验证码等常见的验证手段，防止被骗取验证信息造成安全风险。

七、妥善处理好涉及个人信息的单据

较为常见的涉及个人信息的单据就是快递单，上面一般会有手机号码、地址等个人信息，这些信息如在网上被传播会造成安全风险。

第十一节　常用网络故障诊断

一、网络故障诊断的方法

网络故障是每一个使用计算机网络的用户都会遇到的问题，因此首先要对网络故障进行诊断。故障诊断的主要任务是探求网络故障产生的原因，从根本上消除故障，并防止故障的再次发生。网络故障诊断的方法主要有以下几种。

1. 对比法

在设备发生故障时，可以找到一个未发生故障的相同设备，参考相关配置快速准确地确定故障并解决问题。用这种方法应注意在对网络配置进行修改之前，确保现用配置文件的可恢复性，还要确保本次修改产生的结果不会引起其他网络故障。

2. 替换法

在对故障进行定位后，用能够正常工作的设备替换可能有故障的设备，如果可以通过测试，就可以定位到出问题的位置了。这种方法应注意替换设备数量不能太多；一定要用能正常工作的同类设备来替换；每次只可以替换一个设备；在替换第二个设备之前，必须确保前一个设备的替换已经解决了相应的问题。

3. 错误测试法

错误测试法是一种通过测试而得出故障位置和原因的方法，网络管理员凭工作经验对故障部位做出正确的推测，然后借助诊断找到产生故障的真正原因和位置。这种方法同样应该注意对原来的配置做好记录，以确保可以将设备配置恢复到初始状态，确保不会影响其他网络用户的正常工作；每次测试仅做一项修改，以便知道该次修改是否能够有效解决问题。

4. 最小系统法

将现有网络系统缩减为最小可用系统，并测试最小系统的可用性，然后逐渐增大系统规模，逐步确定故障点。

二、网络故障诊断工具

（一）硬件工具

硬件工具在处理物理故障时非常有效，特别是测试链路和连接电缆的连通性时必须采

用硬件工具来完成，硬件工具主要有以下设备。

1. 网络测试仪

网络测试仪通常也称专业网络测试仪或网络检测仪，是一种可以检测 OSI 参考模型定义的物理层、数据链路层、网络层运行状况的便携、可视的智能检测设备，主要适用于局域网故障检测、维护和综合布线施工中。

网络测试仪按网络传输介质划分，可以分为有线网络测试仪和无线网络测试仪。

（1）有线网络测试仪。有线网络中常见的传输介质包括双绞线、光纤和同轴电缆。同轴电缆已经很少见了，普遍使用的是双绞线，光纤是未来网络的发展方向。市场上针对传输介质开发出的网络测试仪，分为光纤网络测试仪和双绞线网络测试仪，光纤网络测试仪并不常用，所以我们通常所说的网络测试仪都是指双绞线网络测试仪。利用有寻线功能的网络测试仪还可以找到网络线路的故障。

（2）无线网络测试仪。无线网络测试仪主要针对无线路由和无线 AP 进行检测，可以排查出无线网络中连接的终端和无线信号强度，进而能有效地管理网络中的节点，增强网络安全。

2. 万用电表

万用电表主要对网络的电气性能故障进行测试。

3. 交叉电缆

交叉电缆可以直接隔离网络，直接对计算机的通信能力进行测试。

4. 示波器

示波器可以对网络中的信号进行测试，检查网络中电信号是否能正常传输。

（二）软件工具

一些系统自带的网络测试工具和第三方的测试软件都可以帮助网络管理员进行网络故障诊断和排除。主要有：

1. 常用的网络测试命令

（1）ping 命令：ping 不仅仅是 Windows 中的命令，在 UNIX 和 Linux 中也可以执行该命令。

（2）ipconfig 命令：ipconfig 实用程序用于在 Windows 环境中检测 TCP/IP 设置是否正确。

（3）tracert 命令：tracert 诊断实用程序将包含不同生存时间（TTL）值的互联网控制报文协议（ICMP）回显数据包发送到目标，以决定到达目标采用的路由。

（4）netstat 命令：netstat 是控制台命令，是一个监控 TCP/IP 网络的非常有用的工具，它可以显示路由表、实际的网络连接及每一个网络接口设备的状态信息。netstat 用于显示与 IP、TCP、UDP 和 ICMP 协议相关的统计数据，一般用于检验本机各端口的网络连接情况及使用的服务类型。

有关 netstat 命令的详细用法可以在 Windows 命令行下输入“netstat/?”命令查看。

2. 端口/IP 地址扫描工具

常见的地址扫描工具有 IP 地址扫描器、IP Scanner、MAC 地址扫描器等，端口扫描器工具有 Port Scanner、Scanport、端口扫描器等。这些软件在合法使用时，可以及时发现网络中的问题，提高网络安全水平服务。如果被非法使用，就会通过扫描找到网络中的安全漏洞，给网络带来安全风险。

（三）软件与硬件结合的专用工具

1. 网络监视器

网络监视器一般由软件和硬件两个部分组成。网络监视器可以通过网络监视器软件对网络中一个或多个网络监视终端（硬件）进行行为控制。使用网络监视器软件可以捕获、查看网络的通信模式和问题，并通过监视器硬件展示给维护人员。

2. 协议分析器

网络协议分析是指通过程序分析网络数据包的协议头和尾，从而了解信息和相关的数据包在产生和传输过程中的行为。协议分析器由分析软件和硬件两部分组成。

协议分析器既能用于合法网络管理，也能用于窃取网络信息。网络运作和维护都可以采用协议分析器，如监视网络流量、分析数据包、监视网络资源利用、执行网络安全操作规则、鉴定分析网络数据及诊断并修复网络问题等等。

协议分析器是一种用于监督和跟踪网络活动的诊断工具。它可以是在计算机上运行的软件，也可以是包含特殊线路板和软件的专用设备，后者通常称为协议分析仪，属于网络诊断硬件，被网络技术人员携带到不同地点的便携式设备，作为网络维护工具使用。

（四）个人计算机网络诊断工具

（1）360 系统诊断工具。

（2）Windows 网络诊断工具：win MTR、Windows IE（Windows 7）等。

（3）无线网络诊断工具：无线网络监视器和分析仪 CommView for Wi-Fi、无线信号扫描工具 inSSIDer、无线网络连接工具 Wireless Wizard。可以对无线网络的运行情况进行诊断。

第十一章 计算机网络安全风险管理

第一节 计算机网络安全管理

一、计算机网络安全管理的意义

因为网络安全的脆弱性，在使用网络时除了采用各种技术和完善系统的安全保密措施外，还必须加强网络的安全管理，诸多的不安全因素恰恰存在于组织管理方面。据权威机构统计表明：计算机网络安全60%以上的问题是由于管理造成的。也就是说，解决计算机网络安全问题不应仅从技术方面着手，同时更应加强计算机网络安全的管理工作。

计算机网络安全管理是人们能够安全上网、绿色上网、健康上网的根本保证。

二、计算机网络安全管理的内容

主要内容：网络安全管理的法律法规、计算机网络安全评价标准、计算机网络安全管理制度。

1. 网络安全管理的法律法规——《计算机信息网络国际联网安全保护管理办法》

（1）组织工作人员认真学习《计算机信息网络国际联网安全保护管理办法》，提高工作人员维护网络安全的警惕性和自觉性。

（2）负责对本网络用户进行安全教育和培训，使用户自觉遵守和维护《计算机信息网络国际联网安全保护管理办法》，使他们具备基本的网络安全知识。

（3）加强对单位的信息发布和BBS公告系统的信息发布的审核管理工作，杜绝违犯《计算机信息网络国际联网安全保护管理办法》的内容出现。

（4）一旦发现从事下列危害计算机信息网络安全的活动，做好记录并立即向当地公安机关报告。①未经允许进入计算机信息网络或者使用计算机信息网络资源；②未经允许对计算机信息网络功能进行删除、修改或者增加；③未经允许对计算机信息网络中存储、处理或者传输的数据和应用程序进行删除、修改或者增加；④故意制作、传播计算机病毒等破坏性程序的；⑤从事其他危害计算机信息网络安全的活动。

（5）在信息发布的审核过程中，如发现有违反宪法和法律、行政法规的将一律不予以发布，并保留有关原始记录，在24小时内向当地公安机关报告。

（6）接受并配合公安机关的安全监督、检查和指导，如实向公安机关提供有关安全保护的信息、资料及数据文件，协助公安机关查处通过国际联网的计算机信息网络的违法犯罪行为。

2. 计算机网络安全评价标准——《计算机信息系统安全保护等级划分准则》

我国的《计算机信息系统安全保护等级划分准则》（GB 17859）主要是为安全法规制定提供依据、为安全产品研制提供技术支持、为安全系统建设提供技术指导。

我国的《计算机信息系统安全保护等级划分准则》（GB 17859）规定安全保护能力的5个等级：

（1）第一级——用户自主保护级（用户自主地定义对客体的访问权限）。

（2）第二级——系统审计保护级（访问控制粒度是单个用户，并控制访问权扩散）。

（3）第三级——安全标记保护级（对主体及其控制的客体实施强制访问控制）。

（4）第四级——结构化保护级（访问控制扩展到所有的主体和客体）。

（5）第五级——访问验证保护级（仲裁主体对客体的全部访问）。

3. 计算机网络安全管理制度

（1）信息发布登记制度：在信源接入时要落实安全保护技术措施，保障本网络的运行安全和信息安全；对以虚拟主机方式接入的单位，系统要做好用户权限设定工作，不能开放其信息目录以外的其他目录的操作权限。对委托发布信息的单位和个人进行登记并存档。对信源单位提供的信息进行审核，不得有违犯《计算机信息网络国际联网安全保护管理办法》的内容出现。发现有违犯《计算机信息网络国际联网安全保护管理办法》情形的应当保留有关原始记录，并在24小时内向当地公安机关报告。

（2）信息内容审核制度：必须认真执行信息发布审核管理工作，杜绝违犯《计算机信息网络国际联网安全保护管理办法》的情形出现。对在本网站发布信息的信源单位提供的信息进行认真检查，不得有危害国家安全、泄露国家秘密以及侵犯国家的、社会的、集体的利益和公民的合法权益的内容出现。对在BBS公告板等发布公共言论的栏目建立完善的审核检查制度，并定时检查，防止违犯《计算机信息网络国际联网安全保护管理办法》的言论出现。一旦发现用户制作、复制、查阅和传播非法信息的按照国家有关规定，删除含有上述内容的地址、目录或者关闭服务器，并保留原始记录，在24小时之内向当地公安机关报告。

（3）用户备案制度：用户在本单位办理入网手续时，应当填写用户备案表。公司设专人按照公安部《中华人民共和国计算机信息网络国际联网单位备案表的通知》的要求。

（4）安全教育培训制度：定期组织管理员认真学习《计算机信息网络国际联网安全保护管理办法》《网络安全管理制度》及《信息审核管理制度》，提高工作人员的维护网络安全的警惕性和自觉性。负责对本网络用户进行安全教育和培训，使用户自觉遵守和维护《计算机信息网络国际联网安全保护管理办法》，使他们具备基本的网络安全知识。对信息源接入单位进行安全教育和培训，使他们自觉遵守和维护《计算机信息网络国际联网安全保护管理办法》，杜绝发布违犯《计算机信息网络国际联网安全保护管理办法》的信息内容。定期邀请公安机关有关人员进行信息安全方面的培训，加强对有害信息，特别是影射性有害信息的识别能力，提高防范能力。

（5）用户登记和管理制度：建立健全计算机信息网络电子公告系统的用户登记和信

息管理制度；组织网络管理员学习《计算机信息网络国际联网安全保护管理办法》，提高网络安全员的警惕性；负责对本网络用户进行安全教育和培训；建立电子公告系统的网络安全管理制度和考核制度，加强对电子公告系统的审核管理工作，杜绝BBS上出现违犯《计算机信息网络国际联网安全保护管理办法》的内容。对版主的聘用本着认真慎重的态度、认真核实版主身份，做好版主聘用记录；对各版聘用版主实行有针对性的网络安全教育，落实版主职责，提高版主的责任感；版主负责检查各版信息内容，如发现违反《计算机信息网络国际联网安全保护管理办法》，即时予以删除，情节严重者，做好原始记录，报告网络管理员解决，由管理员向公安机关计算机管理监察机构报告；网络管理员负责考核各版版主，如发现不能正常履行版主职责者，检查时严格按照《计算机信息网络国际联网安全保护管理办法》《网络安全管理制度》及《信息审核管理制度》的标准执行；如发现违犯《计算机信息网络国际联网安全保护管理办法》（见附页）的言论及信息，即时予以删除，情节严重者保留有关原始记录，并在24小时内向当地公安机关报告；负责对本网络用户进行安全教育和培训，网络管理员加强对《计算机信息网络国际联网安全保护管理办法》的学习，进一步提高对网络信息安全维护的警惕性。

三、计算机网络安全管理的技术

网络安全技术指致力于解决诸多如何有效进行介入控制，以及如何保证数据传输的安全性的技术手段，主要包括物理安全分析技术、网络结构安全分析技术、系统安全分析技术、管理安全分析技术及其他的安全服务和安全机制策略等。

计算机网络安全管理的典型技术包括：

（一）物理安全措施

（1）机房环境安全：包括防火与防盗、防雷与接地、防尘与防静电、防地震等。

（2）通信线路安全：包括线路防窃听技术等。

（3）设备安全：包括防电磁辐射泄漏、防线路截获、防电磁干扰及电源保护等。

（4）电源安全：包括防电源供应、输电线路安全、电源稳定性等。

（二）数据传输安全技术

（1）传输安全加强技术：如用电缆加压技术、警报系统和加强警卫等措施。

（2）对光纤等通信线路的防窃听技术：距离大于最大长度限制的系统之间，不采用光纤线通信。

（三）内外网隔离技术

内外网隔离技术是防止网络监听和入侵的手段之一，主要包括物理网络隔离和逻辑网络隔离。

（1）物理网络隔离：在两个DMZ之间配置一个网络，让其中的通信只能经由一个装置实现。

防火墙技术是一种防止外部网络用户非法进入内部网络的技术。根据其实现技术可以分为包过滤路由器、应用级网关、应用代理、状态检测等类型，目前市场上的主流防火墙一般都是状态检测防火墙；根据其系统结构分为包过滤路由器、双宿主主机、屏蔽主机屏蔽子网结构型。

（2）逻辑网络隔离：这个技术借由虚拟/逻辑设备，而不是物理的设备来隔离不同网段的通信。它包括以下4种：

①虚拟局域网（VLAN）：工作在第二层，一个交换机上的所有接口都默认在同一个广播区域，但是借由使用VLAN标签的方式将各个接口逻辑上分成不同的广播域。

②虚拟路由和转发：工作在第三层，允许多个路由表同时共存在同一个路由器上用一台设备实现网络的分区。

③多协议标签交换（MPS）：MPS工作在第三层，使用标签而不是保存在路由表里的网络地址来转发数据包。标签是用来辨认数据包将被转发到的某个远程节点。

④虚拟交换机：虚拟交换机可以用来将一个网络与另一个网络分隔开来。它类似于物理交换机，都是用来转发数据包，但是用软件来实现，所以不需要额外的硬件。

（四）入侵检测技术

入侵检测技术提供实时的入侵检测及采取相应的防护手段证据用于跟踪和恢复、断开网络连接等。

（1）基于主机的入侵检测技术：用于保护关键应用的服务器，实时监视可疑的连接系统日志检查、非法访问的闯入等，并且提供对典型应用的监视如Web服务器应用。

（2）基于网络的入侵检测技术：用于实时监控网络关键路径的信息。

（五）访问控制技术

访问控制技术是保证网络资源不被非法使用和访问的手段，是保证网络安全最重要的核心技术之一。

（1）访问控制的层次：包括物理访问控制（如符合标准规定的用户、设备、门、锁和安全环境等方面的要求）和逻辑访问控制（在数据、应用、系统、网络和权限等层面进行实现的）。

（2）访问控制的模式：包括自主访问控制（Discretionary Access Control，DAC，是一种接入控制服务，通过执行基于系统实体身份及系统资源的接入授权，包括在文件、文件夹和共享资源中设置许可）、强制访问控制（Mandatory Access Control，MAC，由系统对用户所创建的对象按照规定的规则控制用户权限及操作对象的访问）和基于角色访问控制（Role Based Access Control，RBAC，是通过对角色的访问进行的控制）。

（3）访问控制的内容：包括认证（认证技术用以解决网络通信过程中通信双方的身份认可，数字签名技术用于通信过程中的不可抵赖要求的实现）、控制策略实现（包括入网访问控制、网络权限限制、目录级安全控制、属性安全控制、网络服务器安全控制、网络监测和锁定控制、网络端口和节点的安全控制和防火墙控制）和安全审计。

（六）审计技术

计算机网络安全审计（Audit）是指按照一定的安全策略，利用记录、系统活动和用户活动等信息，检查、审查和检验操作事件的环境及活动，从而发现系统漏洞、入侵行为或改善系统性能的过程。具体实施过程主要包括保护审查审计数据及审查审计数据。

网络安全审计类型从级别上可分为系统级审计、应用级审计和用户级审计三种。

（1）系统级审计：系统级审计主要针对系统的登入情况、用户识别号、登入尝试的日期和具体时间、退出的日期和时间、所使用的设备、登入后运行程序等事件信息进行审查。典型的系统级审计日志还包括部分与安全无关的信息，如系统操作、费用记账和网络性能。这类审计却无法跟踪和记录应用事件，也无法提供足够的细节信息。

（2）应用级审计：应用级审计主要针对的是应用程序的活动信息，如打开和关闭数据文件，读取、编辑、删除记录或字段的等特定操作，以及打印报告等。

（3）用户级审计：用户级审计主要是审计用户的操作活动信息，如用户直接启动的所有命令，用户所有的鉴别和认证操作，用户所访问的文件和资源等信息。

（七）安全扫描技术

安全扫描技术源于 Hacker 在入侵网络系统时采用的工具与技术。商品化的安全扫描工具为网络安全漏洞的发现提供了强大的支持。安全扫描技术通常也分为基于服务器和基于网络的扫描技术。

（1）基于服务器的扫描技术：主要扫描服务器相关的安全漏洞，如 password 文件，目录和文件权限、共享文件系统、敏感服务、软件、系统漏洞等，并给出相应的解决办法和建议。该技术通常与相应的服务器操作系统紧密相关。

（2）基于网络的安全扫描技术：主要扫描设定网络内的服务器、路由器、网桥、变换访问服务器、防火墙等设备的安全漏洞，并可设定模拟攻击，以测试系统的防御能力。通常该类扫描器限制使用范围（IP 地址或路由跳数）。

（八）防病毒技术

防病毒技术主要包括：

（1）阻止病毒的传播：在防火墙、代理服务器、SMTP 服务器、网络服务器、群件服务器上安装病毒过滤软件。在桌面 PC 安装病毒监控软件。

（2）检查和清除病毒：使用防病毒软件检查和清除病毒。

（3）病毒数据库的升级：病毒数据库应不断更新，并下发到桌面系统。

（4）在防火墙、代理服务器及 PC 上安装 Java 及 ActiveX 控制扫描软件，禁止未经许可的控件下载和安装。

（九）备份与恢复技术

操作系统、数据库及信息等的备份与恢复技术是管理员维护系统与数据安全性和完整性的重要手段。

（1）备份是恢复数据库最容易和最能防止意外的保证方法。主要备份策略包括完全备份（Full Backup）、增量备份（Incremental Backup）、差分备份（Differential Backup）。主要备份技术包括 LAN 备份、LAN Free 备份和 SAN Server-Free 备份三种。

（2）恢复是在意外发生后利用备份来恢复数据的操作。它包括逻辑故障数据恢复、硬件故障数据恢复、磁盘阵列 RAID 数据恢复等。

（十）终端安全技术

终端安全技术是通过PDCA模型（P规划方案、D实施维护、C检查评估、A处理整改）来持续提升企业终端安全能力的。也包括利用应用系统的安全技术以保证电子邮件和操作系统等应用平台的安全。

（1）终端安全立体防御体系：包括准入控制（识别终端用户身份，以决定是否允许其接入）、桌面管理（通过制订相应安全策略来保障终端桌面的安全）、安全管理（通过制订适合企业业务运营要求的安全管理方案，来确保所制定的安全策略有法可依）。

（2）终端安全体系五要素：包括身份认证（身份标识、角色定义、外部纷争系统等）准入控制（软件防火墙、802.1X交换机、网关准入控制、ARP、DHCP等）、安全认证（防病毒软件、补丁管理、非法外联管理、存储介质管理、上网行为管理等）、业务授权（业务系统权限控制、业务文档权限控制）、业务审计（业务系统类审计、业务文档类审计）。

四、计算机网络安全管理的误区

计算机安全管理的认识中还存在如下几点误区：加密确保了数据得到保护、防火墙会让系统固若金汤、黑客不理睬老的软件、Mac机很安全、安全工具和软件补丁让每个人更安全等。

（一）加密确保了数据得到保护

数据加密使得数据保护上了一个台阶，但黑客采用的嗅探器功能强化以及加密标准存在漏洞，都使得数据加密不是那么完美。

（二）防火墙会让系统固若金汤

黑客只要跟踪内含系统网络地址的IP痕迹，就能了解服务器及与它们相连的计算机的详细信息，然后利用这些信息钻网络漏洞的空子。网络管理员不仅要确保自己运行的软件版本最新、最安全，还要时时关注操作系统的漏洞报告，时时密切关注网络，寻找可疑活动的迹象。此外，他们还要对使用网络的最终用户给出明确的指导，劝他们不要安装没有经过测试的新软件，打开电子邮件的可执行附件，访问文件共享站点、运行对等软件配置自己的远程访问程序和不安全的无线接入点等。

（三）黑客不理睬老的软件

黑客同样喜欢最近没有更新或者没有打上补丁的Web服务器。

（四）Mac机很安全

如果Mac机运行微软Office等Windows程序，或者与Windows机器联网。这样一来Mac机同样难免遇到Windows用户面临的漏洞。

（五）安全工具和软件补丁让每个人更安全

黑客可以对微软通过其 Windows Update 服务发布的补丁进行“逆向工程”（reverse-eng-neer），从而了解补丁是如何解决某个漏洞的，并进而查明怎样利用补丁。

（六）云时代的安全管理

在云时代，必须按照计算机网络安全管理体系，为具备云计算应用的系统建立一套完善的计算机网络安全管理体系，并对重要 Web 服务器贯彻落实等级保护政策。

第二节　计算机网络安全风险管理

随着 Internet 的飞速发展及网络应用的扩大，网络安全风险也变得非常严重和复杂。原先单机安全事故引起的故障通过网络传给其他系统和主机，可造成大范围的瘫痪，再加上安全机制的缺乏和防护意识不强，网络风险日益加重。

然而，风险的大小，与资产、威胁、脆弱性这 3 个引起风险的最基本要素有关。资产具有脆弱性，资产的脆弱性可能暴露资产，资产具有的脆弱性越多则风险越大。威胁则是引发风险的外在因素，资产面临的威胁越多则风险越大。安全威胁是指某个人、物、事件或概念对某一资源的机密性、完整性、可用性或合法性所造成的危害。某种攻击就是某种威胁的具体实现。安全威胁可分为故意的（如黑客渗透）和偶然的（如信息被发往错误的地址）两类。故意威胁又可进一步分为被动和主动两类。安全攻击是指对于计算机或网络安全性的攻击，最好通过在提供信息时查看计算机系统的功能来记录其特性。

一、基础概念

（一）网络安全风险产生的原因

网络应用给人们带来了快捷与便利，但随之而来的网络安全风险也变得更加严重和复杂。原来由单个计算机安全事故引起的损害可能传播到其他系统和主机，引起大范围的瘫痪和损失；另外加上缺乏安全控制机制和对网络安全政策及防护意识的认识不足，这些风险正日益加重。影响网络不安全的因素有很多，总结起来主要有以下 3 种类型：①服务器故障、线路故障等。②软件：不安全的软件服务，分为人为和非人为因素。③网络操作系统：不安全的协议，比如 TCP、IP 协议本身就是不安全的。

（1）开放性的网络环境。

正如一句非常经典的语句所说：“Internet 的美妙之处在于你和每个人都能互相连接，Internet 的可怕之处在于每个人都能和你互相连接。”

网络空间之所以易受攻击，是因为网络系统具有开放、快速、分散、互联、虚拟、弱等特点。网络用户可以自由访问任何网站，几乎不受时间和空间的限制。信息传输速度极快，因此，病毒等有害信息可在网上迅速扩散和放大。网络基础设施和终端设备数量众多，分布地域广阔，各种信息系统互联互通，用户身份和位置真假难辨，构成了一个庞大而复杂的虚拟环境。此外，网络软件和协议存在许多技术漏洞，让攻击者有了可乘之机。这些特点都给网络空间的安全管理造成了巨大的困难。例如 2017 年 5 月发生的“永恒之蓝”勒索病毒事件就是一次例证，当时病毒突袭了全球 150 多个国家，许多用户的电脑被病毒锁定，无法正常使用。此勒索病毒的传播速度极快，破坏性之大，影响范围之广为互联网历史上罕见。

Internet 是跨国界的，这意味着网络的攻击不仅仅来自本地网络的用户，也可以来自 Internet 上的任何一台机器。Internet 是一个虚拟的世界，所以无法得知联机的另一端是谁。网上有一幅非常出名的图片，图片阐述的含义是虚拟环境中不知对方是谁。在这个虚拟的世界里，已经超越了国界，某些法律也受到了挑战，因此网络安全面临的是一个国际化的挑战。

网络建立初期只考虑方便性、开放性，并没有考虑总体安全构想，因此，任何一个人、团体都可以接入，网络所面临的破坏和攻击可能是多方面的。例如，可能是对物理传输线路的攻击，也可能是对网络通信协议及应用的攻击；可能是对软件的攻击，也可能是对硬件的攻击。

（2）协议本身的脆弱性。

2016 年发生的 Mim 僵尸网络攻击，导致美国东海湾岸大面积断网。2017 年 4 月，我国也出现了控制大量物联网设备的僵尸网络 HTTP81，该僵尸网络感染控制了超过 5 万台网络摄像头。这意味着 HTTP81 一旦展开 DOS 攻击，国内互联网可能成为重灾区，其他国家和地区也不能完全排除受感染或受攻击的可能性。网络传输离不开通信协议，而这些协议也有不同层次、不同方面的漏洞，针对 TCP/IP 等协议的攻击非常多，在以下几个方面都有攻击的案例。

①网络应用层服务的安全隐患。例如，攻击者可以利用 FTP、Login、Finger、Whois、WWW 等服务来获取信息或取得权限。

②IP 层通信的易欺骗性。由于 TCP/IP 本身的缺陷，IP 层数据包是不需要认证的，攻击者可以假冒其他用户进行通信，此过程即 IP 欺骗。

③针对 ARP 的欺骗性。ARP 是网络通信中非常重要的协议。基于 ARP 的工作原理，攻击者可以假冒网关，阻止用户上网，此过程即 ARP 欺骗。近一年来 ARP 攻击更与病毒结合在一起，破坏网络的连通性。

④局域网中，以太网协议的数据传输机制是广播发送，使系统和网络具有易被监视性。在网络上，黑客能用嗅探软件监听到口令和其他敏感信息。

（3）操作系统的漏洞。

在计算机领域漏洞特指系统安全方面存在不足的地方，一般被定义为信息系统的设计、编码和运行当中引起的、可能被外部利用用于影响信息系统机密性、完整性、可用性的缺陷。首先漏洞来自操作的缺陷，其次漏洞来自认知的缺陷，最后漏洞来自知识缺陷。网络离不开操作系统，操作系统的安全性对网络安全同样有非常重要的影响，有很多网络攻击方法都是从寻找操作系统的缺陷入手的。操作系统的缺陷有以下几个方面：

①系统模型本身的缺陷。这是系统设计初期就存在的，无法通过修改操作系统程序的源代码来弥补。

②操作系统程序的源代码存在 Bug（漏洞）。操作系统也是一个计算机程序，任何程序都会有 Bug，操作系统也不会例外。例如，冲击波病毒针对的就是 Windows 操作系统的 RPC 缓冲区溢出漏洞。那些公布了源代码的操作系统所受到的威胁更大，黑客会分析其源代码，找到漏洞进行攻击。

③操作系统程序的配置不正确。许多操作系统的默认配置安全性很差，进行安全配置比较复杂，并且需要一定的安全知识，许多用户并没有这方面的能力，如果没有正确地配置这些功能，也会造成一些系统的安全缺陷。

Microsoft 公司在 2010 年发布了 106 个安全公告，修补了 247 个操作系统的漏洞，比 2009 年多 57 个。漏洞的大量出现和不断快速增加补丁是网络安全总体形势趋于严峻的重要原因之一。不仅仅操作系统存在这样的问题，其他应用系统也一样。例如，微软公司在 2010 年 12 月推出 17 款补丁，用于修复 Windows 操作系统、IE 浏览器、Office 软件等存在的 40 个安全漏洞。在我们实际的应用软件中，可能存在的安全漏洞更多。

（4）数据存在泄露风险。

随着人工智能和物联网的发展，越来越多的 AI 技术被应用于生活生产中，越来越多的数据以及敏感数据流入网络平台，这无疑增加了数据泄露事件发生的可能性。一方面，互联网和智能手机让人们的生活变得越来越方便；另一方面，其“头顶却悬挂着达摩克利斯之剑”，比如病毒、木马、安全漏洞、数据泄露等。当我们尽享技术带来的美好生活时，许多事情的发生却一次次提醒人们新技术带来的负面性。例如：2018 年 6 月特斯拉（Tesla）起诉了一名前员工，称其盗取了该公司的商业机密并且向第三方泄露了大量公司内部数据，这些泄露包括数十份有关特斯拉的生成制造系统的机密照片。

（5）人为因素。

许多公司和用户的网络安全意识薄弱、思想麻痹，这些管理上的人为因素也影响了安全。

根据研究，针对企业的攻击中，有近 1/3（28%）都在源头上使用了钓鱼/社交工程攻击手段。例如，一名粗心大意的会计人员很可能会打开一个伪装成发票的恶意文件，尽管这个文件看上去是来自某个承包商。这样做，可能导致整个企业的基础设施关闭，使得这名会计成为攻击者的同谋，尽管他自己并不知情。

在安全技术方面，大多数针对不知情或粗心大意的员工的威胁，包括钓鱼攻击，都可以通过终端安全解决方案来应对。这些解决方案可以满足中小企业和大型企业在功能、预设保护和高级安全设置方面的需求，最大限度地减少企业面临的风险。

（二）形成网络安全风险的主要因素

在过去的几年，网络安全各类事件频频发生。美国监控“棱镜门”事件让世界网民震惊，也激醒了中国信息安全产业最弱神经。自主可控被提到前所未有的高度，数据泄露在各领域频繁上演。Java 漏洞、struts 系统高危漏洞和路由漏洞，以其影响面之广、危害之大而特别令人担忧。拒绝服务攻击（Denial of service，DoS）愈演愈烈，出现了史上流量最大的攻击。手机安卓系统安全问题频出，高级持续性威胁（Advanced Persistent Threat，APT）攻击也渐显扩张态势。

随着计算机网络的广泛应用，人们更加依赖网络系统，同时也出现了各种各样的安全问题，致使网络安全风险更加突出。认真分析各种风险和威胁的因素和原因，对于更好地防范和消除风险，确保网络安全极为重要。

归纳起来，网络安全风险形成的因素主要有以下几种：

（1）软件系统的漏洞和隐患：软件系统人为设计与研发无法避免地遗留一些漏洞和隐患，随着软件系统规模的不断增大，系统中的安全漏洞或“后门隐患”难以避免，包括常用的操作系统，都存在一些安全漏洞，而且各种服务器浏览器、桌面系统软件也都存在各种安全漏洞和隐患。每一个操作系统或网络软件的出现都不可能是无缺陷、无漏洞的。这就使计算机处于危险的境地，一旦连接入网，将成为众矢之的。

（2）网络系统本身的缺陷：国际互联网最初的设计考虑是该网不会因局部故障而影响信息的传输，基本没有考虑安全问题，由于网络的共享性、开放性和漏洞，致使网络系统和信息的安全存在很大风险和隐患，而且网络传输的 TCP/IP 协议簇缺乏安全机制，所以因特网在安全可靠、服务质量、带宽和方便性等方面都存在着风险。

（3）配置不当：安全配置不当造成安全漏洞。例如，防火墙软件的配置不正确，使得它根本不起作用。对特定的网络应用程序，当它启动时，就打开了一系列的安全缺口，许多与该软件捆绑在一起的应用软件也会被启用。除非用户禁止该程序或对其进行正确配置，否则，安全隐患始终存在。

（4）安全意识不强：目前，网络安全还存在许多认知盲区和制约因素。网络是新事物，许多人一接触就忙于学习、工作和娱乐，他们没有时间考虑网络信息的安全性，他们安全意识相当薄弱，对网络信息不安全这一事实认识不足。用户口令选择不慎，或将自己的账号随意转借他人，或与别人共享等都会给网络安全带来威胁。

（5）病毒：目前数据安全的头号大敌是计算机病毒。计算机病毒是编制者在计算机程序中插入的破坏计算机功能或数据，影响计算机软件、硬件的正常运行，并且能够自我复制的一组计算机指令或程序代码。计算机病毒具有传染性、寄生性、隐蔽性、触发性、破坏性等特点。因此，提高对病毒的防范刻不容缓。

（6）黑客攻击及非授权访问：对于计算机数据安全构成威胁的另一个方面是来自计算机黑客（Hacker）。计算机黑客利用系统中的安全漏洞非法进入他人计算机系统，其危害非常大。从某种意义上讲，黑客对信息安全的危害甚至比一般的计算机病毒更为严重。由于黑客攻击的隐蔽性强、防范难度大、破坏性强，已经成为网络安全的主要威胁。实际上，目前针对网络攻击的防范技术滞后，而且还缺乏极为有效的快速侦查跟踪手段，由于强大利益链的驱使黑客技术逐渐被更多的人掌握。目前，据不完全统计，世界上有几十万个黑客网站，介绍一些攻击方法、系统漏洞扫描和攻击工具软件的使用方法等，致使网络系统和站点遭受攻击的可能性增大。

2014 年初开始，AI 技术和变革将进一步深入发展，网络安全威胁也将出现新的变化，全产业由此加速转型。预计移动安全、大数据、云安全、社交网络、物联网等话题仍将热度不减。针对性攻击将变得更加普遍，云端数据保护压力变得更大，攻击目标将向离线设备延伸，甚至利用计算机及其网络相关部件在脱网状态下远程控制，围绕社交网络展开的网络欺诈数量也将继续增加。各种变化表明，在现代的网络世界中，需要以更积极主动的方式应对新的威胁，并有效保护和管理信息。

云计算、移动互联、物联网、自防御网络（Sel-Defending Network，SDN）、新型网络创新架构的软件定义网络（Software Defined Network，SDN）、大数据等技术的应用，带来了安全技术的新一轮变革。网络威胁的不断演进，也促使安全防御走向新的发展阶段。新技术受到了广泛关注，运用大数据进行安全分析，实现智能安全防护、AP 检测和防御技术、移动设备和数据安全防护、云数据中心安全防护等。不容忽视的是，网络安全厂商与用户对技术的关注点依然冷热不均，用户对一些新技术的理解和接受尚需时日。

云计算在企业风险管理方面有利有弊。这些因素包括如下几个事项，包括公有云和托管私有云等各种情况带来的风险：对资产和相关流程的物理控制较少，不实际控制基础设施或云计算提供者的内部流程；由于缺乏日常的可视性或管理方法，对合同、审计和评估有更大的依赖性；云提供商还不断发展他们的产品和服务，保持竞争力，这些持续的创新可能会超过最初的合同范围，对合同带来变化，或没有包括在现有的协议和评估范围中；云客户没有外包管理风险的责任，但一定可以外包一些风险管理措施的实施。

（三）网络风险形成的途径

掌握网络安全威胁的现状及途径，有利于更好地掌握网络安全的重要性、必要性和重要的现实意义，有助于深入讨论和强化网络安全。

据国家互联网应急中心（CNCERT）的数据显示，中国遭受境外网络攻击的情况日趋严重。CNCERT 抽样监测发现，2013 年 1 月 1 日至 2 月 28 日，境外 6747 台木马或僵尸网络控制服务器控制了中国境内 190 余万台主机；其中，位于美国的 2194 台控制服务器控制了中国境内 128.7 万台主机，无论是按照控制服务器数量还是按照控制中国主机数量排名，美国都名列第一。

目前，随着信息技术的快速发展和广泛应用，国内外网络被攻击或病毒侵扰等威胁的状况，呈现出上升的态势，威胁的类型及途径变化多端。一些网络系统及操作系统和数据库系统、网络资源和应用服务都成为黑客攻击的主要目标。目前，网络的主要应用包括电子商务、网上银行、股票证券、网游、下载软件或流媒体等，都存在大量安全隐患。一是这些网络应用本身的安全性问题，特别是开发商都将研发的产品发展成更开放、更广泛的支付/交易营销平台、网络交流社区，用户名、账号和密码等信息成为黑客的主要目标；二是这些网络应用也成为黑客攻击、病毒传播等威胁的主要途径。

（四）网络安全威胁的类型

在飞速发展的信息化建设的时代，尤其以通信、计算机、网络、云计算、大数据为代表的互联网技术更是日新月异，令人眼花缭乱，目不暇接。由于信息化时代的快速发展，网络安全在这个新时代下占据着越来越重要的比重。但伴随着技术的发展和进步，网络信息安全问题已变得日益突出。因此，了解网络面临的各种威胁，采取有力措施，防范和消除这些隐患，是值得各个领域关注的一个焦点。

面对以上众多的威胁，势必采取一些有效的措施来规避风险，从技术角度上可以采取信息加密技术、安装防病毒软件和防火墙、使用路由器和虚拟专用网技术；从构建信息安全保密体系角度上可以采取一些信息安全保密体系框架、信息安全保密服务支持体系、信息安全保密的标准规范体系、信息安全保密技术的防范体系、信息安全保密的管理保障体系以及信息安全保密的工作能力体系。

二、网络安全要素及相互关系

（一）网络安全的主要涉及要素

在 Internet 中，网络安全的概念和日常生活中的安全一样常被提及，而“网络安全”到底包括什么，具体又涉及哪些技术，大家未必清楚，可能会认为“网络安全”只是防范黑客和病毒。其实，网络安全是一门交叉学科，涉及多方面的理论和应用知识。除了数学、通信、计算机等自然科学外，还涉及法律、心理学等社会科学，是一个多领域的复杂系统。只有确保了网络数据的可用性、完整性和保密性，才能够更好地使网络系统正常的运行。

网络安全涉及上述多种学科的知识，而且随着网络应用的范围越来越广，以后涉及的学科领域有可能会更加广泛。通常，网络安全的内容从技术方面包括操作系统安全、数据库安全、网络站点安全、病毒与防护、访问控制、加密与鉴别等几个方面。一般地，从层次结构，也可将网络安全涉及的内容分为 5 个方面。

（1）物理安全。

物理安全又称实体安全，指保护计算机网络设备、设施及其他媒介免遭地震、水灾、火灾、有害气体、盗窃和其他环境事故破坏的措施及过程。保证计算机信息系统各种设备的物理安全，是整个计算机信息系统安全的前提，是信息安全的基础，包括机房安全、场地安全、机房环境（温度、湿度、电磁、噪声、防尘、静电及振动等）、建筑安全（防火、防雷、围墙及门禁安全）、设施安全、设备可靠性、通信线路安全性、辐射控制与防泄露、动力、电源/空调、灾难预防与恢复等。物理安全主要包括以下 3 个方面：

①环境安全：对系统所在环境的安全保护，如区域保护和灾难保护。

②设备安全：主要包括设备的防盗、防毁、防电磁信息辐射泄露、防止线路截获、抗电磁干扰及电源保护等。

③媒体安全：包括媒体数据的安全及媒体本身的安全。

（2）网络安全。

网络安全包括计算机网络运行和网络访问控制的安全，如设置防火墙实现内外网的隔离、备份系统实现系统的恢复。运行安全包括内外网的隔离机制、应急处置机制和配套服务、网络系统安全性监测、网络安全产品运行监测、定期检查和评估、系统升级和补丁处理、跟踪最新安全漏洞、灾难恢复机制与预防、安全审计、系统改造、网络安全咨询等。

在网络安全中，在内部网与外部网之间，设置防火墙实现内外网的隔离和访问控制，是保护内部网安全的最主要措施，同时也是最有效、最经济的措施之一。网络安全检测工具通常是一个网络安全性的评估分析软件或者硬件，用此类工具可以检测出系统的漏洞或潜在的威胁，以达到增强网络安全性的目的。

备份系统为一个目的而存在，即尽可能快地全面恢复运行计算机系统所需的数据和系统信息。备份不仅在网络系统硬件故障或人为失误时起到保护作用，也在入侵者非授权访问或对网络攻击及破坏数据完整性时起到保护作用，同时也是系统灾难恢复的前提之一。

（3）系统安全。

系统安全主要包括操作系统安全、数据库系统安全和网络系统安全。主要以网络系统的特点、实际条件和管理要求为依据，通过有针对性地为系统提供安全策略机制、保障措施、应急修复方法、安全建议和安全管理规范等，确保整个网络系统的安全运行。

一般人们对网络和操作系统的安全很重视，对数据库的安全不重视，其实数据库系统也是一款系统软件，与其他软件一样需要保护。

（4）应用安全。

应用安全由应用软件开发平台的安全和应用系统的数据安全两部分组成。应用安全包括：业务应用软件的程序安全性测试分析、业务数据的安全检测与审计、数据资源访问控制验证测试、实体的身份鉴别检测、业务现场的备份与恢复机制检查、数据的唯一性/一致性/防冲突检测、数据的保密性测试、系统的可靠性测试和系统的可用性测试等。

应用安全建立在系统平台之上，人们普遍会重视系统安全，而忽视应用安全，主要原因包括两个方面：第一，对应用安全缺乏认识；第二，应用系统过于灵活，需要较高的安全技术。网络安全、系统安全和数据安全的技术实现有很多固定的规则，应用安全则不同，客户的应用往往都是独一无二的，必须投入相对更多的人力物力，而且没有现成的工具，只能根据经验来手动完成。

（5）管理安全。

管理安全也称安全管理，主要指对人员及网络系统安全管理的各种法律、法规、政策、策略、规范、标准、技术手段、机制和措施等内容。管理安全包括法律法规管理、政策策略管理、规范标准管理、人员管理、应用系统使用管理、软件管理、设备管理、文档管理、数据管理、操作管理、运营管理、机房管理、安全培训管理等。

安全是一个整体，完整的安全解决方案不仅包括物理安全、网络安全、系统安全和应用安全等技术手段，还需要以人为核心的策略和管理支持。网络安全至关重要的往往不是技术手段，而是对人的管理。

这里需要谈到安全遵循的“木桶原理”，即一个木桶的容积决定于最短的一块木板，一个系统的安全强度等于最薄弱环节的安全强度。无论采用了多么先进的技术设备，只要安全管理上有漏洞，那么这个系统的安全一样没有保障。在网络安全管理中，专家们一致认为是“30%的技术，70%的管理”。同时，网络安全不是一个目标，而是一个过程，且是一个动态的过程。这是因为制约安全的因素都是动态变化的，必须通过一个动态的过程来保证安全。例如，Windows 操作系统经常公布安全漏洞，在没有发现系统漏洞前，大家可能认为自己的网络是安全的，实际上，系统已经处于威胁之中了，所以要及时地更新补丁。从 Windows 安全漏洞被利用的周期变化中可以看出：随着时间的推移，公布系统补丁到出现黑客攻击工具的速度越来越快。

到 2006 年与安全漏洞关系密切的“零日攻击”现象在 Internet 上显著增多。“零日攻击”是指漏洞公布当天就出现相应的攻击手段。例如，2006 年出现的“魔波蠕虫”（利用 MSO6040 漏洞）及利用 Word 漏洞（Ms6011 漏洞）的木马攻击等。2009 年“暴风影音”最新版本出现的“零日漏洞”已被黑客大范围应用。“零日漏洞”于 4 月 30 日被首次发现，其存在于暴风影音 ActiveX 控件中。该控件存在远程缓冲区溢出漏洞，利用该漏洞，黑客可以制作恶意网页，用于完全控制浏览者的计算机或传播恶意软件。

安全是相对的。所谓安全，是指根据客户的实际情况，在实用和安全之间找一个平衡点。

从总体上看，网络安全涉及网络系统的多个层次和多个方面，同时，也是动态变化的过程。网络安全实际上是一项系统工程，既涉及对外部攻击的有效防范，又包括制定完善的内部安全保障制度；既涉及防病毒攻击，又涵盖实时检测、防黑客攻击等内容。因此，网络安全解决方案不应仅仅提供对于某种安全隐患的防范能力，还应涵盖对于各种可能造成网络安全问题隐患的整体防范能力；同时，还应该是一种动态的解决方案，能够随着网络安全需求的增加而不断改进和完善。

（二）网络安全要素的相互关系

在网络信息安全法律基础上，以管理安全为保障，实体安全为基础，以系统安全、运行安全和应用安全网络正常运行与服务。

三、风险控制

网络安全是21世纪世界十大热门课题之一，已经成为世界关注的焦点。实际上网络安全是个系统工程，网络安全技术需要与风险管理和保障措施紧密结合，才能更好地发挥作用。网络风险控制已经成为各种计算机网络服务与管理中的重要任务，涉及法律、法规、政策、策略、规范、标准、机制、规划和措施等，是网络安全的关键。

（一）网络风险控制的概念

网络管理（Network Management），按照国际标准化组织（ISO）的定义是规划、监督、组织和控制计算机网络通信服务以及信息处理所必需的各种活动。狭义的网络管理主要指对网络设备运行和网络通信量的管理。现在，网络管理已经突破了原有的概念和范畴，其目的是提供对计算机网络的规划、设计、操作、运行、管理、监视、分析、控制、评估和扩展的手段，从而合理地组织和利用系统资源，提供安全、可靠、有效和良好的服务。网络管理的实质是对各种网络资源进行监测、控制、协调、故障报告等。网络管理技术是计算机网络技术中的关键技术。

网络风险控制，即安全管理（Network Security Management），通常是指以网络管理对象的安全为任务和目标所进行的各种管理活动，是与安全有关的网络管理，简称安全管理。由于网络安全对网络信息系统的性能、管理的关联及影响更复杂、更密切，网络安全管理逐渐成为网络管理中的一个重要分支，正受到业界及用户的广泛关注。网络安全管理需要综合网络信息安全、网络管理、分布式计算、人工智能等多个领域的知识和研究成果，其概念、理论和技术正在不断发展完善之中。

（二）网络风险控制的内容和方法

（1）网络风险控制的内容。

网络安全管理的目标是指在计算机网络的信息传输、存储与处理的整个过程中，以管理方式提供物理上、逻辑上的防护，监控、反应、恢复和对抗的能力，以保护网络信息资源的保密性、完整性、可用性、可控性和可审查性。其中保密性、完整性、可用性是网络信息安全的基本要求。网络信息安全的这五大特征，反映了网络安全管理的具体目标要求。解决网络安全问题需要安全技术、管理、法制、宣传教育并举，从网络安全管理标准、要求、技术、策略、机制、制度、规范和方法等方面解决网络安全问题是最基本的方法。

网络风险控制的具体对象包括涉及的机构、人员、软件、设备、场地设施、介质、涉密信息及密钥、技术文档、网络连接、门户网站、应急恢复、安全审计等。具体可分为5个方面：物理安全的风险控制、网络安全的风险控制、系统安全的风险控制、应用安全的风险控制、综合管理安全的风险控制。

（2）网络风险控制的方法。

网络风险控制的方法也是信息安全管理的方法，主要由风险管理方法和过程管理方法组成，并且广泛应用于组织信息安全管理的各个阶段。

首先，风险管理的方法是信息安全管理的基本方法，主要体现在以下两个方面。风险评估是信息安全管理的基础，通过风险评估我们能够更加清晰地了解自身面临的信息安全风险，并且从信息安全风险中提炼出信息安全需求。只有通过安全风险评估，信息安全管理的实施和管理体系的建立才更有依据。风险处理是信息安全管理的核心。只有通过风险处理活动，组织的信息安全能力才会提升，信息安全需求才能被满足。

在进行风险处理的过程中，需要选择并且确定适当的控制目标和控制的方法。只有落实适当的网络风险控制方法，才能够更好地将那些不可接受的高风险降到最低，降到可以接受的水平之内。因此，网络风险控制最有效的方法就是采取适当的控制措施。控制措施有多种类别，从手段来讲，可以分为技术性、管理性、物理性和法律性等控制措施；从功能来看，可以分为预防性、检测性、纠正性和威慑性等控制措施；从影响范围来看，控制措施常被分为安全方针、信息安全组织、资产管理、人力资源安全、物理和环境安全、通信和操作管理、访问控制、信息系统获取开发和维护、信息安全事件管理、业务连续性管理和符合性等11个类别。

其次，过程管理方法也是信息安全管理的基本方法。每个过程都包含若干项活动，这些活动的完成需要依赖特定的资源。每一个过程都能被拆分为若干个子过程，每个子过程又由若干个相应的子活动构成，依赖于特定的资源。主要的网络风险控制的实施，可以遵循如下4个基本步骤。

（1）制订规划和计划（Plan）。根据要求对每个阶段都制订出具体翔实的安全管理工作计划，突出工作重点、明确责任任务、确定工作进度、形成完整的安全管理工作文件。

（2）落实执行（Do）。按照具体安全管理计划开展各项工作，包括建立权威的安全机构，落实必要的安全措施，开展全员的安全培训等。

（3）监督检查（Check）。对上述安全管理计划与执行工作，构建的信息安全管理体系进行认真符合性监督检查，并反馈报告具体的检查结果。

（4）评估行动（Action）。根据检查的结果，对现有信息安全管理策略及方法进行评审评估和总结，评估现有信息安全管理体系的有效性，采取相应的改进措施可以概括描述为一个网络安全管理模型——PDCA持续改进模式。

第三节　计算机网络安全体系结构

计算机网络安全体系结构是由网络硬件、网络软件以及信息数据构成的一个安全系统。计算机网络安全体系结构必须能使得网络系统中的硬件、软件受到保护，不能被更改、泄露和破坏，能够使整个网络得到可持续的稳定运行，信息能够完整地传送，并得到很好的保密。因此计算机网络安全体系结构涉及网络硬件、网络软件、信息安全技术等领域。

1. 计算机网络安全体系结构内容

（1）安全服务：包括认证、访问控制、数据保密性、数据完整性、不可否认等。

（2）安全机制：包括加密机制、数字签名机制、访问控制机制、数据完整性机制、鉴别交换机制、业务填充机制、路由控制机制、公证机制等。

（3）安全管理：主要包含系统安全管理、安全机制管理、安全服务管理等内容。

2. 计算机网络安全体系结构要素

（1）安全政策与策略：各国按一定周期制定的关于计算机网络安全的宏观指导与规范。其制定过程包括明确安全问题：明确目前和近期、远期的网络应用和需求；进行风险分析，形成风险评估报告，决定投资力度；制定网络安全政策与策略；主管安全部门审核；制定网络安全方案，选择适当的网络安全设备，确定网络安全体系结构；按实际使用情况，检查和完善网络安全方案。

（2）安全保护等级标准：比如可信计算机系统的系统评估准则（TCSEC）、信息技术安全评定标准（ISEC）、加拿大可信计算机产品评价准则（CTCPEC）、组合的联邦标准（FC）、通用的信息安全产品和系统安全性评估准则（CC）、计算机信息系统安全保护等级划分准则（GB 17859）。

（3）安全服务与安全机制：各国按一定周期制定的关于计算机网络安全的微观指示等。

一、网络安全模型

（一）网络安全模型概念

网络安全模型是网络安全策略的清晰表述，是信息安全的形式化理论。

它具有以下特点：

（1）是精确的、无歧义的。

（2）是简单和抽象的，易于理解。

（3）只涉及安全性质，不限制系统的功能及其实现。

（二）网络安全模型内容

（1）网络安全模型的组成三要素：人、技术、操作。计算机网络安全源于人员执行技术支持的操作，因此，要满足信息保障的目的，就要达到人、技术和操作三者之间的平衡，即要求先进的技术、严格的管理、威严的法律三者缺一不可。

（2）网络安全模型的技术框架。

一个中心：安全管理中心。

三重防御：安全计算环境、安全区域边界、安全通信网络。

（三）网络安全模型基本要求

（1）完备性：要求所有的安全策略必须包括在模型的断言中，而且也要求所有包含在模型中的断言必须是从安全策略中导出的。

（2）正确性：要求模型的安全性定义是一个从安全策略导出的相关安全断言的精确描述。

（3）一致性：要求各条安全策略是内在一致的，也就是说，安全策略模型中的各条安全策略的形式化表示之间没有数学矛盾。

（4）简明性：要求模型是简单的而且没有额外的细节，但必须包括足够多的细节使得它不是含糊的。

二、OSI 安全体系结构

（一）OSI 安全体系结构概念

OSI 安全体系结构是根据 OS/RM 7 层协议模型建立的。也就是说 OSI 安全体系结构与 OSI 7 层是相对应的。在不同的层次上都有不同的安全技术。

OSI 安全体系结构中定义了鉴别、访问控制、数据机密性、数据完整性和抗抵赖 5 种网络安全服务，以及加密机制、数字签名机制、访问控制机制、数据完整性机制、认证机制、业务流填充机制、路由控制机制和公证机制 8 种基本的安全机制。

（二）OSI 安全体系结构 5 种网络安全服务

（1）认证（鉴别）服务：在网络交互过程中，对收发双方的身份及数据来源进行验证。

（2）访问控制服务：防止未授权用户非法访问资源，包括用户身份认证和用户权限确认。

（3）数据机密性服务：防止数据在传输过程中被破解、泄露。

（4）数据完整性服务：防止数据在传输过程中被篡改。

（5）抗否认性服务：也称为抗抵赖服务或确认服务。防止发送方与接收方双方在执行自操作后，否认各自所做的操作。

（三）OSI 安全体系结构 8 种网络安全机制

（1）加密机制：加密机制对应数据保密性服务。加密是提高数据安全性的最简便方法。通过对数据进行加密，有效提高了数据的保密性，能防止数据在传输过程中被窃取。常用的加密算法有对称加密算法（如 DES 算法）和非对称加密算法（如 RSA 算法）。

（2）数字签名机制：数字签名机制对应认证（鉴别）服务。数字签名是有效的鉴别方法，利用数字签名技术可以实施用户身份认证和消息认证，它具有解决收发双方纠纷的能力，是认证（鉴别）服务最核心的技术。在数字签名技术的基础上，为了鉴别文件的有效性，又产生了代码签名技术。常用的签名算法有 RSA 算法和 DOSA 算法等。

（3）访问控制机制：访问控制机制对应访问控制服务。通过预先设定的规则对用户所访的数据进行限制。通常，首先是通过用户的用户名和口令进行验证，其次是通过用户角色、用户组等规则进行验证，最后用户才能访问相应的限制资源。一般的应用常使用基于用户角色访问控制方式，如基于用户角色的访问控制（Role-Based Access Control，RBAC）。

（4）数据完整性机制：数据完整性机制对应数据完整性服务。数据完整性的作用是为了避免数据在传输过程中受到干扰，同时防止数据在传输过程中被篡改，以提高数据传输完整性。通常可以使用单向加密算法对数据加密，生成唯一验证码，用以校验数据完整性。常用的加密算法有 MD5 算法和 SHA 算法等。

（5）认证机制：认证机制对应认证（鉴别）服务。认证的目的在于验证接收方所接收到的数据是否来源于所期望的发送方，通常可使用数字签名来进行认证。常用算法有 RSA 算法和 DOSA 算法等。

（6）业务流填充机制：也称为传输流填充机制。业务流填充机制对应数据保密性服务。业务流填充机制通过在数据传输过程中传送随机数的方式，混淆真实的数据，加大数据破解的难度，提高数据的保密性。

（7）路由控制机制：路由控制机制对应访问控制服务。路由控制机制为数据发送方选择安全网络通信路径，避免发送方使用不安全路径发送数据，提高数据的安全性。

（8）公证机制：公证机制对应抗否认性服务。公证机制的作用在于解决收发双方的纠纷问题，确保两方利益不受损害。类似于现实生活中，合同双方签署合同的同时，需要将合同的第三份交由第三方公证机构进行公证。

安全机制对安全服务做了详尽的补充，针对各种服务选择相应的安全机制可以有效地提高应用安全性。随着技术的不断发展，各项安全机制相关的技术不断提高，尤其是结合加密理论之后，应用安全性得到了显著提高。

参考文献

[1] 李作山．计算机组装与维护实践教程［M］．哈尔滨：黑龙江大学出版社，2023.

[2] 刘翼．高等院校计算机应用系列教材大学计算机基础实践教程 Windows10+Office2016［M］．北京：清华大学出版社，2023.

[3] 郭风，宋燕星．21 世纪普通高校计算机公共课程系列教材大学计算机应用实践［M］．北京：清华大学出版社，2023.

[4] 鲁强．计算机类精品系列教材操作系统实验教程 Web 服务器性能优化［M］．北京：电子工业出版社，2023.

[5] 刘伟畅．H5 页面在中职《计算机网络技术基础》课程教学中的应用研究［D］．贵阳：贵州师范大学，2023.

[6] 郑泽，杨云，余建浙．网络服务器配置与管理项目教程 Windows & Linux 第 3 版微课版［M］．北京：清华大学出版社，2023.

[7] 王萌，孙钰，陈明选．互联网+教育的理论与实践系列教材计算机网络技术实训教程基于 Cisco Packet Tracer 和 eNSP［M］．北京：电子工业出版社，2023.

[8] 韦修喜，贺忠华．普通高等教育计算机系列教材人工智能与计算机应用［M］．北京：电子工业出版社，2023.

[9] 新华三技术有限公司．H3C 认证系列教程中小型网络构建项目实践［M］．北京：清华大学出版社，2023.

[10] 屠志青，吴刚．十四五普通高等教育医学类计算机系列教材医药计算机基础教程第 2 版［M］．北京：中国铁道出版社，2023.

[11] 赵洪帅，王爱莲，李潜．普通高等院校计算机基础教育十四五系列教材计算机应用基础教程第 4 版［M］．北京：中国铁道出版社，2023.

[12] 俞铮．基于 UMU 互动学习平台的混合式教学研究与实践［D］．上海：华东师范大学，2019.

[13] 李超强，陈振方，任平．新编电脑故障排除与维修基础教程［M］．哈尔滨：哈尔滨工程大学出版社，2023.

[14] 黄源，舒蕾，吴文明．普通高等学校网络工程专业教材计算机网络基础与实训教程第 2 版［M］．北京：清华大学出版社，2023.

[15] 李暾，毛晓光，刘万伟，等．高等学校计算机基础教育系列教材大学计算机基础第 4 版［M］．北京：清华大学出版社，2023.

[16] 李勇军，冀汶莉．网络工程实践教程基于 Cisco Packet Tracer［M］．西安：西北工业大学出版社，2023.

［17］刘志成，张军，邝允新，等．高职高专计算机类专业教材软件开发系列 SQL Server 实例教程 2019 版［M］．北京：电子工业出版社，2023.

［18］霍炜，陈亮．2022 陕西高等教育优秀教材大学计算机基础实践教程第 3 版［M］．北京：高等教育出版社，2023.

［19］王磊，刘云，吴介方．网络安全实践教程第 2 版微课版［M］．北京：中国铁道出版社，2023.

［20］黄涛．基于 OBE 理念的混合式教学模式在中职《计算机网络技术》课程的应用研究［D］．广州：广东技术师范大学，2023.

［21］刘洋，施卫华，曹永胜．大学计算机应用基础实践教程［M］．北京：清华大学出版社，2023.

［22］黄君羡．网络存储技术应用项目化教程微课版［M］．北京：人民邮电出版社，2023.

［23］溪利亚，刘智珺，苏莹，等．高等院校计算机应用系列教材计算机网络教程第 3 版［M］．北京：清华大学出版社，2023.

［24］康晓凤，鲍蓉，徐亚峰，等．信息与网络安全技术实践教程［M］．南京：南京大学出版社，2023.

［25］魏巍．基于项目教学法的中职《计算机网络技术》教学案例设计及应用［D］．长春：长春师范大学，2022.

［26］李勇军，张胜兵．网络工程实践教程基于华为 eNSP［M］．西安：西北工业大学出版社，2022.

［27］何振林，罗奕．普通高等学校计算机类规划教材大学计算机基础第 7 版［M］．北京：中国水利水电出版社，2022.

［28］何振林，罗奕．普通高等学校计算机类规划教材大学计算机基础上机实践教程第 7 版［M］．北京：中国水利水电出版社，2022.

［29］黄林国．高职高专计算机任务驱动模式教材网络安全技术项目化教程第 3 版［M］．北京：清华大学出版社，2022.

［30］殷建军，崔金荣．计算机网络实验教程［M］．哈尔滨：哈尔滨工程大学出版社，2022.

［31］王亚利，张婷，任静静，等．大学计算机基础教程［M］．北京：清华大学出版社，2022.

［32］蒋加伏，胡静．大学计算机实践教程第 6 版新工科·案例版［M］．北京：北京邮电大学出版社，2022.

［33］叶沿飞．计算机网络基础项目化教程［M］．北京：清华大学出版社，2022.

［34］王森．中职《计算机网络技术》融入课程思政的教学研究与应用［D］．济南：山东师范大学，2023.

［35］田小东，沈毅，路雯婧．计算机网络技术［M］．哈尔滨：哈尔滨工程大学出版社，2022.

［36］陈万锦．中职《计算机网络技术》校本课程开发实践研究［D］．广州：广东技术师范大学，2023.

[37] 李志鹏，苏鹏，王玮．计算机网络实践教程［M］．长春：吉林出版集团股份有限公司，2022.
[38] 卢宁，邹晶晶，张军．计算机网络技术基础与实践案例教程［M］．北京：电子工业出版社，2022.
[39] 朱艳艳．大学计算机基础实践教程［M］．武汉：华中科技大学出版社，2019.
[40] 刘建，胡念青，时月梅．计算机网络实用教程［M］．北京：清华大学出版社，2022.